零能耗居住建筑多目标优化设计方法研究

吴伟东　著

东南大学出版社
SOUTHEAST UNIVERSITY PRESS
南京·2018

内 容 提 要

本书从宏观层面对国内外零能耗建筑状况和发展脉络进行了梳理，从微观层面对零能耗居住建筑的优化设计方法进行了具体的研究和探索，全面具体地分析和呈现了针对零能耗建筑这一建筑新模式的起源、发展、概念界定及优化技术等相关理论与方法，这对于统计和分析零能耗建筑具有重要的文献价值，为我国建设绿色生态城市及改善人居环境提供了一定的参考价值。

本书可供建筑学专业方面的研究者、从事城市建设及能源研究的人员和相关机构，以及对此方面感兴趣的读者阅读参考。

图书在版编目(CIP)数据

零能耗居住建筑多目标优化设计方法研究/吴伟东著.—南京:东南大学出版社,2018.2

ISBN 978-7-5641-7531-3

Ⅰ.①零… Ⅱ.①吴… Ⅲ.①居住建筑—建筑设计—节能设计—研究 Ⅳ.①TU241

中国版本图书馆 CIP 数据核字(2018)第 000332 号

零能耗居住建筑多目标优化设计方法研究

著　　者	吴伟东
责任编辑	宋华莉
编辑邮箱	52145104@qq.com
出版发行	东南大学出版社
出 版 人	江建中
社　　址	南京市四牌楼 2 号(邮编:210096)
网　　址	http://www.seupress.com
电子邮箱	press@seupress.com
印　　刷	江苏凤凰数码印务有限公司
开　　本	700 mm×1 000 mm 1/16
印　　张	15.75
字　　数	283 千字
版　　次	2018 年 2 月第 1 版 2018 年 2 月第 1 次印刷
书　　号	ISBN 978-7-5641-7531-3
定　　价	58.00 元
经　　销	全国各地新华书店
发行热线	025-83790519 83791830

(本社图书若有印装质量问题，请直接与营销部联系，电话:025-83791830)

前　言

建筑与能源息息相关，本书从能源的视角来探讨建筑设计的问题，着重探讨了零能耗建筑的优化设计方法。零能耗建筑是建筑领域发展的一个方向，目前已被广泛关注，近些年零能耗建筑的工程实践也在逐步推进，但是零能耗建筑所涉及的领域与一般建筑有很大差异，其中仍有很多问题没有解决。在理论方面，该书较为详细地介绍该领域较少涉及但十分重要的内容即多目标优化设计方法，并进行细致和缜密的推理和实证研究，通过清晰的技术路线来呈现如何实现零能耗建筑的多目标优化设计问题。

优化设计是实现零能耗建筑设计工作的一个重要的环节。本书展开了实现零能耗建筑多目标优化为主旨的相关原理、数据统计、优化算法和 Pareto 解集最优解评价方法的系统性研究，并建立了多目标设计优化框架，构建了与零能耗建筑设计相关的多目标分析模型，拓展了多目标设计优化技术在零能耗居住建筑设计中的应用。以一案例为主线——京津寒冷气候区典型居住建筑为例，进行零能耗多目标优化设计，得出了基于典型模型的京津地区太阳能零能耗居住建筑的基本工况运行模式，并对一实验监测进行了详细的案例阐释。为了更为清晰地了解阐述内容，本书最后一章提供了原始研究数据，以便读者查阅分析。

本书主要研究内容依次如下：

一、基于相似理论构建了建筑物理实验分析典型简化模型，完成数据的筛选、录入和优选，构建了一个典型物理权衡分析模型，提出了一套用于确定建筑物理模型简化计算方法及基本物理边界条件（能耗模块）的“九宫格”分析理论。

二、以案例为主线，建立适合于京津寒冷地区居住建筑实现零能耗的基本路线和计算分析模型，分析了包括国内外高能效建筑各项指标、节能策略和能源规划，并建立了实现零能耗模式的基本参数阈值，总结和设计出基于不同零能耗类型特征的基本典型运行工况。

三、针对零能耗建筑运行机理建立了能量与成本分析理论模型；为了得到较为全面的零能耗建筑能量分析方法，构建了基于分析模式下的寿命期相对节能分析理论模型；研究了国内外寿命期成本分析并结合零能耗建筑成本特性，构建了基于寿命期节能收益成本的 LCC 理论分析模型；并结合上述建立的分析模型，针对围护结构节能主材厚度、窗传热系数和光伏面积为主要约束变量，进行了基于零能耗建筑实现途径的京津地区 ZEB 建筑能量与成本相关数据统计与拟合，并建立了数学模型集合。

四、研究了当前多目标优化算法工作机理，经过遴选，选择了实值编码的 NSGAⅡ优化技术，并引入了 Michalcwicz 交叉算子；分析了各学科之间的数据传递和耦合关系，确定设计变量、设计约束和优化目标；构建了“EEE-ZEB-MOP”技术框架；构建了零能耗建筑能量平衡与成本目标函数及约束条件，编制了优化程序，求得了 Pareto 解集，结果证明该算法在求解 Pareto 解集时表现出很好的贴近性、均匀性和完整性，具有较好的优化效率和决策的准确性；利用该算法对建立的典型零能耗建筑模型进行了多目标优化，验证了该优化方法的可行性和有效性。

五、为了解决在多目标 Pareto 解集中求得一定精确度又有实际意义的满意解问题，针对零能耗建筑多目标优化设计，建立了一套基于 Pareto 空间特征解分析的改进熵权评价法，得到了最优解，分析得出了寒冷气候区京津地区 ZEB 建筑的最佳节能系统组合数据、运行工况参数数据及能流基本运行关系；同时为了能够更为全面、灵活地评价 ZEB 建筑各情况的分析研究与决策，并具有定性与定量指标相结合的综合评价决策方法，提出了一套混合灰色关联多层次综合评价法。

六、利用多目标优化技术对零能耗太阳能建筑进行了初步设计，并运用建立的混合灰色关联多层次综合评价法对实验室多能源集成系统进行了评价优选；介绍了零能耗太阳能实验室建设、监测系统构建及系统运行情况，提供了一套可借鉴和推广性的实践监测系统。

本书是作者近些年完成的研究工作成果，尚有些理论和观点有待深入研究，如有不足之处，请给予指正，希望它能对我国建筑发展起到微薄的促进作用。

吴伟东

目　录

1 绪论

1.1 研究背景与目的

1.1.1 研究背景

1）能源与环境问题

20 世纪罗马俱乐部的 A. King 认为未来经济价值的评价应该是能（或㶲）而不是金钱，因为金钱是暂时的，而能却是永恒的①。这个论点是对未来普遍规律的一个预判，这个预判的准确性目前得以应验。人类对能源的利用经历了柴薪时代、煤炭时代、油气时代，目前主要为化石能源，伴随着能源供给短缺及全球变暖等环境恶化问题，全世界对于未来取代油气时代的新能源时代开始进行审视和思考，在利用新能源时如何提高它们的能效问题已成为解决能源与环境问题的关键，国际能源署（IEA）也非常关注能效市场的发展。相关数据表明，经过能效措施实现了能源需求的大幅下降（图 1.1）。

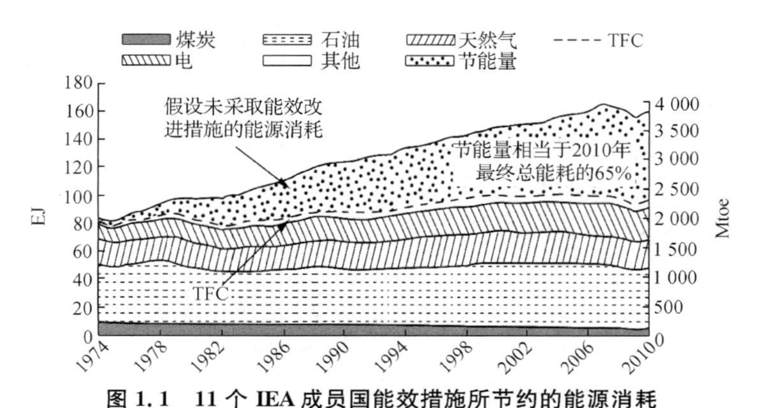

图 1.1 11 个 IEA 成员国能效措施所节约的能源消耗

（图片来源：来源于国际能源署 2013 年能效市场报告）

① ［俄］布罗章斯基. 㶲方法及其应用［M］. 王加璇，译. 北京：中国电力出版社，1996：210－230.

我国的能耗从20世纪80年代以来一直呈现出快速增长的趋势，由于经济的发展随之也产生了能耗的增加，特别是从“十五”规划开始，每年节能减排的工作难度明显增强，能源消费弹性系数持续偏高。我国经济增长需要依靠对能源的使用，能源消费弹性系数为0.775，远高于发达国家0.5的要求，因此能效在未来发展中有待进一步提高(图1.2，表1.1)。

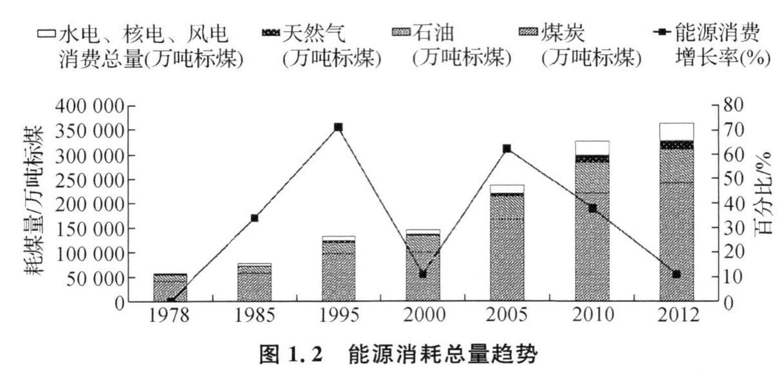

图1.2　能源消耗总量趋势

(图片来源：作者自绘，数据来源于国家统计局)

表1.1　我国能源消费弹性系数表

时间(年)	2012	2011	2010	2009	2008	2007	2006	2005	2004	2003	2002	2001
能源消费弹性系数	0.51	0.76	0.58	0.57	0.41	0.59	0.76	0.93	1.6	1.53	0.66	0.4

(表格来源：作者自绘，数据来源于国家统计局)

在世界范围内建筑是最大的能源消费者，并且在未来也将是能源需求增加的一个主要来源。全球在人口增长和经济增长的驱动下，从1971年至2010年能源消费翻了一倍，达到2 794 Mtoe。根据IEA 2012年预测及目前的发展状况，到2035年，全球建筑能源需求预计将比2010年增加838 Mtoe，相当于美国和中国建筑行业的总和。如果没有进一步的政策行动在全球层面上提高它们的效率，建筑将增加大量潜在能源供应压力。

随着城市化发展进程的加快，我国城市环境压力与日俱增，城市环境污染严重，导致如严重的雾霾、二氧化碳排放量的剧增、废气污染物的排放量增大及健康不良等问题长期困扰城市，而建筑造成的有害污染气体排放占50%①。建筑业能源消费总量也呈逐年递增的趋势，到2012年消耗已达6 167万吨标煤(图1.3)，提高能效势在必行。

① 钱伯章.节能减排——可持续发展的必由之路[M].北京：科学出版社，2008：97.

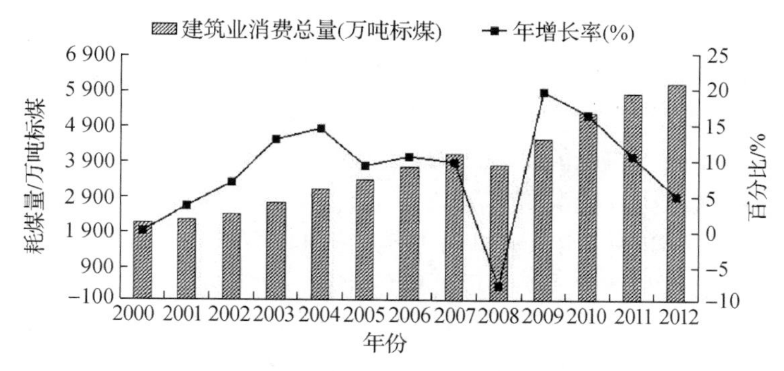

图 1.3 建筑业能源消耗总量趋势

（图片来源：作者自绘，数据来源于国家统计局）

2）建筑节能

建筑用能能耗包括采暖、制冷、通风、照明、生活热水、办公、家用电器、辅助设备等方面的能耗。传统建筑能效重点放在提高能源使用效率，但未来建筑能效开始走向一条全面、有效的低能耗和低碳之路，力求建筑从能源消耗到能源生产，模式主要通过以下几种方式：提高"能源效率"措施使能源需求减少；使用高效建筑组件和设备减少能源消费，以满足能源需求；用可再生能源产生热能和电能，从而减少建筑物的净能源需求。此外，要将建筑变得更节能，应注意建筑的运行及系统和设备的维护，还需考虑含能值（即生产建筑材料和建造建筑所需的能源）以及建筑使用模式（使用者如何使用建筑）。这些因素表明，在整个建筑寿命期内，根据上述能源供耗情况及相应的节能措施，在建筑能源消耗越来越大的刚性驱使下，该如何综合考虑降低能源消耗的技术问题。① 具体节能途径如图 1.4 所示。

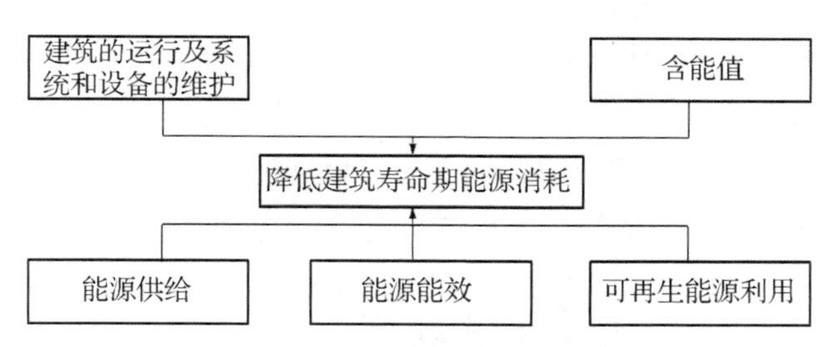

图 1.4 未来降低建筑能耗的技术途径

（图片来源：作者自绘）

① IEA. Modernising Building Energy Codes to Secure Our Global Energy Future[M]. US: IEA Publications, 2013: 9-12.

3）零能耗建筑

建筑节能发展到如今面临着抉择，建筑与能源的联系越来越紧密，建筑能耗与成本一直以来受到重视，随着对能源效率的标准越来越高，零能耗建筑开始逐渐受到关注，也逐渐步入建筑节能发展的未来途径上，为此对于零能耗建筑的研究各国已给予极大的重视，国际能源署对零能耗建筑的常规定义为建筑能源需求很低，而能源消耗主要是由可再生能源提供的建筑。为此，零能耗建筑在减少常规的能源消耗、减少环境负荷和运营成本方面都能给予很大的帮助，因此这不仅涉及科技问题，更重要的是人类社会如何安居与拥有良好生存环境的问题。

对于零能耗这一概念，随着科技和社会发展，其定义也会随之产生变化和增补。由于各地区所处的气候条件不同，能源供耗平衡关系也会有所差异，而且其所构成系统优化匹配程度的优劣亦会对后期的经济、社会和能源利用效率等因素产生可持续性的影响。“零”不仅意味着供耗能量平衡为零，也象征着最集约、最优化、不多不少恰到好处，真正做到人—建筑—自然的有机平衡，而做到这一点并非易事，但这也是研究它的意义和价值所在。

1.1.2 研究目的

零能耗建筑目前正处于探索和论证阶段，有许多问题亟待解决。针对不同地区、不同建筑属性的零能耗建筑物理边界和能量平衡边界如何确定及方法还需进一步研究；据统计，零能耗建筑需要更多的集成材料和安装费用，如何优化匹配技术—经济—生态的关系，还需对此进行更系统的研究；不同类型的零能耗建筑的物理边界和针对零能耗建筑的供能系统的区域性统计与评价工作等关键技术还未建立；零能耗建筑与目前能源利用系统如何连接和运营还未形成；分梯次、分类型及如何逐步与现有状况的建筑能耗模式耦合工作还未开始；大量具体量化的工作有待开展。为此，本书主要以京津寒冷地区居住建筑如何实现零能耗的优化设计为研究对象，将对这些问题进行系统的探讨和研究，运用多学科理论与方法，进行多目标优化研究，找到解决问题的途径，建立一套科学有效的优化设计体系，并为将来零能耗建筑推广与实践构建优化设计理论和技术基础。

1.2 国内外研究现状及发展动态

1.2.1 ZEB建筑相关研究

1）国外研究现状与发展动态

（1）发展动态与政策

总结国际零能耗建筑（ZEB）的探索发展到目前可以分为3个阶段，即萌芽阶

段、技术探索阶段、整合与推进阶段(图 1.5)。

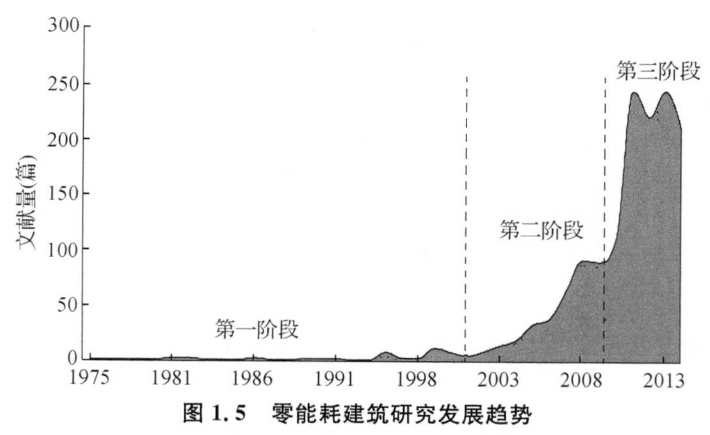

图 1.5　零能耗建筑研究发展趋势

(图片来源:作者整理自绘,数据经筛选源于 Scopus 数据库、EI Village 工程索引)

萌芽阶段(开始于 20 世纪 70 年代至 2000 年),在此期间一直是对各项技术层面的分项研究,局部零能耗实现技术的探讨,如能源利用、太阳能、制热、通风等方面如何实现零能耗。

技术探索阶段(2000 年至 2009 年),由于能源危机从 21 世纪初开始备受国际关注,在此大背景下 ZEB 建筑的探讨和研究发展得到迅速提升,各种实现零能耗技术的探索与实现零能耗可行性研究开始增多。

整合与推进阶段(自 2010 年开始至今),国际上开始进行技术整合研究及界定 ZEB 建筑,对如何为开展 ZEB 建筑提供技术条件和财政支持等问题进行研究和探讨。某些国家和联盟开始提出实现零能耗建筑未来发展目标,开始在政策上支持 ZEB 建筑发展,目前属于该阶段的初期。

2008 年,国际能源署(IEA)在《走向并网零能耗太阳能建筑》一文中对并网零能耗建筑提出国际性标准的限定,它的提出是基于当时国际建筑规范和标准针对并网 ZEB 建筑而做出的修订。① 为此,标志着 ZEB 建筑作为正式研究领域在国际上开始展开,各国也开始对 ZEB 建筑研究迅速升温。2010 年,欧盟要求其成员国到 2018 年年底公共建筑能耗性能达到近零能耗建筑(简写为 nZEB)建筑标准,新建建筑应在场地内或其附近设有可再生能源的产能系统以满足供能需求;到 2020 年年底所有新建建筑达到 nZEB 建筑。② 据欧盟 2013 年统计,德国、美国、奥地利

① IEA SHC Task40/ECBCS Annex 52, Towards Net Zero Energy Solar Buildings. http://task40.iea-shc.org/2013. (last accessed 08/02/2013).

② The Directive 2010/31/EU of the European Parliament and of the Council of 19 May 2010 on the energy performance of buildings. Official Journal of the European Union, 53, 2010.

和捷克等国已对本国的近零能耗标准做出限定。①

各国发展情况：如美国，美国能源部(DOE，Department of Energy)根据 2007 年能源自立安全保障法，在 2020 年实现住宅零能耗批量进入市场②③，在 2008 年 8 月发表“零能耗公共建筑发展(Net-Zero Energy Commercial Buildings Initiative)”计划，提出到 2030 年新建办公楼、2040 年 50%既有业务用办公楼、2050 年所有办公楼，以适当的成本进行 ZEB 化技术改造；④2020 年实现零能耗居住建筑(ZEH，Zero Energy House，或 Zero Emission House)目标；美国不是强制规定实行 ZEB，而是倡导开发、普及实现 ZEB 建筑技术，也取得了较好成效。⑤

英国，在国际上英国是首先将以达到零能耗作为法律形式提出的国家，英国政府可持续发展战略的宗旨是确保“每个人，以及他们的后代，都能拥有更高质量的生活”⑥；英国政府提出自 2010 年起每隔 3 年巩固完善法律，规定新建住宅到 2016 年为止要求达到零能耗，住宅类型外的建筑到 2019 年实现零能耗；2008 年 3 月，英国发表“到 2019 年所有非居住建筑要实现零碳排放”的更高目标⑦。

德国，是世界上建筑技术最发达的国家之一。1952 年德意志标准研究所(Deütsches Institut fur Normung)制定第一个建筑保温设计技术标准，20 世纪 90 年代初期，德国政府启动了千屋顶计划(Das 1000-Dächer-Programm)，建立太阳能并网发电系统。1992 年德国开始弗赖堡落成的实验项目——全零能耗建筑；⑧提出到 2015 年，德国所有建筑将按照“被动房”标准建造，2016 年开始逐步按建筑占地面积大小实现近零能耗建筑，2018 年公用建筑实现近零能耗，到 2050 年基本达到气候中和建筑。

瑞士，2014 年，执行新建筑物按欧盟建筑能源指导委员会的要求，达到 nZEB 标准，并在各行政区建立相应的建筑规范，到 2018 年年底形成强制性的标准。

捷克，政府能源管理修订法案提出：自 2018 年(公共建筑 2016 年)开始所有新

---

① Andreas Hermelink, Sven Schimschar, Thomas Boermans, etc. Towards nearly zero-energy buildings: Definition of common principles under the EPBD. Ecofys 2012 by order of: European Commission, 2013, 2: 85-117.

② 莫争春. 可再生能源与零能耗建筑[J]. 世界环境，2009(4)：33.

③ U. S. Department of Energy. Building Technologies Program, Planned Program Activities for 2008—2012 [EB/OL]. [2013-06-01]. http://appsl. eere. energy. goV/buildings/publications/pdfs/corporate/myp08complete. pdf.

④ United States Congress. Energy Independence and Security Act of 2007. https://en. wikipedia. org/wiki/Energy_Independence_and_Security_Act_of_2007.

⑤ http://energy. gov/management/downloads/microsoft-powerpoint-06-crawley-drive-net-zero-energy-commercial-buildings.

⑥ Bill Dunster，史岚岚，郑晓燕. 走向零能耗[M]. 北京：中国建筑工业出版社，2008：2.

⑦ Jones M. Zero Carbon by 2011: Delivering Sustainable Affordable Homes in Wales[C]//PLEA 2008-25th conference on passive and low energy architecture, PLEA 2008, 2008: 460.

⑧ 张神树，高辉. 德国低/零能耗建筑实例解析[M]. 北京：中国建筑工业出版社，2007：5-6，122.

建建筑大于 1 500 m² 必须满足 nZEB 建筑能源要求，2019 年（公共建筑 2017 年）开始新建建筑大于 350 m² 必须满足 nZEB 建筑能源要求，2020 年所有其他新建建筑实现 nZEB 建筑。

日本，2009 年 4 月日本提出加速发展零能耗建筑，日本经济产业省为了研讨实现建筑物 ZEB 建筑化的具体路线，2009 年 5 月成立了“关于实现与拓展 ZEB 建筑的研究会”历经 8 次之多的认真细致研讨，2009 年 11 月提交了《关于建筑物 ZEB 化新展望的提案和对策》建言，*Construction Economy* 2013 年第 5 期（总第 367 期）中提及 2010 年 6 月日本内阁会议决定的“能源基本计划”中确定的目标是：楼宇等建筑物到 2020 年新建公共建筑物实现 ZEB 建筑，2030 年全部新建建筑物整体上平均实现 ZEB 建筑①。

综上所述，国外已经开始大力支持 ZEB 建筑研究，并开始取得一定成效，目前发展到如何进行技术应用与推广的阶段。总体有以下特点：

① 国外较为重视零能耗建筑，且发展较为迅速，各国政府通过横向发展专项技术、纵向过程深入集成使得零能耗建筑技术体系进行得较为完善；

② 政策层面导向工作不断加大，通过制定多角度的经济激励政策和制度措施来推进零能耗建筑的发展，甚至采取了行政手段强制推进零能耗建筑发展；

③ 从单体零能耗建筑逐步向社区零能耗展开探索，从点向面域过渡。

主要问题是虽然在政策上开始加大力度实现 ZEB 建筑推广，但从具体实施上看，各国开始积极建构符合各自国情和气候特点的零能耗评价体系，还未明确建立具体条件的设计标准、评价体系。

（2）相关研究状况

目前，对于零能耗建筑的探索与研究越来越受国外的重视，发表的研究文献也在逐年增多，近几年发展较为迅速。综合国外研究文献发现，现阶段主要处于对能效、能源利用技术方面的探索居多。

最早提及零能耗建筑的文献是 1976 年瑞士 CKW 电力公司的 Locher W 在其文献《电制热对建筑技术发展的影响》中提到了零能耗住宅②。1977 年，丹麦的 Esbensen T V 等③和 Dattel Ctibor 等④在丹麦科技大学一层家庭实验太阳能建筑（Nul-energi-hus）的制冷-热系统研究文献中也开始提及了“零能耗建筑（住宅）”。

---

① 运行监测协调局. 日本公布零能耗建筑（ZEB）研究报告书[R]. 北京：中华人民共和国工业和信息化部，2009-12-21.

② Locher W. The influence of electrical heating on the development of building techniques[J]. Elektrizitaetsverwertung, 1976, 12(51): 344 - 351.

③ Esbensen T V, Korsgaard V. Dimensioning of the Solar Heating System in the Zero Energy House in Denmark[J]. Solar Energy, 1977(12): 195 - 199.

④ Dattel Ctibor. Construction and Heat Balance of the Solar House in Nul-Energi-Hus (House with Zero Energy)[J]. Elektrizitaetsverwertung, 1977, 7(66): 415 - 418.

自此以后国际上对此类建筑的探讨开始不断出现。

2008 年，国际能源署正式提出倡导发展并网零能耗太阳能建筑，标志着对该领域研究真正展开。

2010 年，欧盟能源委员会的节能建筑性能指令（EPBD）提出了近零能耗建筑指导，推进了零能耗建筑进一步发展。

国际上关于零能耗建筑的定义或含义一直以来有着不同的描述，总体对零能耗建筑有以下几种界定形式：

① 近（或近并网）零能耗建筑（Nearly Zero Energy Building/nZEB，Nearly Net Zero Energy Building/nNZEB），参考欧洲建筑能源性能指令（EPBD2010）中的涵义，该类型建筑系统指的是经过成本优化后，建筑能耗最小，此类建筑能耗一般接近于 0 且大于 0 kWh/(m^2 · a)初级能源，供能系统为并网形式或高节能性能参数建筑。

2011 年，欧洲联盟的制热、通风和空调协会（REHVA）在欧盟能源委员会的倡导下每隔一年对 nZEB 建筑技术进行了补充定义和修订；REHVA 的副主席 Kurnitski J 教授等[①]基于 2010 年欧盟能源委员会对 nNZEB 建筑提出的定义，对其进行了补充和完善，提出了应以初级能源为指标，参考能源计算框架，包括并网能量传递系统的边界、标准的能源输入数据、年已用能量测试与计算、输送的初始能源影响因子，并需在 EPBD 标准下研究能源需要与系统计算规则方法。2013 年，他又为 nZEB 建筑提出了技术定义[②]，目的是建立统一的认识。

2012 年，德国伍珀塔尔大学的 Voss K 教授等[③]针对各国零能耗建筑的定义目标不同导致没有统一标准的状况，提出了应从物理与平衡边界、权衡系统、平衡类型、动态特性几个方面来研究零能耗建筑，并利用图表的形式表达了 nNZEB 建筑、NZEB 建筑与产能建筑的关系（图 1.6）。

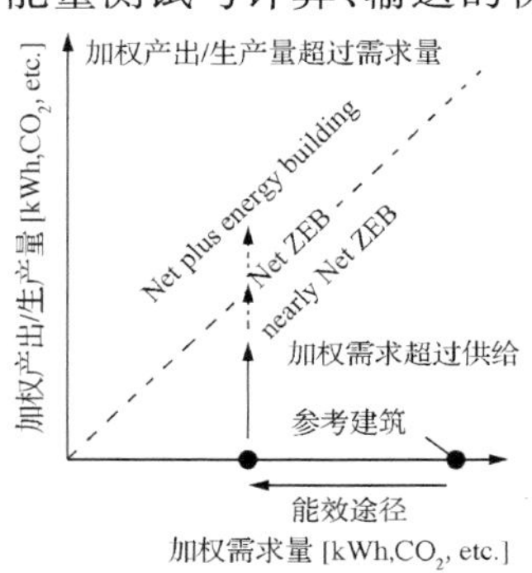

图 1.6　nZEB 建筑与 NZEB 建筑的关系

（图片来源：作者整理自绘）

2013 年，葡萄牙国家能源与地理重点实验室的 Oliveira 等[④]研究了地中海气候的近零能耗住

① Kurnitski J, Allard F, Braham D, et al. How to Define Nearly Net Zero Energy Buildings nZEB: REHVA proposal for uniformed national implementation of EPBD recast[J]. REHVA Journal, 2011, 48(3): 6 - 12.

② http://www.rehva.eu/publications-and-resources/hvac-journal/2013/032013/technical-definition-for-nearly-zero-energy-buildings/.

③ Voss K, Sartori I, Lollini R. Nearly-zero, Net zero and Plus Energy Buildings[J]. REHVA Journal, 2012, 12: 23 - 27.

④ Oliveira Panão M J N, Rebelo M P, Camelo S M L. How low should be the energy required by a nearly Zero-Energy Building? The load/generation energy balance of Mediterranean housing[J]. Energy and Buildings, 2013, 61: 161 - 171.

宅，提出了 nZEB 建筑成本优化遵循的几个原则，包括选定参考建筑、选定能效措施、确定能源需求及初级能源类型、在预定的经济寿命周期计算能效措施的费用。

此外，还有一些相似的报告和文献，主要是自发概念或试图收集和总结相关理论，帮助指导未来或政府进一步发展 nZEB 建筑。

② 并网零能耗建筑（Net Zero Energy Building/NZEB），参考欧盟 EPBD 2011 年提出的涵义①，该类型建筑系统指的是建筑加权能量供应由建筑自身提供，超出的加权需求由并网能源系统供给，总能耗为 0 kWh/(m^2 · a)初级能源的建筑，不安置储能设备。

并网能源，最早是由美国一些科学家和工程师组建成的"技术联盟"组织提出的，在 20 世纪 20 年代为了详细分析各产业运行过程，首先要进行并网能源分析，它是用社会能量单位取代市场体系开发的一种能源核算方法，该方法 20 世纪 30 年代一直活跃在美国、加拿大和欧洲。② 到 20 世纪 70 年代由于化石燃料能源储备的快速降低，并网能源概念再次受到关注，被广泛用于化石燃料、核工业和可持续技术等领域。最初以并网零能耗建筑为讨论主题的报道出现在 2002 年 8 月美国光伏公报上，它是对当时坐落在美国田纳西州的勒诺城一处名为高度和谐住区 20 座能效建筑的报道，当时称其为零并网能源建筑（Zero Net Energy Building/ZNEB）。

2003 年，美国国家可再生实验室的 Christensen C 等③阐述了 ZNEB 的特性，即为并网的、需要并网计量和一个典型年内场内用能量与产能量相同，并对 ZNEB 在其成本优化方面进行了讨论。

此后对于 ZNEB 为主题的研究和讨论开始增多。2005 年，出现用"NZE"取代"ZNE"为主题的文献，如美国代顿大学的 Mertz George A 等④在《并网零能耗校园居住建筑概念设计》一文中使用了"Net Zero Energy"；加拿大的 Charron R 等⑤在《对国际低和零能耗建筑国际评论》一文中总结了当时各国低、零能耗建筑发展的

---

① European Parliament. Report on the proposal for a directive of the European Parliament and of the Council on the energy performance of buildings (recast) (COM (2008) 0780-C6-0413/2008-2008/0223 (COD)), 2009.

② Berndt E. From technocracy to net energy analysis: engineers, economists, and recurring energy theories of value[M]. in: A. Scott (Ed.), Progress in Natural Resource Economics, Clarendon, Oxford, 1983: 337 - 366.

③ Christensen C, Stoltenberg B, Barker G. An optimization methodology for zero net energy buildings [C]//ASME 2003 International Solar Energy Conference. American Society of Mechanical Engineers, 2003: 93 - 100.

④ Mertz G A, Raffio G S, Kissock K, et al. Conceptual design of net zero energy campus residence [C]//ASME 2005 International Solar Energy Conference. American Society of Mechanical Engineers, 2005: 123 - 131.

⑤ Charron R, Athienitis A. An international review of low and zero energy home initiatives[C]//ISES Solar World Congress, 2005.

信息，并使用了"Net-Zero Energy Home"。2006 年开始 NZEB 命名被广泛使用。

2010 年，德国伍珀塔尔大学的 Musall E 等①在《基于 IEA 的走向并网零能耗太阳能建筑》一文，对各国 ZEB 建筑总结分析后，提出了 NZEB 建筑的高能效需符合国情和能源法规的要求，提出技术集成和被动措施是如何实现 NZEB 建筑的关键问题。

2011 年，德国伍珀塔尔大学的 Voss K 等②在《从低能耗到 NZEB 建筑的现状与展望》一文中，提出对于 NZEB 建筑理论恰当的定义和标准的能量平衡方法，根据德国建筑的特点，应给予 NZEB 建筑理论研究中年能量平衡拓展到应以月能量平衡为基准。同年，法国留尼旺岛大学的 Lenoir A 等③结合法国的 NZEB 建筑进展情况做了概述和回顾，指出对 NZEB 的定义是随着不同阶段发展变化的，2010 年 EPBD 组织提出的目标为第一代 NZEB 建筑，未来应迎接的是第二代 NZEB 建筑。

2012 年，挪威科技工业研究院的 Sartori I 等④为 NZEB 建筑寻求系统的定义框架，总结了过去两年多的 NZEB 建筑方法，主要从建筑系统边界、权重系统、平衡分析、瞬时能源匹配参数、测量与验证五个方面进行概括性分析限定，提出了 NZEB 建筑定义框架，也系统地建立了 nNZEB 建筑定义框架，其可为一个较为重要的文献，对 NZEB 建筑的发展起到了积极作用。

③ 独立(非并网)零能耗建筑(Autonomous/Off-grid Zero Energy Building)：不依赖外部能源供应网络系统的自给自足式建筑，需要有储能设备。

相关文献：2011 年丹麦奥尔堡大学的 Lund H 等⑤指出非并网零能耗与并网零能耗建筑的最大区别是它没有连接并网设备，不会从外部能源网购买能源。

2011 年，丹麦奥尔堡大学的 Marszala A J 等⑥提出对 ZEB 的定义与计算方法，总结论文中指出的零能耗建筑是个复杂概念，认为自给自足或非并网零能耗建

---

① Musall E, Weiss T, Voss K, et al. Net zero energy solar buildings: an overview and analysis on worldwide building projects, in:Eurosun Conference 2010[J]. Graz, 2010: 9.

② Voss K, Musall E, Lichtme M. From low-energy to Net Zero-Energy Buildings: status and perspectives[J]. Journal of Green Building, 2011, 6(1): 46－57.

③ Lenoir A, Garde F, Wurtz E. Zero Energy Buildings in France: Overview and Feedback in: ASHRAE Annual Conference 2011[J]. ASHRAE Montreal, 2011: 13.

④ Sartori I, Napolitano A, Voss K. Net zero energy buildings: A consistent definition framework[J]. Energy and Buildings, 2012(48): 220－232.

⑤ Lund H, Marszal A, Heiselberg P. Zero energy buildings and mismatch compensation factors[J]. Energy and Buildings, 2011, 43(7): 1646－1654.

⑥ Marszala A J, Heiselberga P, Bourrelleb J S, et al. Zero Energy Building—review of definitions and calculation methodologies[J]. Energy and Buildings, 2011(43): 971－979.

筑未必会受到国际上广泛的认可,并网零能耗建筑将是未来的主流趋势。但是2012年Marszal A J等[1]对丹麦多层住宅并网与非并网建筑可再生供能系统的成本寿命期进行分析后,发现非并网形式的成本效益比前者好。

2012年,美国波特兰大学的Hu H等[2]分别从利用价值平衡点及能量管理系统研究了非并网太阳房,认为相对并网零能耗建筑而言,自给自足的非并网零能耗建筑需在场内设有储能设备,并主要用其解决热舒适和确保能源供应两个主要因素。

④ 零碳排放建筑(Zero Carbon Building/ZCB或Zero Emissions Building/ZeB或Net-Zero Carbon Buildings):现场或非现场所使用的化石燃料产生的碳排放由现场生产的可再生能源节约的碳排放来平衡的建筑。

2007年,美国乔治敦大学的Kilkis S[3]指出进行建筑环境影响分析时,首先要进行平衡管理能源供需分析,从而满足建筑能源负载,然后根据不匹配程度进行计算调整,从而指导建筑一次碳排放和避免二次碳排放,故需要引入Net-Zero Carbon Buildings概念,以便于在探讨建筑对全球可持续性影响时,并网零能耗建筑与碳中和建筑在其研究实践中的区别。

⑤ 零㶲建筑(Zero Exergy Building/ZEXB或Net-Zero Exergy Buildings):建筑与能源系统所传递的输入与输出量年总计损耗为零值,包括在此期间所发生的用电能和其他能源转换。

2007年,美国乔治敦大学的Kilkis S等认为想要完整地评价建筑对环境的影响,需要一种新的零能耗建筑定义即零㶲建筑。

⑥ 其他类型

根据不同建筑功能性质,还可分为零能耗住宅建筑(ZEHB)、零能耗办公建筑等。一个较为重要的相关文献是在2006年,美国国家可持续能源实验室的Torcellini P等[4]发表的文献中根据四个主要影响因素:项目目标、投资者的意向、气候变化因素、温室气体排放或能源成本,将“零能耗”分为四个不同的定义:场域零能耗建筑(site ZEB)、能源零能耗建筑(source ZEB)、排放零能耗建筑(emissions ZEB)和成本零能耗建筑(cost ZEB)。

---

① Marszal A J, Heiselberg P, Jensen R L, et al. On-site or off-site renewable energy supply systems Life cycle cost analysis of a net zero energy building in Denmark[J]. Renew Energy, 2012, 44(8): 154-165.

② Hu H, Augenbroe G. A stochastic model based energy management system for off-grid solar houses[J]. Building and Environment, 2012(50): 90-103.

③ Kilkis S. A new metric for net-zero carbon buildings[C]// ASME 2007 Energy Sustainability Conference. American Society of Mechanical Engineers, 2007: 219-224.

④ Torcellini P, Pless S, Deru M, et al. Zero energy buildings: a critical look at the definition[J]. National Renewable Energy Laboratory and Department of Energy, US, 2006.

另一个值得关注的文献是在2010年,爱尔兰都柏林大学的Hernandez P等① 提出应将生态经济领域结合到ZEB建筑中,将建筑含能结合到年耗能量中,提出寿命周期零能耗建筑(LC-ZEB)概念。

2011年丹麦的Lund H等在其零能耗建筑及不匹配的补偿因素研究论文中,按供能系统模式分为光伏零能耗建筑(PV-ZEB)、风能零能耗建筑(Wind-ZEB)、光伏-太阳能集热-热泵零能耗建筑(PV-Solar Thermal-Heat Pump ZEB)、风能-太阳能集热-热泵零能耗建筑(Wind-Solar Thermal-Heat Pump ZEB)。

纵观当前发展情况,各国探索零能耗建筑发展已做出多方面有意义的努力,并取得了很大的进展。对零能耗建筑的概念和界定方式的研究较为广泛,学者专家各抒己见,所以具有国际指导性和统一的标准有待完善和建立;一些研究针对建筑个案自身特点来展开分析,在如何尊重当地气候及能源设施基础上进行研究,试图描述零能耗建筑定义。分析方法和系统理论框架呈多样性,统一的模式尚未形成;评价模式有待建立;总体上处于概念及平衡分析策略上的论证和探讨阶段,故对其推广和发展应用还需进一步验证。为了对进一步的推广提供便利,统一的理论框架和分析方法还有待进一步研究。

2) 国内研究现状

(1) 国内发展趋势与政策

国内的建筑节能自1986年至今已经历了三个阶段,参照对比1980年—1981年的建筑节能30%、50%、65%,个别省市如北京、天津等地已开始实施节能75%的四步节能标准,总体上围护结构、供能设备的效率作为主要改进对象。但由于城市化的快速发展,仅节能措施不能满足总体能耗的剧增;绿色建筑概念开始进入我国,2002年开始设立《绿色奥运建筑评估体系研究》的课题为绿色建筑在我国正式发展的开端,此后在借鉴国外经验基础上2006年颁布了《绿色建筑评价标准》和《绿色建筑技术导则》,2007年颁布了《绿色施工导则》和《绿色建筑评价技术细则》,2008年颁布了《绿色建筑评价技术细则补充说明(规划设计部分)》《绿色建筑评价标识实施细则(试行修订稿)》,2011年颁布了《绿色工业建筑评价导则》②,此后各地方标准也相继出台了。2006年《中华人民共和国可再生能源法》颁布执行,标志着我国开始重视对可再生能源的利用并制定了法规,开始着力推动可再生能源与建筑一体化应用,如2009年—2012年期间实施了太阳能屋顶计划。2012年住房和城乡建设部制定的《"十二五"建筑节能专项规划》中明确指出进一步丰富可

① Hernandez P, Kenny P. From net energy to zero energy buildings: Defining life cycle zero energy buildings (LC-ZEB)[J]. Energy and Buildings, 2010, 42(6): 815-821.

② 王如竹,翟晓强.绿色建筑能源系统[M].上海:上海交通大学出版社,2013:262.

再生能源建筑应用①。

国内的建筑节能之路由于国情因素，起步较晚，发展正处于稳步上升阶段，由于近些年相关法规的密集出台和完善，今后发展会处于快速提升阶段。目前我国零能耗建筑发展处于萌芽期，相关的标准、法规、经济激励和融资渠道、零能耗建筑能效证书的使用和设计关系、教育和培训有待进一步展开，基于目前大趋势下还未提到未来发展目标上，故需要进行大量的实践论证和理论基础工作去逐步推进，使其被社会认可。

（2）国内研究情况

我国近些年在绿色建筑方面已取得了很大成果，建筑能效也在不断地提升，在零能耗建筑的研究方面属于探索阶段。从整体进展趋势上看，国际上对零能耗建筑的研究正处于不断攀升阶段，相比之下国内也在开展相关个别案例的研究，如SDE竞赛、秦皇岛在水一方居住小区等，但总体查阅相关研究文献可以发现，目前我国在此方面尚处于平稳无明显发展阶段，在此方面的研究有待进一步展开，未来发展空间巨大。国内外研究比较如图1.7所示。

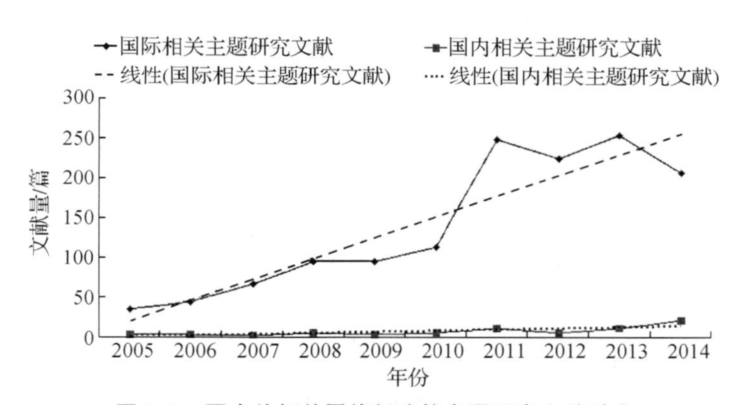

图1.7　国内外相关零能耗建筑主题研究文献对比

（图片来源：作者整理自绘，数据来源于中国知网、EI village工程索引、Scopus数据库统计筛选）

我国自2005年开始逐渐关注ZEB建筑，一些学者、专家对零能耗建筑相关领域在我国的发展做出努力。2006年—2013年，有些学者对国外经验进行了总结，如张时聪等②、计永毅等③、夏菁等④、周小玲等⑤分别对国外零能耗建筑的发展状

① 住房和城乡建设部科技发展促进中心．中国建筑节能发展报告（2014）——既有建筑节能改造[M]．北京：中国建筑工业出版社，2014：16－18．

② 张时聪，徐伟，姜益强，等．“零能耗建筑”定义发展历程及内涵研究[J]．建筑科学，2013，29(010)：114－120．

③ 计永毅，郭霞．国外零能耗建筑的发展状况分析[J]．建筑经济，2013(5)：88－92．

④ 夏菁，黄作栋．英国贝丁顿零能耗发展项目[J]．世界建筑，2006(8)：76－79．

⑤ 周小玲．低碳社区典范：零能耗的贝丁顿社区[J]．世界科学，2010，4：017．

况进行概括性的分析和整理。2009 年，吉林大学张延军教授①介绍了国外零能耗建筑的最新进展，结合北海道大学校园内的实验屋和美国明尼苏达科学博物馆的节能设计，分析了地源热泵技术在零能耗建筑设计中所发挥的作用，结果表明：地源热泵技术在亚寒带地区建筑节能中所占的比重为 20%左右。2011 年，天津大学杨向群博士②以天津大学 2010 年的西班牙“太阳能十项全能”参赛作品为案例探讨了零能耗太阳建筑，并针对参赛作品利用 LEGEP 软件进行生命周期评价分析，指出零能耗建筑面临多学科问题。2012 年，天津大学房涛博士③以天津市为例进行了零能耗住宅设计的尝试，提出了关于零能耗住宅低能耗设计基本指导原则，指出零能耗建筑面临的关键问题是如何解决多学科交叉问题。2012 年，叶晓莉等④对从太阳能的利用与围护结构分别对零能耗建筑进行探讨，提出了应结合国情和借鉴其他国家的经验促进零能耗建筑在我国的发展。

综上所述，我国的一些学者对零能耗建筑进行了探索和努力，从起初的关注发展到对技术层面的研究，从总体趋势看近十年的发展较为平缓，统一的理论体系和分析方法还有待建立，符合我国国情和建筑属性相匹配的零能耗建筑体系的研究工作有待完善，现阶段研究重点放在对国外的研究总结和认识层面，具体的、系统的理论有待形成，系统能量分析及优化分析方法和措施方面的研究有待展开，对各气候区、各工况类型的零能耗建筑的能量平衡系统边界划分、计算范围、衡量指标、转换系数、平衡周期等问题有待系统开展。

1.2.2 ZEB 建筑优化研究

1）国外研究现状与发展动态

ZEB 建筑优化问题在 2005 年以前未受到国际上的关注，研究文章较少，2005 年至 2010 年期间为发展初期，人们研究的重点主要集中在能效、能源利用、设计、全球变暖、节能及太阳能利用等方面。但随着技术的逐步成熟和完善，自 2010 年开始 ZEB 建筑优化问题开始逐渐明显受到国际上重视，如图 1.8 所示，从发展趋势上，仅次于能效、能源利用、可持续发展和智能化。学者们发现仅集中在能效、能源、建筑围护结构、建筑节能系统等方面的研究还不能满足零能耗建筑技术发展要求，特别是在建筑智能化的发展逐渐升温的背景下，技术的提高还需要与经济、社会、环境友好等综合因素相匹配，故需要进行优化方法方面的研究，从而在更好提

---

① 张延军，胡忠君，王世辉，等. 地源热泵在零能耗建筑中的应用[C]//地温资源与地源热泵技术应用论文集(第三集). 2009.

② 杨向群. 零能耗太阳能住宅原型设计与技术策略研究[D]. 天津：天津大学，2011.

③ 房涛. 天津地区零能耗住宅设计研究[D]. 天津：天津大学，2012.

④ 叶晓莉，端木琳，齐杰. 零能耗建筑中太阳能的应用[J]. 太阳能学报，2012，33(S1)：86－90.

高建筑能效的同时达到综合评价最佳的目的，以便更好、更科学地推进 ZEB 建筑的发展，一些学者在此方面做了研究和探讨，总结当前模式大体有三种，寿命周期成本(LCC)优化法、数学模型与计算机软件优化法、其他模式优化方法。

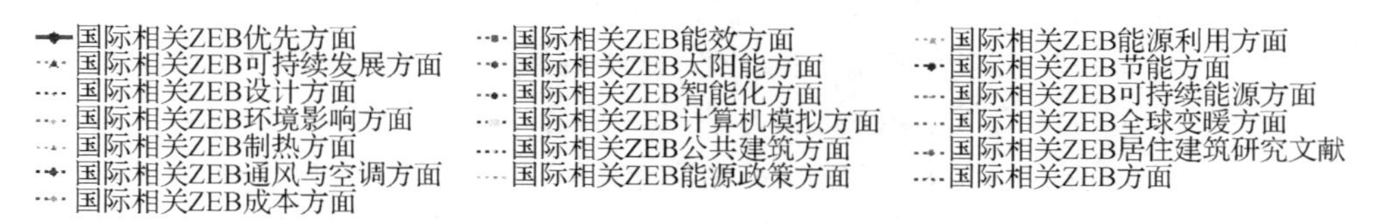

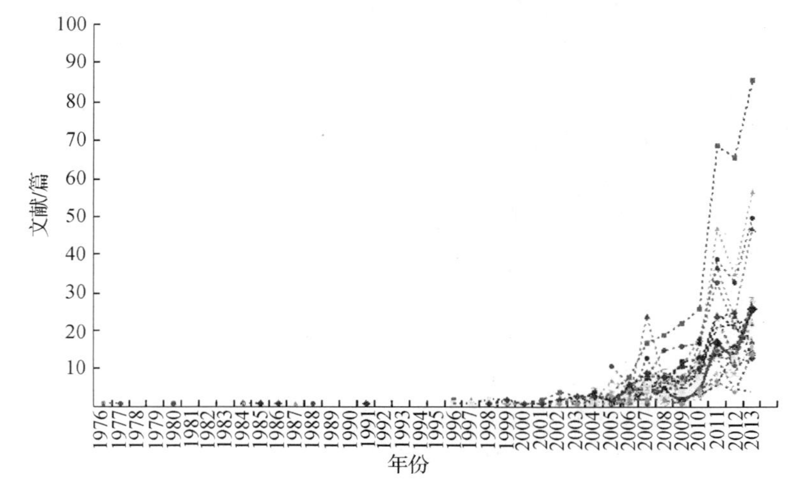

图 1.8　国际零能耗建筑相关主题研究情况比较

(图片来源：作者整理自绘，数据来源于 EI village 工程索引、Scopus 数据库统计筛选)

(1) 寿命周期成本(LCC)优化法

早期开始正式将寿命期成本优化应用到 ZEB 建筑为主题的文献是在 2007 年可持续能源大会上，美国机械与航空航天工程部的 Mertz G A 等①在《NZEB 建筑的成本优化》一文中，提出优化的建筑设计将有相应的最低寿命期成本，这种方法有助于城市规划师、开发商、施工人员对建筑建造与运行进行有效管理。

2008 年，比利时鲁汶大学建筑物理部的 Hens 等②为了消除人们对于 ZEB 建筑高成本问题的疑虑，提出可以采用一些简单常用的节能组合措施达到经济优化的目的。

---

① Mertz G A, Raffio G S, Kissock K. Cost optimization of net-zero energy house[C]// ASME 2007 Energy Sustainability Conference. American Society of Mechanical Engineers, 2007: 477 - 487.

② Hens H, Verbeeck G, De Meulenaer V, et al. Low energy and low pollution buildings: What do the optimal choices look like [C]. (2008) IAQ Conference. http://www.scopus.com/inward/record.url eid=2-s2.0-84874135201&partnerID=40&md5=989902da5f16d1a3776de6aeb48519dd.

2011 年，丹麦奥尔堡大学的 Marszal 等①利用成本寿命周期（LCC）成本优化方法研究多层 NZEB 建筑，主要从三个层面来研究能源需求和能源供应系统的能效问题，其中包括光伏/太阳能热收集器和环境/太阳能空气源热泵、光伏/地源热泵技术和光伏安装与集中供热电网。他们认为 LCC 分析会受到一些条件的限制，存在局限性，如一些成本是非常不确定的，获得的数据会影响结果的准确性。

2012 年，Marszal 等②③再次提出零能量平衡是 ZEB 建筑首要考虑的，但是从使用者角度出发，提高能效的技术成本是主要问题，应进行成本最优零能量平衡分析，他们从私人业主的角度探索各种场内与场外可持续能源利用的 LCC 优化分析方法，从而寻求适合业主成本要求的供能技术体系，完善了 NZEB 建筑技术分析方法。

2013 年，芬兰阿尔托大学的 Hamdy M. 等④研究了 nZEB 建筑成本优化。对各节能组合措施（ESMs）和能源供应系统（包括可再生能源），进行比较。以一栋芬兰独立的家庭用房为研究对象，对其建筑围护结构参数、热回收系统和冷/热系统及太阳能光伏系统设计进行优化选取。由对经济和环境权衡的结果表明，主要能耗在 93～103 kWh/（m^2 · a）时，能源消耗水平为该建筑成本优化区间。同年，爱沙尼亚塔林科技大学的 Kurnitski J 等⑤研究了爱沙尼亚的居住建筑和办公建筑成本优化策略，以办公 nZEB 建筑为例进行围护结构成本优化分析，提出由于高性能的技术方案导致相关的 nZEB 建筑参数标准和不同寻常的成本很难被确定，建议通过成本优化来指导 nZEB 建筑的设计。

2014 年，爱沙尼亚塔林科技大学的 Pikas E 等⑥基于成本优化方法对近零能耗办公建筑开窗设计进行了研究，利用三重釉面氩玻璃和设有 200 mm 厚绝热层墙体，分析了爱沙尼亚的寒冷气候区其 20 年内节能和成本最优，得到 nZEB 建筑所需光伏电池板发电的使用需求。

（2）数学模型与计算机软件优化法

早期利用软件对 ZEB 建筑进行优化的相关文献出现在 2005 年世界太阳能大

---

① Marszal A J, Heiselberg P. Life cycle cost analysis of a multi-storey residential net zero energy building in Denmark[J]. Energy, 2011, 36(9): 5600 - 5609.

② Marszal A J, Nrgaard J, Heiselberg P, et al. Investigations of a Cost-Optimal Zero Energy Balance: A study case of a multifamily Net ZEB in Denmark[J]. PLEA 2012 Lima Peru-Opportunities, Limits & Needs, 2012.

③ Marszal A J, Heiselberg P, Lund Jensen R, et al. On-site or off-site renewable energy supply options Life cycle cost analysis of a Net Zero Energy Building in Denmark[J]. Renewable Energy, 2012(44): 154 - 165.

④ Hamdy M, Hasan A, Siren K. A multi-stage optimization method for cost-optimal and nearly-zero-energy building solutions in line with the EPBD-recast 2010 [J]. Energy and Buildings, 2013(56) :189 - 203.

⑤ Kurnitski J, Saari A, Kalamees T, et al. Cost optimal and nearly zero energy performance requirements for buildings in Estonia[J]. Estonian Journal of Engineering, 2013, 19(3): 183 - 202.

⑥ Pikas E, Thalfeldt M, Kurnitski J. Cost optimal and nearly zero energy building solutions for office buildings[J]. Energy and Buildings, 2014(74): 30 - 42.

会上，美国国家可持续能源实验室的 Christensen Craig 等[①]证明了 BEopt 软件可以帮助优化设计并实现零并网能源建筑（ZNEB）；2006 年 Norton Paul 等[②]针对 BEopt 软件在美国寒冷地区零能耗住宅建造实例中的应对措施进行了研究。2008 年 Horowitz Scott 等[③]将 BEopt 软件应用到 ZNEB 的成本优化方面。

2006 年，加拿大 CANMET 能源技术中心的 Charron R 等[④]针对零能耗太阳能住宅（ZESHs），提出为了有助于加速 ZESH 的发展应鼓励开发优化软件，帮助设计人员对成本效益达到零能耗目标决策。并提出利用遗传算法可以作为有效的零能耗太阳能建筑设计优化工具，并运用 TRNSYS 软件结合遗传算法优化方法对建筑设计初期的长宽比、制热系统、太阳能集热器的类型及尺寸、基于方位的开窗大小等进行了优化，提出了能够满足能源消耗目标的多层次设计方法[⑤]。此后，加拿大康考迪亚大学零能耗建筑研究实验中心的 Bucking Scott 博士自 2010 年开始对零能耗建筑技术优化算法问题继续展开研究，分别对加拿大魁北克省的零能耗设计中能量平衡优化不断展开研究[⑥]，后来他开始研究如何利用信息驱动的混合进化算法进行多目标优化设计[⑦⑧⑨]。

2012 年，意大利 EnginSOFT 公司的 Demattè S 等[⑩]利用 BENIMPACT Suite（建筑环境影响评估和优化软件）对两个案例进行分析，其中 CasaZeroEnergy 为意

---

① Christensen C, Horowitz S, Givler T, et al. BEopt: Software for Identifying Optimal Building Designs on the Path to Zero Net Energy; Preprint[R]. National Renewable Energy Lab., Golden, CO (US), 2005.

② Norton P, Christensen C. A cold-climate case study for affordable zero energy homes[C]//Solar 2006 Conference, Denver, Colorado, 2006: 9-13.

③ Horowitz S, Christensen C, Anderson R. Searching for the Optimal Mix of Solar and Efficiency in Zero Net Energy Buildings[J]. National Renewable Energy Laboratory, 2008.

④ Charron R, Athienitis A. Design and optimization of net zero energy solar homes[J]. TRANSACTIONS-AMERICAN SOCIETY OF HEATING REFRIGERATING AND AIR CONDITIONING ENGINEERS, 2006, 112(2): 285.

⑤ Charron R, Athienitis A. The use of genetic algorithms for a net-zero energy solar home design optimisation tool[C]//Proceedings of PLEA 2006 (Conference on Passive and Low Energy Architecture), Geneva, Switzerland, 2006.

⑥ Bucking S, Athienitis A, Zmeureanu R, et al. Design optimization methodology for a near net zero energy demonstration home[C]//Proceeding of EuroSun, 2010.

⑦ Bucking S, Zmeureanu R, Athienitis A. An information driven hybrid evolutionary algorithm for optimal design of a Net Zero Energy House[J]. Solar Energy, 2013(96): 128-139.

⑧ Bucking S, Athienitis A, Zmeureanu R. Optimization of net-zero energy solar communities: effect of uncertainty due to occupant factors[J]. [2013-06-01]. http://archive.iea-shc.org/publications/downloads/DB-TP6-Bucking-2011-08%20.pdf, 2011.

⑨ Bucking S, Athienitis A, Zmeureanu R. Multi-Objective Optimal Design of a Near Net Zero Energy Solar House[J]. ASHRAE Transactions, 2014, 120(1).

⑩ Demattè S, Grillo M C, Messina A, et al. BENIMPACT Suite: A Tool for ZEB Performance Assessment[C]//Conference Proceedings of ZEMCH, 2012.

大利特兰托大学实验性 ZEB 建筑，利用该软件平台，进行了建筑寿命周期分析，目的是帮助设计者检查他们的方案质量，在选择不同的围护结构和能源系统中，通过对能源需求、室内舒适、生命周期评估（LCA）和寿命周期成本（LCC）的比较，寻求“最佳”方案。

2013 年，意大利米兰工业大学的 Carlucci S 等①利用 EnergyPlus 模拟软件，优化目标是两个季节长期不适指数最小化（基于 ASHRAE 适应性模型），通过粒子群优化算法，对地中海气候区的独栋 NZEB 建筑进行优化，确定最合适的围护结构和被动设计策略，但未进行主动技术优化和成本优化。同年，瑞士洛桑联邦理工学院的 Attia S 等②通过文献回顾和专家采访，总结了研究优化 NZEB 建筑工具，分析了进化算法和遗传算法，得出了进化算法在解决特定情况的优化问题更为有效，在解决围护结构、暖通空调和可持续性方面的优化有明显突破；遗传算法可以用来解决设计和操作问题，可以使测试改进，得到最优方案。

2014 年，意大利萨兰托大学的 Baglivo C 等③利用多层次分析方法，对地中海气候区的 nZEB 建筑外墙材料组合优化选取进行研究，结果表明通过该方法可以获得适合该条件下最佳性能的外墙组合。同年，美国欧内斯特·奥兰多劳伦斯伯克利国家实验室的 Stadler M 等④利用分布式能源模式下的 DER-CAM 优化软件对奥地利大学校园建筑的围护结构系统及成本进行优化，提出 DER-CAM 优化软件工具在帮助未来实现 nZEB 建筑或 nZCEB(零碳排放建筑)的目标会发挥更大的作用。

(3) 其他模式优化方法

2011 年，西班牙 IK4-IKERLAN 技术研究中心的 Milo A 等⑤从经济性优化与能源管理策略的角度来研究氢并网模式的 ZEB($ZEB\text{-}H_2$)建筑，提出最基本的优化方法，即在结合可持续能源的前提下，最大限度地减少设备的运营成本，但他对其他运行模式未做研究。

---

① Carlucci S, Pagliano L, Zangheri P. Optimization by discomfort minimization for designing a comfortable net zero energy building in the Mediterranean climate[J]. Advanced Materials Research, 2013(689): 44-48.

② Attia S, Hamdy M, Obrien W, et al. Assessing gaps and needs for integrating building performance optimization tools in net zero energy buildings design[J]. Energy and Buildings, 2013(60): 110-124.

③ Baglivo C, Congedo P M, Fazio A, et al. Multi-objective optimization analysis for high efficiency external walls of zero energy buildings (ZEB) in the Mediterranean climate[J]. Energy and Buildings, 2014(84): 483-492.

④ Stadler M, Groissb ck M, Cardoso G, et al. Optimizing Distributed Energy Resources and building retrofits with the strategic DER-CAModel[J]. Applied Energy, 2014(132): 557-567.

⑤ Milo A, Gazta aga H, Etxeberria-Otadui I, et al. Optimal economic exploitation of hydrogen based grid-friendly zero energy buildings[J]. Renewable Energy, 2011, 36(1): 197-205.

2012 年，西班牙 CEU 卡德纳尔埃雷拉大学的 Renau J 等[①]研究了 2012 年欧洲太阳能十项全能竞赛 CEU Cardenal Herrera 大学作品 PV 系统的能量平衡优化，通过对光伏发电系统设计的能源分析和能量系统的有效管理，达到使用定时控制器保持 nZEB 建筑的主要负载在一个足够低的水平。

2013 年，美国德克萨斯州立大学的 Zheng K 等[②]对 NZEB 建筑混合能源系统进行优化研究，建立了优化程序，设计程序是基于成本考虑的基础上，寻求并网能源系统与可持续能源系统的最佳匹配，并提出未来优化重点应在运行期间的储能系统大小的确定方面。

2014 年，意大利都灵理工大学的 Ferrara M 等[③]研究了以 TRNSYS 软件模拟、GenOpt 优化软件结合成本优化分析，对法国气候区的一栋独立式 nZEB 建筑能源系统进行了优化配置研究。

综上所述，可以发现国际上对于零能耗建筑的优化问题一直以来都很重视，对于研究近零能耗建筑优化工作较多，各国都在寻求适合某个特定环境、个别案例、局部节能系统的优化方法，总体上各自分散，未形成广泛统一的优化分析系统和具体评价体系，科学、全面、系统的优化方法有待进一步研究。优化方法从单目标性能优化、层次分析法开始向多目标智能算法延伸。零能耗建筑研究涉及多目标、多学科问题，传统优化方法有一定的局限性，需要在多目标优化领域开展相关研究，方可达到理想设计效果，在此方面有待进一步展开研究。

2）国内研究情况

我国在 ZEB 优化研究方面还未展开，一些学者对于相关的节能技术策略方面的优化展开了研究。如，2008 年，哈尔滨工业大学的张国东博士[④]从投资收益方面研究了地源热泵经济和环境效益，从中建立了一套综合指标评价体系。同年，吉林大学吴晓寒博士[⑤]研究了寒冷地区的地源热泵和太阳能集热器联合系统，并优化分析了相关技术参数。2010 年，西安建筑科技大学杨建平博士[⑥]从被动式太阳能角度，研究了太阳能居住建筑的被动式采暖技术，对市场化运营与应

---

① Renau J, Domenech L, García V, et al. A proposal of nearly Zero Energy Building (nZEB) electrical power generator for optimal temporary generation-consumption correlation [J]. Energy and Buildings, 2014.

② Zheng K, Cho Y K, Zhuang Z, et al. Optimization of the Hybrid Energy Harvest Systems Sizing for Net-Zero Site-Energy Houses[J]. Journal of Architectural Engineering, 2012, 19(3): 174 - 178.

③ Ferrara M, Fabrizio E, Virgone J, et al. A simulation-based optimization method for cost-optimal analysis of nearly Zero Energy Buildings[J]. Energy and Buildings, 2014(84): 442 - 457.

④ 张国东. 促进地源热泵在建筑中应用的经济激励机制研究[D]. 哈尔滨：哈尔滨工业大学，2008.

⑤ 吴晓寒. 地源热泵与太阳能集热器联合供暖系统研究及仿真分析[D]. 长春：吉林大学，2008.

⑥ 杨建平. 太阳能居住建筑采暖系统优化决策及市场化推广研究[D]. 西安：西安建筑科技大学，2010.

用提出了策略研究。

1.2.3 ZEB 建筑能量分析理论与方法

1）国外研究现状与发展动态

如何更好地定义零能耗建筑及找到有效的计算方法是当下研究的重点，其中能量平衡边界条件是衡量 ZEB 建筑不同发展阶段的关键问题，由于各自气候条件、政策导向、舒适度的要求不同，导致边界、方法、权衡系统有所差异，国外在此方面处于探索发展中。

最早研究零能耗建筑能量分析的是 1977 年 Dattel 等[①]对丹麦一层住宅零能耗太阳能实验建筑冬季热平衡进行分析。但是之后对此研究并不多，直到 2010 年欧盟建筑能源指导委员会为推进 ZEB 建筑的发展，提出对于近零能耗建筑，将初级能源作为能量平衡的度量标准，自此之后关于此方面的探讨开始增多。

2011 年，美国佛罗里达大学的 Srinivasan R S 等[②]提出一个更为全面的能量平衡分析框架，该方法是基于建筑环境的最大可再生能源利用率，着重针对 NZEB 仅考虑运行能量分析、缺少在可再生能源系统优化集成以获得能量平衡的阈值，提出可持续能源平衡分析方程。同年，挪威科技工业研究院的 Sartori I 等对并网零能耗建筑限定进行了研究，提出计算分析框架包含建筑系统边界分析（包括物理边界、平衡边界、边界条件），权衡系统分析（包括度量标准、均衡匹配），并网零能耗建筑平衡分析（包括平衡周期、平衡类型、能效分析、能源供应），能源时间匹配特性（包括负载匹配、并网互相作用），测试和矫正。

2012 年，丹麦奥尔堡大学的 Marszala 等提出 ZEB 建筑限定和能量计算方法是当前最需要解决的问题，指出现阶段还未出现较为清晰的标准计算模式，他们根据以往文献资料，对零能耗建筑能量计算方法进行了梳理，认为计算框架包括平衡度量标准、平衡周期的确定、用能类型、平衡类型、可持续能源的供应模式等几个主要方面。同年，爱尔兰都柏林大学的 Hernandez P 等[③]认为能量分析不仅要考虑运行能，还应考虑材料的含能与寿命期因素，提出 LC-ZEB 分析模式。

---

① Dattel, Ctibor. Construction and Heat Balance of the Solar House in Nul-Energi-Hus (House with Zero Energy)[J]. Elektrotechnicky Obzor, 1977, 7(66): 415 - 418.

② Srinivasan R S, Campbell D P, Braham W W, et al. Energy balance framework for net zero energy buildings[C] // Proceedings of the Winter Simulation Conference. Winter Simulation Conference, 2011: 3365 - 3377.

③ Hernandez P, Kenny P. From net energy to zero energy buildings: Defining life cycle zero energy buildings (LC-ZEB)[J]. Energy and Buildings, 2012, 42(6): 815 - 821.

2013年，挪威科技大学零排放建筑研究中心的Bourrelle等[①]在总结以往的能量分析计算方法的基础上，通过建立方程、对比分析，提出能量回收的方法更适合对NZEB建筑的分析与定义。

综上所述，国际上一些学者在ZEB建筑能量分析方法上做出了积极的努力，并取得了一定进展。但如何找到合适的能量分析模式一直以来都在寻求和探索之中，国际间都得到认同的分析方法和模式一直以来都缺乏，还未形成统一的分析模式。

2）国内研究现状与发展动态

我国在ZEB建筑能量分析方法和理论方面还未具体展开，近些年有些学者在建筑能量系统构成及能效研究方面，提出了自己的见解。2009年，龙恩深[②]将基因理论引入建筑能耗分析，提出了建筑能耗基因理论，目的是消除节能分析的复杂性和模糊性。2011年，赵军、马洪亭、李德英[③]分析总结了集中供热系统的能量分析方法，提出至今能量分析基本方法分为能分析、烟分析和热经济学分析三种，并指出热经济学方法可以解决前两者的局限性，但这种分析模式有待进一步完善和研究，提出了该方法可评价建筑能量系统的节能效果及其优劣性。2012年，周燕[④]研究了分析方法在建筑供暖与制冷能量方面的运用，建立了能源的转换及输送到用户终端能量使用过程的分析模型；2013年，李吉康[⑤]运用正交分解(POD)降阶技术对有限体积法的建筑能量平衡方程进行时间与空间的离散处理，提出一种基于智能计算技术的建筑能量预测方法，并认为建筑节能是多学科交叉问题。

由此可见，我国对于建筑能量分析方法和理论方面取得了很大的进步，但随着建筑的发展，需要对其不断完善和补充。至今，一个获得普遍认同的分析模式还有待建立，对于零能耗建筑能量分析方法还未具体展开研究。

1.2.4 ZEB建筑评价模式理论与方法

1）国外研究现状与发展动态

生命周期评价方法、清单列表法和建筑能耗模拟计算评价方法为国外用于对建筑能效进行评价的常用模式[⑥]。清单列表法，如美国的LEED、英国的BREEAM、德国的ECO-PRO、澳大利亚的Green Star、荷兰的ECO QUANTUM、加拿大的

① Bourrelle J S, Andresen I, Gustavsen A. Energy payback: An attributional and environmentally focused approach to energy balance in net zero energy buildings[J]. Energy and Buildings, 2013, 65: 84－92.

② 龙恩深. 建筑能耗基因理论与建筑节能实践[M]. 北京：科学出版社，2009：73－100，318.

③ 赵军，马洪亭，李德英. 既有建筑功能系统节能分析与优化技术[M]. 北京：中国建筑工业出版社，2011：20－22.

④ 周燕. 建筑供暖与制冷能量系统烟分析及应用研究[D]. 长沙：湖南大学，2012.

⑤ 李吉康. 建筑室内环境建模、控制与优化及能耗预测[D]. 杭州：浙江大学，2013.

⑥ 杨玉兰. 居住建筑节能评价与建筑能效标识研究[D]. 重庆：重庆大学，2009.

EnerGuide、俄罗斯的 Energy Passport program、日本的 CASBEE；生命周期评价方法，如中国香港的 LCC(Life Cycle Cost)及 LCEA(Life Cycle Energy Analysis)、美国的 BEE、加拿大的 Athena、法国的 EQUER 和 TEAM，软件包括德国的 LEGEP[①]、GaBi Build-it[②] 和 SBS-onlinetool[③]，荷兰的 SimaPro[④]，美国的 BEES[⑤]，加拿大的 ATHENA[⑥] 等；基于建筑能耗计算和模拟评价方法，如欧盟建筑能效指标 EPBD 的证书制、英国的 SAP 和 EARM、美国能源之星 ENERGY STAR 等。

2012 年，丹麦奥尔堡大学的 Marszala 等认为环境评估方法如 LEED 或 BREEAM 超出 ZEB 建筑范围。同年，法国巴黎矿业大学的 Thiers S 等[⑦]利用初级能评价和基于 LCA 的 EQUER 环境影响评价方法对法国北部新建和改造的两种"主动能源"建筑(即为节能和利用可持续能源产电相结合，并以年基准利用主动技术平衡初级能源的建筑)进行分析比较，提出该方法可用到 ZEB 建筑评价中。同年，比利时鲁汶大学的 Baetens R 等[⑧]利用仿真评估软件 IDEAS 对比利时并网零能耗住宅进行 BPSs(建筑热环境)与 EESs(电力能源系统)模拟研究。

2013 年，美国匹兹堡大学的 Cassandra L Thiel 等[⑨]对一栋三层并网零能耗公共建筑的材料进行 LCA 环境影响评价分析。同年，挪威科技大学的 Birgit Risholt[⑩] 基于性能、经济、社会和实用性指标参数对 nZEB 住宅改造进行了多目标综合模式的可持续性评价，提出多目标评价方法要建立在定量与定性相结合的基础上。

---

① LEGEP. Homepage LEGEP-Software, http://www.legep.de (accessed 27.03.14).

② Kaufmann P. GaBi Build-It; PE International: Leinfelden-Echterdingen, Germany, 2010.

③ SBS Building Sustainability, Homepage SBS-onlinetool-Software, https://www.sbs-onlinetool.com (accessed 27.03.14)

④ Goedkoop M, Oele M. SimaPro 6 Introduction to LCA with SimaPro; PRe Consultants: Amersfoort, The Netherlands, 2004.

⑤ NIST (National Institute of Standards and Technology). Building for Environmental and Economic Sustainability (BEES) 4.0; Building and Fire Research Laboratory, NIST: Boulder, CO, USA, 2007.

⑥ Athena EcoCalculator; ASMI (Athena Sustainable Materials Institute): Ottawa, Canada, 2012; Available online: http://www.athenasmi.org/our-software-data/ecocalculator/(accessed on 6 February 2013).

⑦ Thiers S, Peuportier B. Energy and environmental assessment of two high energy performance residential buildings[J]. Build Environ, 2012(51): 276-284.

⑧ Baetens R, De Coninck R, Van Roy J, et al. Assessing electrical bottlenecks at feeder level for residential net zero-energy buildings by integrated system simulation[J]. Applied Energy, 2012, 8(96): 74-83.

⑨ Cassandra L Thiel, Nicole Campion, Amy E Landis, et al. A Materials Life Cycle Assessment of a Net-Zero Energy Building[J]. Energy, 2013(6): 1125-1141.

⑩ Birgit Risholt, Berit Time, Anne Grete Hestnes. Sustainability assessment of nearly zero energy renovation of dwellings based on energy, economy and home quality indicators[J]. Energy and Buildings, 2013, 5(60): 217-224.

2014 年，德国慕尼黑应用科技大学的 Weienberger 等[①]基于 LCA 评价方法和德国 nZEB 建筑发展历程研究了 LCA 方法如何与 nZEB 建筑环境评价相结合，并提出 LCA 方法当前存在着复杂和不确定因素，为此未来的主要问题是如何简化 LCA 方法对 nZEB 建筑资源和能耗科学的评价。

综上所述，各国学者做出了积极的探索，已取得了一定进展。对于零能耗建筑的评价方法目前为多样化形式，对于各种评价方法都在尝试阶段，总体上生命周期评价模式较多，但一些学者认为 LCA 的方法有待进一步研究。

2）国内研究情况

2003 年，陈岩松博士[②]提出以物流和能流为基点对住宅建筑节能建立相应评价方法。2004 年，傅秀章博士[③]提出在夏热冬冷地区住宅建筑能耗需在模拟基础上进行评价。2005 年，江亿院士等[④]提出住宅建筑能耗标识体系框架，通过计算机动态模拟计算，利用图纸对能耗及热性能预测、施工过程监督、敏感参数实测，再根据标准将预测结果转化，使购房者得到科学、准确、易懂的能耗指标。2006 年，天津大学的尹波博士[⑤]提出以多目标突变决策模型的政府管理建筑能效评价模型。同年，杨红霞[⑥]综合探讨了能量、经济与系统三种评价方法。2007 年，来延肖等[⑦]利用模糊综合评价对建筑节能评价进行了研究。2008 年，陈淑琴博士[⑧]提出了基于统计学的住宅建筑能量信息系统模式，运用多元分析的原理和方法通过计算将定性的评价数据量化分析。2009 年，杨玉兰博士[⑨]对夏热冬冷地区的居住建筑节能与能效标识评价方法进行了探讨，构建了一套建筑节能评价与能效标识模型和应用软件。2010 年，吴成东等[⑩]提出了利用混沌神经网络对建筑节能综合指标体系进行构建的方法。2013 年，李晓俊博士[⑪]利用 HTB2 能耗模拟与 VirVil Plugin 链接研究了如何对建筑规划设计进行综合评价。

综上所述，虽然目前国内在建筑节能评价方面做了一些研究，但是建筑节能评

---

① Weienberger, Markus, Jensch, et al. The convergence of life cycle assessment and nearly zero-energy buildings: The case of Germany[J]. Energy and Buildings, 2014(76): 551 - 557.

② 陈岩松. 住宅建筑节能评价方法[D]. 上海：同济大学. 2003.

③ 傅秀章. 夏热冬冷地区住宅节能设计与能耗评价研究[D]. 南京：东南大学，2004.

④ 江亿，张晓亮，魏庆芃. 建立中国住宅能耗标识体系[J]. 中国住宅设施，2005(6)：10 - 13.

⑤ 尹波. 建筑能效标识管理研究[D]. 天津：天津大学，2006.

⑥ 杨红霞. 建筑节能评价体系的探讨与研究[J]. 暖通空调，2006，36(9)：42 - 44.

⑦ 来延肖，王卫卫，尹文浩. 运用模糊综合评判法对建筑节能进行综合评价[J]. 四川建筑，2007，27(4)：25 - 27.

⑧ 陈淑琴. 基于统计学理论的城市住宅建筑能耗特征分析与节能评价[D]. 长沙：湖南大学，2008.

⑨ 杨玉兰. 居住建筑节能评价与建筑能效标识研究[D]. 重庆：重庆大学，2009.

⑩ 吴成东，丛娜，孙常春. 基于混沌神经网络的建筑节能综合评价[J]. 沈阳建筑大学学报(自然科学版)，2010，1(26)：188 - 191.

⑪ 李晓俊. 基于能耗模拟的建筑节能整合设计方法研究[D]. 天津：天津大学，2013.

价指标体系的研究还处在不断完善和发展中，尚未建立一个获得普遍认同的建筑节能评价体系，对于零能耗建筑的评价模式及评价指标体系还未具体展开，需要在今后进行大量的研究和实践。

1.2.5 多目标优化理论与方法

1）国外研究现状与发展动态

复杂性科学（complexity sciences）是以复杂系统和复杂性的综合学科为研究对象，20 世纪 80 年代开始发展，是以“学科互涉”（inter disciplinary）为目的的新兴科学研究形态。霍金称其为“21 世纪将是复杂性科学的世纪”。

复杂性科学研究主要包括：早期研究阶段的一般系统论、控制论、人工智能；后期研究阶段的耗散结构理论、协同学、超循环理论、突变论、混沌理论、分形理论和元胞自动机理论。

对于复杂系统的分析和设计过程，应采用非线性的思维模式，相比以往的线性思维模式，它会对事物的本来面目产生更加深刻的认识和理解。为此在具体分析层面上，需要对研究问题本体的学科互涉问题中的多目标、多学科之间的耦合制约关系，对其中涉及不同目标的众多决策变量和要素，进行详细的设计与描述分析，并寻求求解①。为此多目标设计优化（Multidisciplinary Optimization Problem，MOP）是解决这些问题的基础和途径。

在现实生产、生活和研究中，常常面临诸如工业制造、成本预算、能量分配、城市布局、经济规划等复杂系统的设计、建模、规划决策问题，多目标优化问题便应运而生，并逐渐形成了一门学科。其经历了产生、发展和不断壮大的历史里程，至今已被广泛应用于诸多科学领域，如电子工程、水利工程、结构工程、航空工程、机器人和智能控制等。现实中比较常用的多目标解决问题的方法包括：层次分析法、目标规划法、多目标加权法、权重法、最大与最小值等方法，而这些方法都不如通过并行协同的方法搜索非劣解方式寻求决策目标的 MOP 方法全面、可靠。

早在 1772 年，如何处理多目标矛盾问题由 Franklin 提出，他也成为了最早开始研究多目标问题的学者②。

1896 年，法国经济学家 Pareto V③ 首次在经济学理论中提出多目标优化求解问题。

1944 年，美国数学家 Von Neumann J 和经济学家 Morgenstern O④ 在经济行

---

① 李海燕. 面向复杂系统的多学科协同优化方法研究[M]. 沈阳：东北大学出版社，2013：1.

② 焦李成，尚荣华等. 多目标优化免疫算法、理论和应用[M]. 北京：科学出版社，2010：1－3.

③ Pareto V. Course Economic Politique[M]. Lausanne：Rouge，1896.

④ Von Neumann J，Morgenstern O. Theory of Games and Economic Behavior [M]. Princeton：Princeton University Press，1944.

为与博弈论研究中，认为决策者进行处理多目标问题决策时，往往彼此是矛盾的，这一问题使学者们产生了对多目标优化问题的关注。

1951 年，美国经济学家 Koopmans T C① 等在研究生产和分配的活动分析中面对多目标决策问题，首次将多目标优化解命名为“Pareto”解。同年，Kuhn H W 和 Tucker A W② 从非线性规划的角度，提出向量极值问题的 Pateto 最优解的概念。

1968 年，Johnsen 研究了多目标问题的基本决策模型，从而成为了该学科突破性的新起点。

多目标优化问题起初阶段经历了几十年，但是到了 20 世纪 70 年代才开始真正崭露头角，一些算法的研究开始蓬勃兴起。20 世纪 80 年代在多目标优化问题中，人工智能算法开始被广为应用，先后产生了包括进化算法（Evolutionary Algorithm, EA）、粒子群算法（Particle Swarm Optimization, PSO）、人工免疫系统（Artificial Immune System, AIS）及蚁群优化算法（Ant Colony Optimization, ACO）等。

国际上，自 2001 年开始，每隔两年举行一场多目标进化优化国际会议 EMO（Evolutionary Multi-criterion Optimization），该会议已经成为进化计算领域的一个重要会议。如“IEEE Transactions on Evolutionary Computation”“Evolutionary Computation”等国际期刊也非常重视该方面的发展。一些国际上的会议，如“Congress on Evolutionary Computation”“Genetic and Evolutionary Computation Conference”等，开展的相关研讨论文也与日俱增。由此可以明显看出，多目标优化受到了国际上的广泛关注。

值得一提的是，以多目标优化为理论基础发展起来的多学科优化问题目前受到了各国的重视。1982 年，美籍波兰人 Sobieszanski-Sobieski J③ 发表了关于研究大型结构优化问题的求解，当时他提出了一种用于分解工程系统设计中大型优化问题的方法，如飞机设计会涉及若干较小的子设计。后来，他继续对多学科问题进行了进一步研究，提出了基于灵敏度分析的 MDO 方法④⑤。此后，为了满足更为复杂系统的优化设计问题，近似技术、鲁棒优化、多目标、可靠性等相关学科知识也

---

① Koopmans T C. Activity Analysis of Production and Allocation[M]. New York: Wiley, 1952.

② Kuhn H W, Tucker A W. Nonlinear programming: Proceedings of 2nd Berkeley Symposium on Mathematical Statistics and Probability[M]. Los Angeles: University of California Press, 1952.

③ Sobieszczanski-Sobieski J. A linear decomposition method for large optimization problems[J]. Blueprint for development. 1982.

④ Sobieszczanski-Sobieski J. Optimization by decomposition: a step from hierarchic to non-hierarchic systems[J]. NASA STI/Recon Technical Report N, 1989(89): 25149.

⑤ Sobieszczanski-Sobieski J. Sensitivity of complex, internally coupled systems[J]. AIAA journal, 1990, 28(1): 153 - 160.

逐渐应用到多学科方法研究中[1][2][3][4]。

综上所述，多目标优化方法及其衍生方法作为一门新兴学科领域，还有许多不断完善的问题和应用领域值得进一步研究。各国学者做出了积极的探索和努力，国外在系统分析、优化策略、近似技术等领域理论研究和推广应用发展较为成熟。

2）国内研究现状与发展动态

查阅我国文献，最早提出多目标问题的是1957年时任华东水利学院水文系叶秉如[5]，在《多目标水库和水库群规划中的几个问题》一文中将多目标规划引入到水利规划与管理之中。此后多目标优化技术在水利、水库工程中得到了大量的应用。

1978年，中国科学院数学研究所的陈光亚[6]提出了多目标规划问题的逼近方法，为多目标求解问题建立了理论基础。1979年，他在此基础上继续提出了一般模向量空间及用闭凸锥确定的偏序的情况，研究了有效点的几何性质与标量化[7]。此后多目标优化技术开始大量的在数学基础研究中得到重视。

1980年，大连工学院船舶设计与制造教研室的纪卓尚等[8]将多目标优化技术引入船舶设计中。1981年，中国矿业学院的王刚等[9]将多目标最优化问题引入了煤矿开采区设计中。1982年，北京航空学院的刘文胜等[10]开始利用多目标决策问题对空对空导弹进行了主要参数优化设计。同年，顾基发等[11]将多目标决策问题引入车辆工程设计中，对轮式车辆悬挂系统参数进行了多目标优化设计。1983年，中国系统工程学会系统理论委员会的张鐘俊等[12]将多目标理论引入国家经济学领域。1984年，重庆大学机械工程系的张根保[13]开始运用多目标优化设计机床

---

① Zadeh P M, Toropov V V, Wood A S. Metamodel-based collaborative optimization framework[J]. Structural and Multidisciplinary Optimization, 2009, 38(2): 103 - 115.

② Li M, Azarm S. Multiobjective collaborative robust optimization with interval uncertainty and interdisciplinary uncertainty propagation[J]. Journal of mechanical design, 2008, 130(8): 081402.

③ Xun D, Wenming Z, Lingsheng T. Collaborative Optimization of Wheel Hub Reducer Based on Reliability Theory [C] // Measuring Technology and Mechatronics Automation, 2009. ICMTMA′09. International Conference on. IEEE, 2009, 2: 771 - 774.

④ Huang H Z, Tao Y, Liu Y. Multidisciplinary collaborative optimization using fuzzy satisfaction degree and fuzzy sufficiency degree model[J]. Soft Computing, 2008, 12(10): 995 - 1005.

⑤ 叶秉如.多目标水库和水库群规划中的几个问题[J].华东水院学报，1957(01)：26 - 33.

⑥ 陈光亚.关于多目标规划的逼近问题[J].自然杂志，1978(06)：341 - 342.

⑦ 陈光亚.多目标最优化问题有效点的性质及标量化[J].应用数学学报，1979(03)：251 - 256.

⑧ 纪卓尚，李树范.用多目标最优化方法确定矿砂船主尺度[J].大连工学院学报，1980(04)：129 - 139.

⑨ 王刚，徐永圻等.采区设计最优化问题的初步探讨[J].煤炭科学技术，1981(07)：8 - 13.

⑩ 刘文胜，白文林，汪家芸.应用多目标数学规划优选空对空导弹总体主要参数的方法[J].北京航空学院学报，1982(02)：137 - 147.

⑪ 顾基发，顾俊方.轮式车辆悬挂系统参数的多目标决策[J].兵工学报，1982(01)：30 - 37.

⑫ 张鐘俊，张启人.国家经济的分散控制和多目标决策方法论的评介[J].系统工程，1983(01)：21 - 36.

⑬ 张根保.机床主传动系统双目标优化设计[J].重庆大学学报(自然科学版)，1984(04)：37 - 45.

主传动系统，将多目标优化技术引入机械工程中。随后，多目标优化技术开始逐渐在各个领域得到推广和应用。1996 年，太原工业大学的李刚等①开始利用多目标优化技术在建筑结构抗震方面展开研究，优化结果表明有利于结构抗震。2008年，大连理工大学的袁永博等②将多目标优化技术引入工程项目管理中，对工程项目中质量、成本、工期三个目标进行多目标优化研究。

综上所述，我国虽然发展较晚，各项技术均有待进一步完善和提高，但是学者们对多目标优化理论进行了广泛的研究，在水利、机械、航空航天、船舶制造及产品设计领域的应用进行了积极的探索和研究，在建筑节能领域应用多目标优化技术较少，需要进一步拓展在该领域的应用。

1.2.6 总结

综合国内外发展趋势，发现的问题和有待完善的理论和方法有以下几点：

（1）各国的零能耗建筑界定和标准体系还未形成统一模式，有待研究；零能耗技术发展路线大多还未形成，有待建立；我国在此方面尚未具体开展，有待研究。

（2）国际上对于不同气候区的零能耗建筑的不同工况类型的界定处于初步探讨阶段，未全面展开，尚需完善，对此有待研究；我国在此方面尚未具体开展，有待研究。

（3）国际上零能耗建筑优化方法和理论体系尚处于初探阶段，需要不断完善和建立，有待研究；我国在此方面尚未具体开展，有待研究。

（4）国际上零能耗建筑技术设计已开始研究多学科交叉工作问题，如何搭建各专业学科有效联系的桥梁，使其发挥更好的功效，使其协同运作，在此方面有待进一步拓展；我国在此方面尚未开展，有待研究。

（5）国际上零能耗建筑的评价研究尚处于初步探索阶段，没有统一模式，有待建立；对于不同地区不同气候特点的评价体系有待研究；我国在此方面尚未具体开展，有待研究。

（6）多目标优化在各行业发挥着重要的积极作用，应用领域需要不断拓展，在建筑领域的应用有待进一步研究。在 ZEB 建筑领域方面的研究需要进一步探索，如何进行各性能系统构建、模型建立、算法选取等问题，有待研究。

1.3 研究内容

该研究立足于城市住宅，选择京津寒冷地区的城市居住建筑为例，与以往研究

① 李刚，陈新华，等. 考虑结构自振周期约束的抗震结构的多目标多级优化设计[J]. 太原工业大学学报，1996，27(03)：30－35.

② 袁永博，阮宏博，王星凯. 基于遗传算法的项目工期成本质量综合优化[J]. 四川建筑科学研究，2008(03)：227－230.

不同，以户型为单位，建立典型模型，以此为基准，对居住建筑实现零能耗模式的多目标优化技术进行探讨，并建立评价体系，最终对付诸于实践的实验室情况等进行了系统的研究。通过相关定性与定量数据实验模拟分析，找到相关结论和解决方法，从而推进和补充建筑节能设计与技术标准，对于零能耗建筑在我国的实现和推广及可再生能源在建筑上的应用，能够产生具有理论价值和实践意义的效果。研究主要可分为以下六个方面内容：

（1）具有针对性的寒冷地区零能耗太阳能居住典型房理论模型构建研究

研究了相似理论，将其应用于建筑典型物理实验分析简化模型的构建，完成了数据的筛选、录入和优选，构建一个典型物理权衡分析模型，提出了一套用于确定建筑物理模型简化计算方法及基于集合住宅户型立面基本物理边界条件（能耗模块）的“九宫格”分析理论。

（2）零能耗建筑实现途径与运行模式研究

分析包括国内外高能效建筑各项指标、节能策略和能源规划，总结归纳出实现零能耗模式的基本参数阈值，总结和设计出了基于不同零能耗类型特征的基本运行工况，从而建立了适合于京津寒冷地区居住建筑实现零能耗的基本路线和计算分析模型。

（3）寿命期能量与成本数学模型构建研究

针对零能耗建筑运行机理建立能量与成本分析理论模型，为了得到较为全面的零能耗建筑能量分析方法，构建基于分析模式下的寿命期相对节能分析理论模型；对国内外寿命期成本分析并结合零能耗建筑成本特性，构建基于寿命期节能收益成本的 LCC 理论分析模型；并结合上述建立的分析模型，以围护结构节能主材厚度、窗传热系数和光伏面积为主要约束变量，进行基于零能耗建筑实现途径的京津地区 ZEB 建筑能量与成本相关数据统计，并建立了数学模型分析库。

（4）多目标优化设计研究

研究当前多目标优化算法工作机理，基于实值编码的 NSGAⅡ优化技术进行多目标优化研究；对各学科间的耦合数学关系进行分析，确立了相应约束条件、参数变量和目标函数，构建零能耗建筑能量平衡与成本目标函数与约束条件，编制优化程序，求得 Pareto 解集，利用该算法对建立的典型零能耗建筑模型进行多目标优化，验证该优化方法的可行性和有效性。

（5）零能耗建筑优化评价技术研究

为了解决在多目标 Pareto 解集中求得一定精确度又有实际意义的满意解问题，针对零能耗建筑多目标优化设计，建立一套基于 Pareto 空间特征解熵分析的改进熵权评价法，得到最优解，分析得出寒冷气候区京津地区 ZEB 居住建筑的最佳节能系统组合数据、运行工况参数数据及能流基本运行关系；同时为了能够更为全面、灵活地评价 ZEB 建筑各情况的分析研究与决策，并具有定性与定量指标相结合的综合评价决策方法，提出一套混合灰色关联多层次综合评价法。

（6）零能耗太阳能居住建筑实验室建设研究

利用多目标优化技术对零能耗太阳建筑进行了初步设计，并运用建立的混合灰色关联多层次综合评价法对实验室多能源集成系统进行评价优选；介绍零能耗太阳能实验室建设、监测系统构建及系统运行情况，提供一套可借鉴和推广的实践监测系统。

1.4　研究方法和技术路线

1.4.1　研究方法

1）多学科、多理论的交叉研究方法

本书研究综合了建筑学、统计学、经济学、热学、生态学、系统论、多目标优化、模糊数学、相似理论、寿命期理论等学科与理论，从而形成了研究目标的全面、多元的求解效果。

2）文献研究与资料收集

通过文件查阅及相关资料的收集，掌握了国内外在此方面的相关研究成果与最新动态，对所涉及的各学科与理论方法有了正确和全面的了解和掌握。

3）调查法

通过对京津地区的居住建筑进行实地调研、测量试验、公众调研、专家咨询、走访口述记录、调查取证、网络调查等，确保了资料信息的准确性与时效性。

4）定量、定性分析方法

本书采用多学科综合系统研究方式，对地处寒冷地区京津地域特点的居住建筑进行零能耗建筑研究，需要以系统的定量分析为基础，包括户型几何关系数据、围护结构热工数据、能量供耗数据、成本数据、各分析结果数据等定量数据，从而达到对研究对象的精确认识，揭示更为清晰的本质规律，把握本质、理清关系，提出量化指标，最终建立科学准确的各学科间的数学模型。运用抽象概括、归纳、综合分析等定性分析方法，将各项资料整理加工，从而达到对事物本质、揭示内在规律的清楚认识。

5）模拟法

运用相似理论依照原型的主要特征，创设相似模型，通过模型来间接研究原型的方法。运用仿真模拟软件对模型进行模拟实验，将实验结果通过定量分析与统计，建立各学科间的耦合关系。

6）经验总结与探索性研究

本书通过对研究对象所发生的各种实践活动中的具体情况，如实际中的京津地区户型设计、建筑围护结构、国际上零能耗建筑物理参数等，将其进行归纳与分析，使之系统化、理论化，并上升为经验。运用多目标优化理论、㶲分析理论、相似理论、综合评价方法、“九宫格”分析法在零能耗居住建筑优化问题上进行探索，构建一套零能耗建筑多目标优化理论与方法。

1.4.2 技术路线

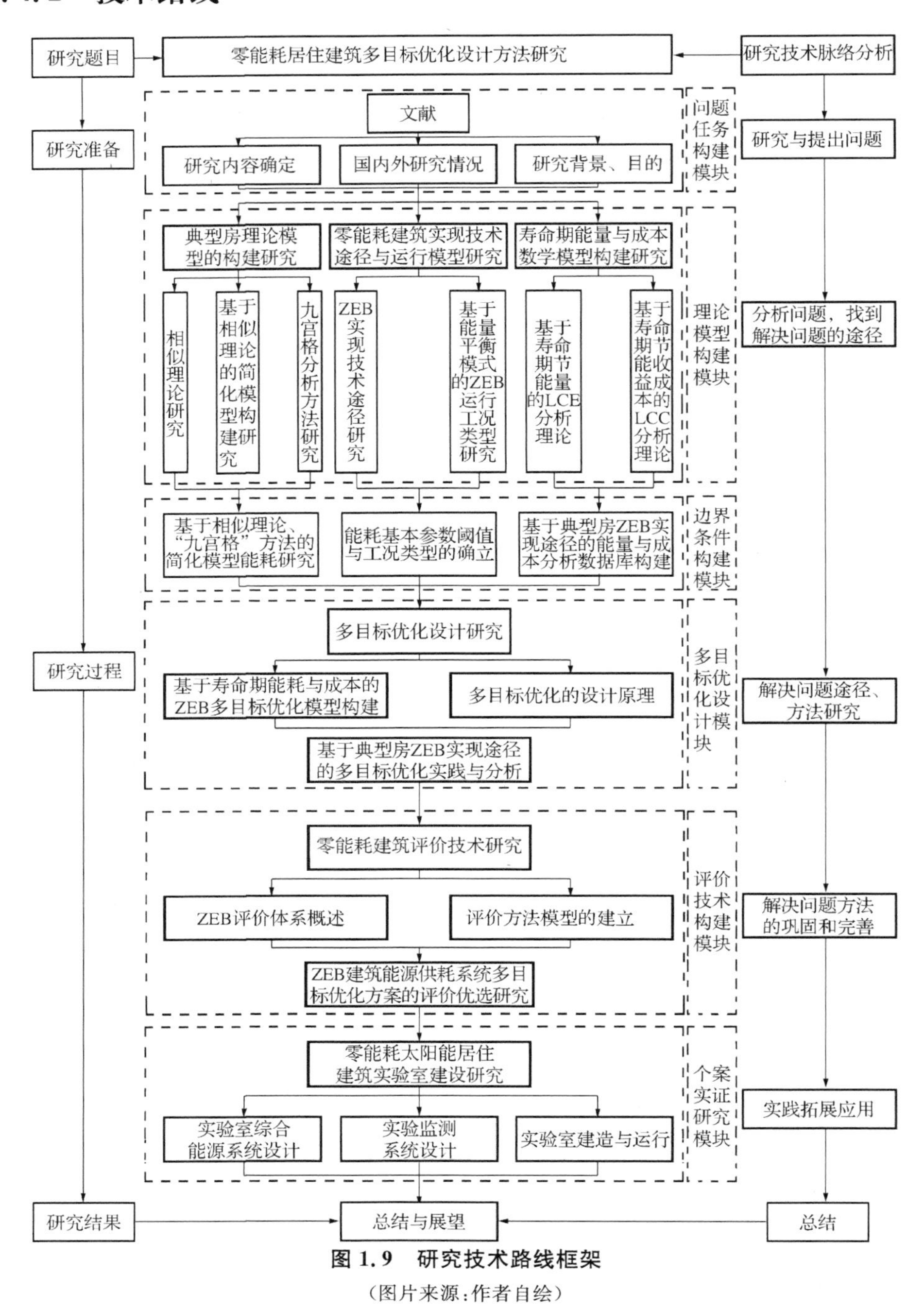

图 1.9 研究技术路线框架

（图片来源：作者自绘）

1.5 创新点

本书的创新点主要包括以下几个方面：

(1) 本研究课题基于多目标优化技术针对ZEB建筑的能源与成本问题展开研究，建立了一组适用于多目标优化分析的目标函数模型，编制了基于实值编码的NSGAⅡ优化技术的四种工况优化程序，基于京津地区居住ZEB建筑实现技术路径，构建了ZEB建筑模式下的节能主材厚度、窗传热系数、PV面积、寿命期能量、寿命期成本的数学耦合关系，得出了优化组合定量数据集合，并得到了优化组合数据。

(2) 本研究课题利用多学科、多理论交叉研究手段，对ZEB建筑优化技术的实现途径问题展开研究，建立了基于相似理论的建筑典型物理模型构建方法、基于集合住宅户型立面基本物理边界条件(能耗模块)的"九宫格"分析理论，通过归纳整理得出了寒冷地区以京津为例的实现ZEB建筑基本技术参数阈值，提出了三种ZEB建筑运行模式理论分析模式，构建了基于分析理论的寿命期节能分析和寿命节能成本收益分析的多目标优化数学理论模型，实现了ZEB建筑多目标优化分析技术。

(3) 本研究课题为了能够将能源、经济及生态三者结合分析，构建了"EEE-ZEB-MOP"多目标优化技术，将多目标优化与综合评价法有机结合，为此研究了综合评价法对ZEB建筑系统的优化评价问题，构建了熵权改进分析与混合灰色关联多层次综合评价方法，得到了操作性强且全面的ZEB建筑优化评价应用体系；研究了实验室建造与监测系统，并完成了上述方法的实证，为ZEB建筑设计策划、评价及市场推广提供了科学、系统的应用分析手段和指导。

2 典型房理论模型构建研究

2.1 基于相似理论的典型房理论模型构建

2.1.1 相似理论

本章为了寻求建筑物理典型模型，并为清晰明了地进行理论分析和基础性研究奠定基础，对所选的实际样本建筑需要进行相似性简化设计与重构，该过程需要一种科学的理论与方法协助完成。所以笔者选择了科学研究方法中相似理论的模型法，将其引入建筑物理实验模型的重构与简化设计上，帮助研究工作的理论研究分析构建和验证，建立与原模型相似简化关系的典型建筑物理环境分析模型，从而帮助完成研究理论体系的构架和成果的实现。通过该项研究，目的是想找到解决建筑物理环境系统中，从实践到理论分析层面的基本模型的建立方法，帮助解决在繁复的个案求解过程中，而导致的不可完结性及模糊不清性问题。

相似现象的概念可以追溯到 17 世纪初叶，俄国学者米哈伊洛夫、意大利学者伽利略等从力学相似的情况提出相似概念，1686 年著名科学家牛顿在其著作《哲学原理》中提出了对相似理论学科的发展[①]。上面所提及的是这门科学的初始阶段。

相似理论的发展阶段开始于 1848 年，法国科学院院士 J，Bertrand 首次提出相似第一定理(即为相似正定理)，1914 年美国学者 J，Buckingham 提出相似第二定理(即为 л 定理)，1930 年苏联学者 M，B，кирпиче(基尔皮契夫)提出相似理论三定律(即为相似逆定理)，为相似理论构建了基础，[②]自此以后相似理论成为了当今各科学领域理论研究的基础，并广泛应用。其中相似模型已成为各门科学分析问题和理论思维的重要手段。美国的著名学者 G，Murphy 认为模型是与所研究对象的物理系统有着密切关系的装置，通过对它的观察或试验，可以在需要的方面进行精确地预测系统的性能；与相似型对应的称为原型，是指被进行预测的物理系统。

① 王丰. 相似理论及其在传热学中的应用[M]. 北京：高等教育出版社，1990：12－13.

② M B 基尔皮契夫. 相似理论[M]. 北京：科学出版社，1955：2－5.

相似第一定律也称为相似正定理，即彼此相似的系统或现象必定具有数值相同的相似准则，相似指标值为 1。它是系统或现象达到彼此相似的必要条件和彼此相似的基本性质。

相似第二定理也称为 π 定律，即为系统或现象群遵循着同一自由相似准则并由同类物理量之间的比值所组成的函数关系式，即为 $F(\pi_1, \pi_2, \cdots, \pi_n)=0$ 准则方程。

相似第三定理（相似逆定理），即为系统或现象相似的充要条件是单值条件（即几何条件、物理条件、边界条件和初始条件）相似，且具有相等的单值数值。相似第三定理是研究相似的充要条件，也称其为模型法则。①②

现任美国科学促进协会会员、中国生命科学学会理事的周美立教授，一直以来从事相似学的研究。1993 年，他在经过系统地分析和阐述了相似基础原理的基础上，将相似类型分为经典相似、模糊相似、它相似、自相似。对相似第一定律应用问题延伸成序结构相似、同构性、同功性几个方面的问题。③ 1998 年，他对相似学继续研究，将相似类型又拓展成一般相似、具体相似、自然相似、人工相似、它相似、自相似、同类相似、异类相似、精确相似、可拓相似、模糊相似及混合相似。④ 2013 年，他将相似学拓展到研究自然界与人工系统的各种相似与和谐关联的问题中。⑤

我国目前将相似理论融入建筑方面的研究理论较少。而纵观建筑设计初衷，追寻标准化和模数化的原则，的确存在普遍的相似原理。我国很早就采用先建简化模型，对其研究后进行施工建造。例如，约在一千年前的北宋时期，古代木构建筑专家喻皓在主持建造一座 13 层开宝寺塔时，当时画家郭忠恕先制成“小样”，喻皓研究模型后，发现“郭以所造小样末底一级，折而计之，至上层余一尺五寸，杀收不得”。于是喻皓“数夕不寐，以尺较之，果如其言”。后来依照修改后的模型施工，收到了很好的结果。⑥ 当今的建筑设计的工业化和产业化的设计模式更是如此，所以从该角度出发，可以找到更为科学、准确的建筑模化方法，用以解决复杂系统分析模糊不清和局限性的问题。

物理环境系统构建可以依据该理论进行相似设计，可以按照原型统计与分析、理想相似模型构建、相似参数数据分析、模型简化方案比较分析、优选等步骤来实现对建筑物理环境典型理论分析模型设计。

下面按照相似理论的分析方法，经过对寒冷地区天津、北京等地的居住建筑进

---

① 邹滋祥. 相似理论在叶轮机械模型研究中的应用[M]. 北京：科学出版社，1984.

② 胡冬奎，王平. 相似理论及其在机械工程中的应用[J]. 现代制造工程，2009(11)：9 - 11.

③ 周美立. 相似学[M]. 北京：中国科学技术出版社，1993：7 - 13，170 - 193.

④ 周美立. 相似工程学[M]. 北京：机械工业出版社，1998：1 - 16，112 - 116.

⑤ 周美立. 相似系统和谐——生存发展之道[M]. 北京：科学出版社，2013.

⑥ 文莹. 玉壶清话(第二卷)[M]. 杭州：浙江出版集团数字传媒有限公司，2013.

行调查统计和分析，针对户型、围护结构、几何特征、能耗值等几项基本因素进行相似性模型构建，采用相似理论建立相似准则，最大限度地体现研究对象物理参数，从而科学准确地建立简化模型，为后续研究的理论体系验证分析建立基础。

2.1.2 基于相似理论的简化模型构建

建筑是一个复杂的系统，一些系统间的特性定量分析，也带有模糊性，普通的简化模型系统与原型不能完全满足精确的数学描述，故建立相似模型需要采用模糊相似方法处理问题，这样可以对所研究系统间的多个相似特征进行有效处理，凡是精确度量的相似度尽可能精确化，不能精确的，借助模糊数学原理来获得特征值，达到相对精确的相似度，并对各方案进行权衡评价。相似系统分析程序如图 2.1 所示。

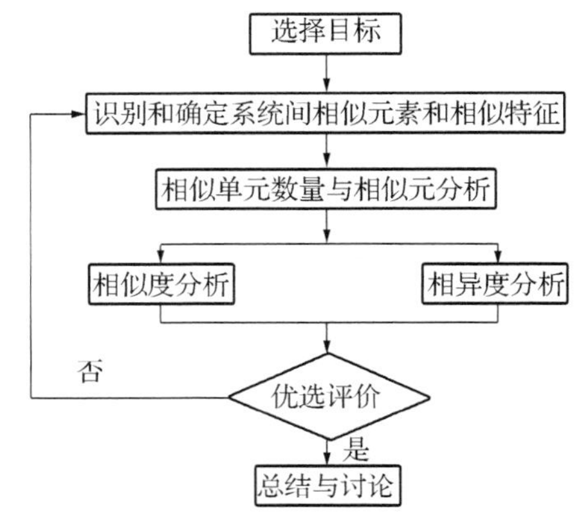

图 2.1 相似系统分析程序图

（图片来源：作者自绘）

相似分析与优化设计数学计算模型构建：

1）选择目标、建立相似元素和特征值

选择要研究的目标 M,N，找出相似元素及特征值。

2）建立系统间的相似元数量及参数统计与分析

首先，构建系统 $M=\{m_1,m_2,\cdots,m_k\}$，$N=\{n_1,n_2,\cdots,n_l\}$，其中，m_k 为系统 M 中的组成要素；n_l 为系统 N 中的组成要素。

3）相似度/相异度分析

根据模糊数学理论，从广义角度各系统间并非存在精确的相似对应关系，各要素之间普遍存在着模糊对应关系，该关系可以通过矩阵描述出来，这里记为 $\mathbf{A}=(a_{ij})_{l\times k}$，如式 2.1 所示。

$$\bar{\mathbf{A}}=\begin{array}{c} \begin{matrix} m_1 & m_2 & & m_k \end{matrix} \\ \begin{bmatrix} a_{11} & a_{12} & \cdots & a_{1k} \\ a_{21} & a_{22} & \cdots & a_{2k} \\ \cdots & \cdots & \cdots & \cdots \\ a_{l1} & a_{l2} & \cdots & a_{lk} \end{bmatrix} \begin{matrix} n_1 \\ n_2 \\ \cdots \\ n_l \end{matrix} \end{array}=(a_{ij})_{l\times k} \tag{2.1}$$

这里 $0\leqslant a_{ij}\leqslant 1$，$a_{ij}$ 为相似元特征值，即为相似度。当对应要素之间完全不相似时 $a_{ij}=0$，相同时 $a_{ij}=1$。

这里

$$a_{ij}=\frac{\min\{M_j(m_i),N_j(n_i)\}}{\max\{M_j(m_i),N_j(n_i)\}} \tag{2.2}$$

即为对应对比元素数值之间，较小者与较大者之间的比值关系，这里的特征值 $M_j(m_i)$，$N_j(n_i)$ 的取值根据具体情况而定，可根据隶属度或模糊性，评判确定后，运用二元相对法决定具体数值。

将系统间具有相似特征的要素筛选出来，建立简化矩阵关系为

$$\overline{\mathbf{A}}'=\begin{array}{c} \begin{array}{cccc} m_1 & m_2 & & m_g \end{array} \\ \left[\begin{array}{cccc} a_{11} & a_{12} & \cdots & a_{1g} \\ a_{21} & a_{22} & \cdots & a_{2g} \\ \cdots & \cdots & \cdots & \cdots \\ a_{g1} & a_{g2} & \cdots & a_{gg} \end{array}\right] \end{array} \begin{array}{c} n_1 \\ n_2 \\ \cdots \\ n_g \end{array} =(a_{ij})_{g\times g} \tag{2.3}$$

这里 $0\leqslant a_{ij}\leqslant 1$。

4）相似优选与评价

建立评价因素集，建立评判矩阵，利用综合评价分析法对各方案进行优选，从而得到与原型最佳的相似简化模型。

2.2 原型基本边界条件统计与分析

2.2.1 典型户型几何模型的选取

1）户型调研分析

对于研究居住建筑应着重在住宅建筑上，住宅建筑所占比例最大，故研究住宅具有一定的普适性。我国住宅居住模式与西方发达国家有所不同，城市化的大力发展，城市的高密度集合模式一直是发展主流，从而导致住宅模式以多层、中高层为主流。以北京为例①，住宅以多层和高层为主要部分，占住宅比例的 90%以上。

住宅楼的组成是由单元组合排列在一起，单元组合是由户型空间和交通及辅助空间组合而成。所以户型空间可以看作住宅楼的主要组成元素。从能耗角度出发，户型空间发生的能耗是建筑能耗的核心，为此着重研究户型空间的能耗问题可以推导出住宅楼能源运行模式的总体特征（图 2.2）。

权衡判断法（Trade off）是构想一个参照物，然后与实际设计的建筑进行比较分析判断和计算分析，该方法不拘泥于建筑局部性能，而是着眼总体特性是否满足要求，是研究建筑节能的重要分析方法，也是性能评价法的核心。

本书分析过程中将采用该方法，在进行计算评判时，为了使所建的物理模型能够简化，从总体特性着手，从形态各异的原型中，找到与之对应的相似型，从而构建一个参照模型，而且尽可能地与原型达到较高的相似性，此过程需要进行相似准则的建立及多方案比较与优化求解。

① 胡世德. 北京地区建筑层数的发展分析[J]. 建筑技术，2004(9)：706－707.

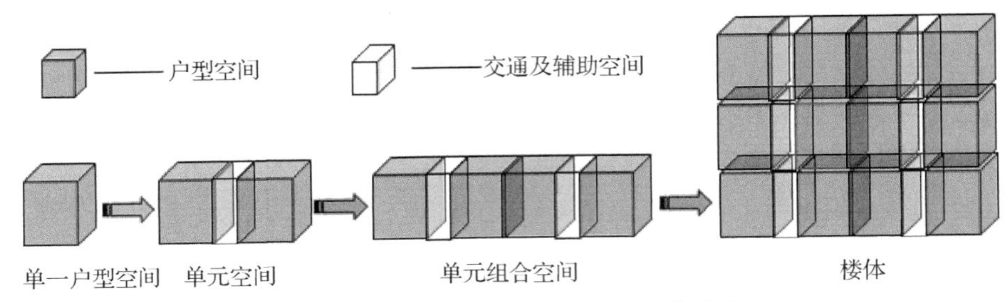

图 2.2　居住建筑楼体组合演变示意简图

（图片来源：作者自绘）

笔者经大量的调研发现，设计师设计的户型大多非规矩的矩形，有很多折角变化，大体关系与矩形相似，为此可以采用相似原理对其进行简化处理，找到相似度较高的矩形模型，从而减少模糊不清及不确定的因素，而且可以为建筑节能设计的几何重构、优化和建筑模块化发展探索一种有效的分析和设计途径。具体实地考察调研与资料考证调研情况如图 2.3 及表 2.1 所示。

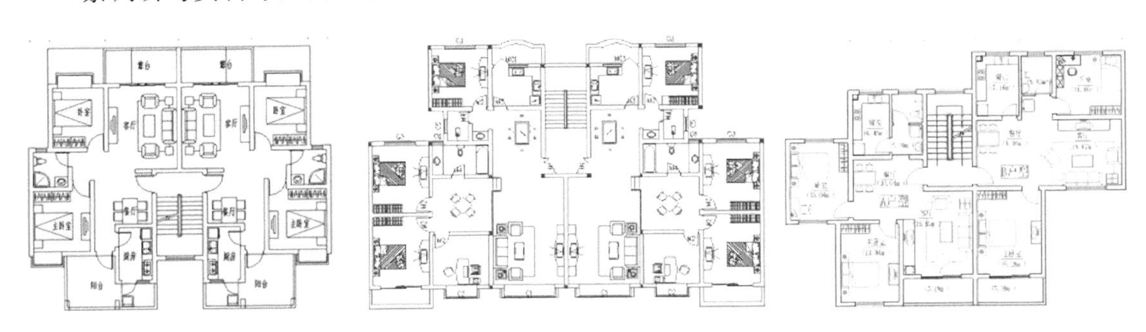

图 2.3　某三栋住宅平面示意图

（图片来源：作者自绘）

表 2.1　住宅实地考察调研情况表

天津市北辰区君利新家园——15 栋	天津华明示范小城镇绿色家园住宅小区——15 栋

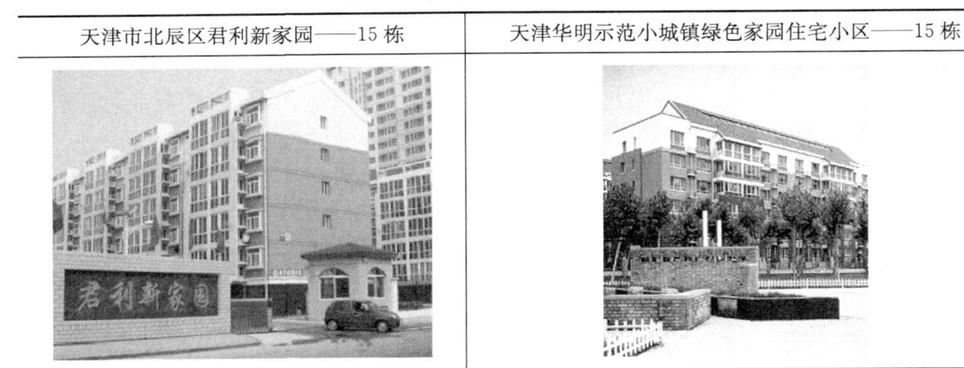

续表 2.1

天津北辰与武清交界君利花园小区——15 栋	天津高新技术开发区紫瑞园——10 栋

天津武清徐官屯开发区景瑞花园——23 栋	天津市武清区东马圈镇镇北和骏新家园——7 栋

天津河东十五经路丰盛园——4 栋	天津西青区天津王顶堤村安置房工程——20 栋

北京顺义东方太阳城——20 栋	北京宽城区北环城路与北凯旋路交汇处中冶蓝城——12 栋

* 资料来源:作者自绘。

2）户型的统计与分析

笔者经对建筑市场的住宅户型调查发现，目前市场较为受欢迎的为中小户型，为此以多层住宅的中小户型为例进行了案例统计调研，目的是通过对该类户型的统计分析，选取其中具有代表性的典型户型——一梯两户式，对其 40 个样本的面积、进深、面宽进行统计。抽取中小户型样本的情况详见附录一。经统计分析结果表明：面积的 95％置信区间为 88.38～94.79 m^2，均值为 91.57 m^2，具体分析情况如图 2.4 所示。

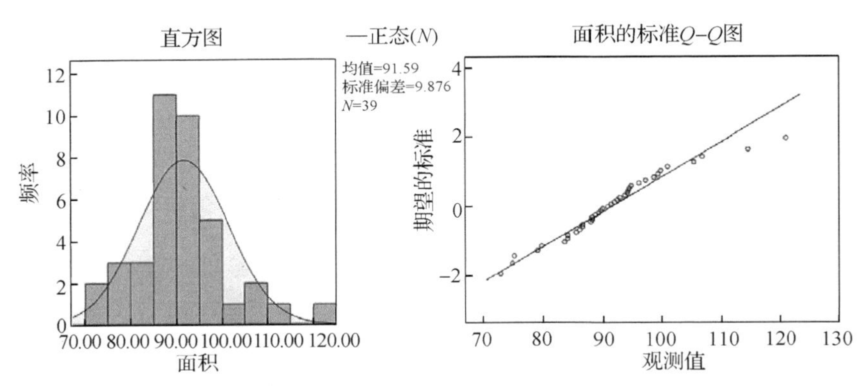

图 2.4　户型面积的正态分布与概率分析

（图片来源：作者自绘）

在面积分布较为集中的区间内抽取样本，再进行相应的进深与面宽的统计分析（图 2.5，图 2.6）。分析结果显示，进深的 95％置信区间为 11.77～12.98 m，均值为12.38 m。面宽的 95％置信区间为 7.68～8.15 m，均值为 7.91 m。

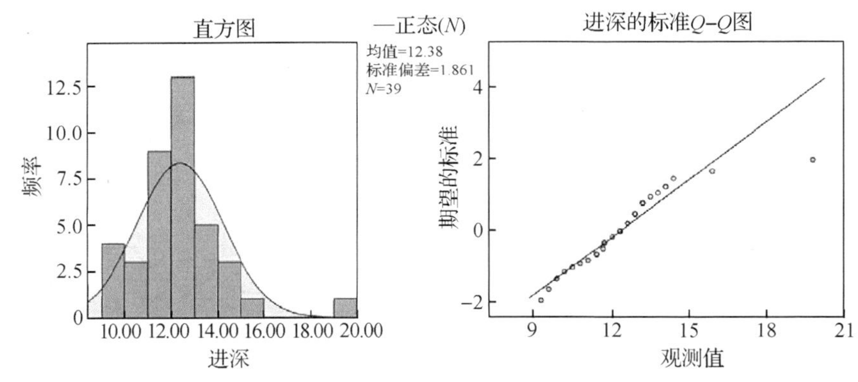

图 2.5　基于面积的进深正态分布与概率分析

（图片来源：作者自绘）

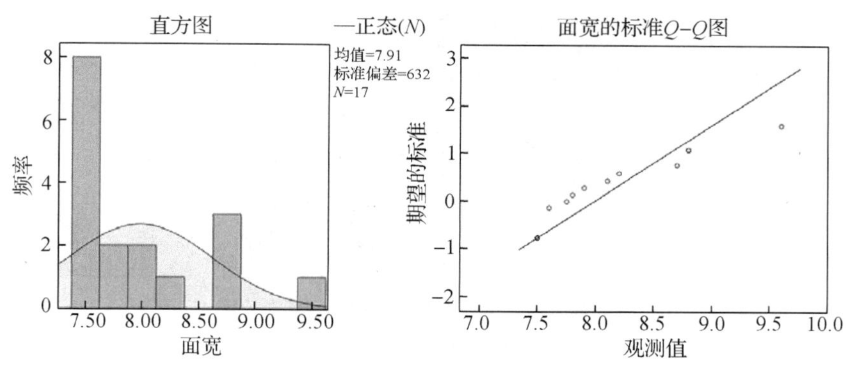

图 2.6 基于面积的面宽正态分布与概率分析

(图片来源:作者自绘)

为此可以在模型范围中选取面积为 91.57 m²、进深为 12.38 m、面宽为 7.91 m 附近类型具有一定的典型性。经相似度分析后,发现 22 号样本三项相似度均好于其他类型,故选 22 号户型模式为典型户型。分析数据如图 2.7 所示。

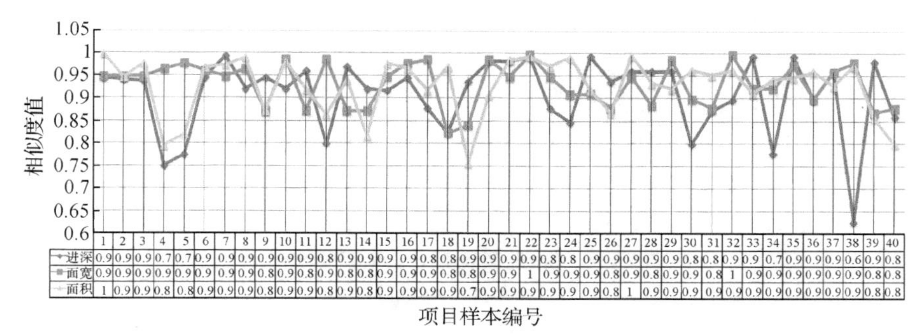

	1	2	3	4	5	6	7	8	9	10	11	12	13	14	15	16	17	18	19	20
进深	0.9	0.9	0.9	0.7	0.7	0.9	0.9	0.9	0.9	0.9	0.9	0.8	0.9	0.9	0.9	0.9	0.8	0.8	0.9	0.9
面宽	0.9	0.9	0.9	0.9	0.9	0.9	0.9	0.9	0.8	0.9	0.8	0.9	0.8	0.8	0.9	0.9	0.9	0.8	0.8	0.9
面积	1	0.9	0.9	0.8	0.8	0.9	0.9	0.9	0.8	0.9	0.9	0.8	0.9	0.8	0.9	0.9	0.9	0.9	0.7	0.9

	21	22	23	24	25	26	27	28	29	30	31	32	33	34	35	36	37	38	39	40
进深	0.9	0.9	0.8	0.8	0.9	0.9	0.9	0.9	0.9	0.8	0.8	0.9	0.9	0.7	0.9	0.9	0.9	0.6	0.9	0.8
面宽	0.9	1	0.9	0.9	0.9	0.8	0.9	0.8	0.9	0.9	0.8	1	0.9	0.9	0.9	0.9	0.9	0.9	0.8	0.8
面积	0.9	0.9	0.9	0.9	0.9	0.8	1	0.9	0.9	0.9	0.9	0.9	0.9	0.9	0.9	0.9	0.9	0.9	0.8	0.8

图 2.7 各数据与典型值相似度分析图

(图片来源:作者自绘)

2.2.2 典型户型围护结构的选取

围护结构传热耗能量约占建筑总热耗的 75%①,围护结构节能工作一直是寒冷地区节能工作的重要部分,笔者通过实地调研询证,发现目前住宅围护结构多为框剪结构,外保温体系为主要墙体节能体系(图 2.8)。笔者对目前 2014 年竣工的 52 个典型项目样本进行了数据调研,并进行统计分析整理,目的是建立较为典型的参考围护结构体系,为后续的分析提供科学有力的依据。各项目主要围护结构导热系数情况,具体调查内容可详见附录二。

① 王立雄. 建筑节能[M]. 北京:中国建筑工业出版社,2004:37.

图 2.8 某住宅楼结构外观与保温施工图

(图片来源:作者自绘)

从资料调查结果发现,除窗的传热系数略高于限值外,其余围护结构都小于或等于节能规范的限值。具体分析结果如图 2.9 所示。

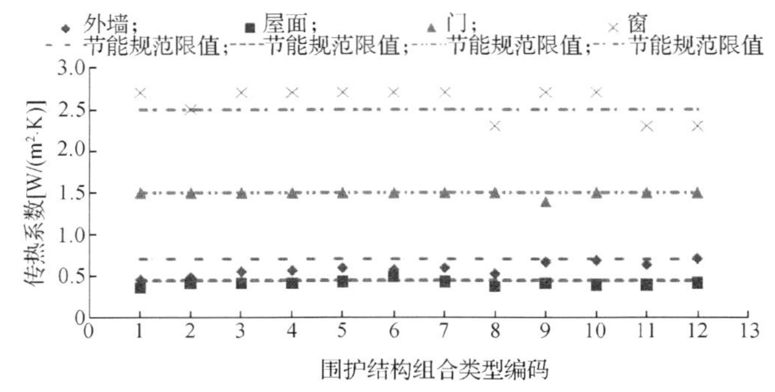

图 2.9 各项目主要围护结构导热系数情况

(图片来源:作者自绘)

将各项数据进行正态分布统计分析,求置信区间,分析结果如图 2.10~图 2.14 所示。

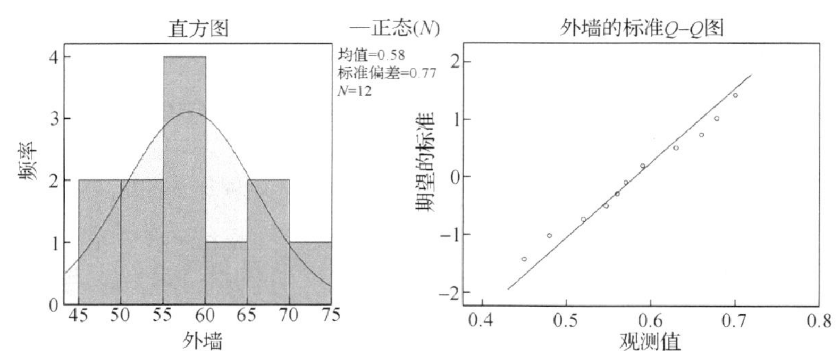

图 2.10 外墙传热系数正态分布与概率分析

(图片来源:作者自绘)

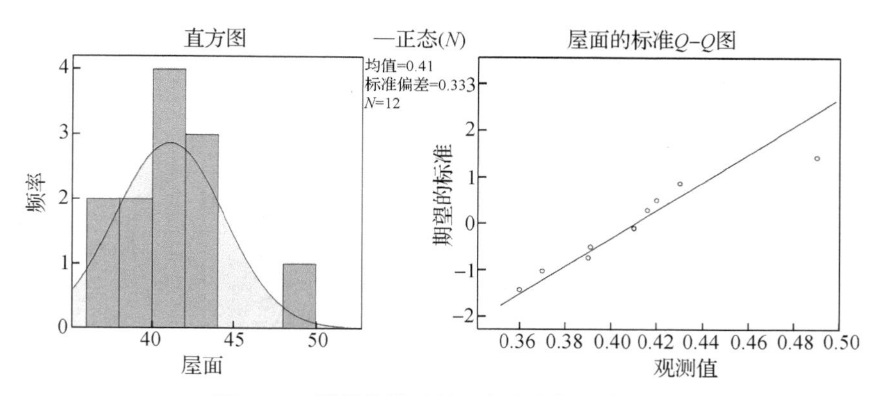

图 2.11 屋面传热系数正态分布与概率分析

(图片来源:作者自绘)

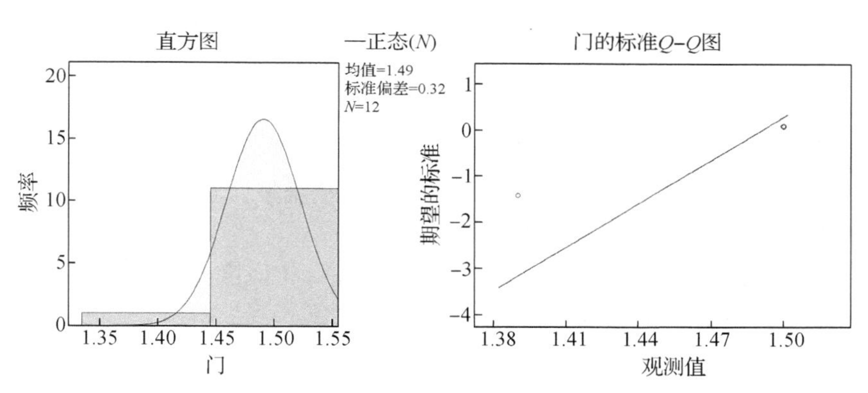

图 2.12 外门传热系数正态分布与概率分析

(图片来源:作者自绘)

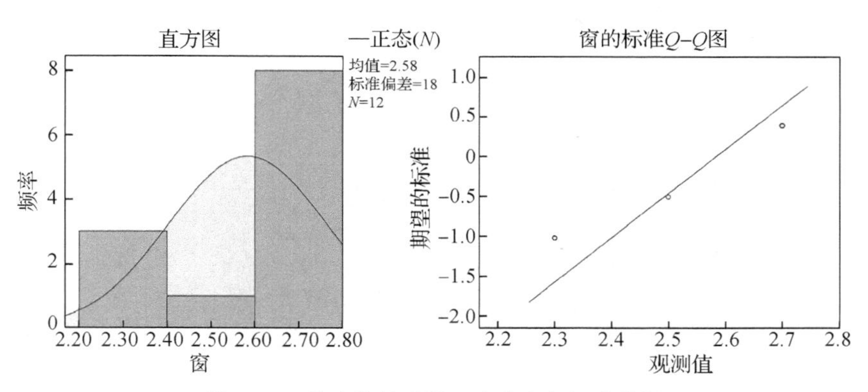

图 2.13 外窗传热系数正态分布与概率分析

(图片来源:作者自绘)

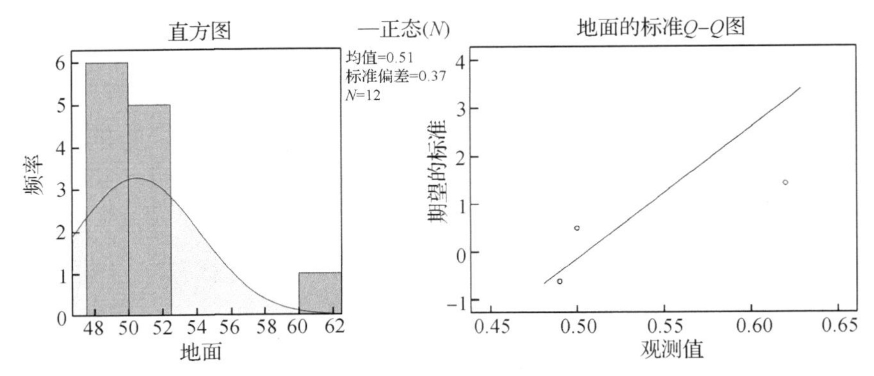

图 2.14　地面传热系数正态分布与概率分析

（图片来源：作者自绘）

从统计分析结果来看，墙体的置信区间为 0.53～0.63 W/(m^2·K)，屋面的置信区间为 0.39～0.43 W/(m^2·K)，门的置信区间为 1.47～1.51 W/(m^2·K)，外窗的置信区间为 2.47～2.70 W/(m^2·K)。从各分布图可以看出，墙体和屋面可选择其各分析后的均值为典型参考模型的围护结构传热指标。而门、窗及地面分布图分析发现其中的因子 1.5、2.7 和 0.5 比其均值偏好性较强的众数具有一定的代表性，故应选取众数作为分析数据。

经过对各个构造做法的传热系数与选定值进行相似度分析，从而确定参考模型构造做法，计算分析如图 2.15 所示。

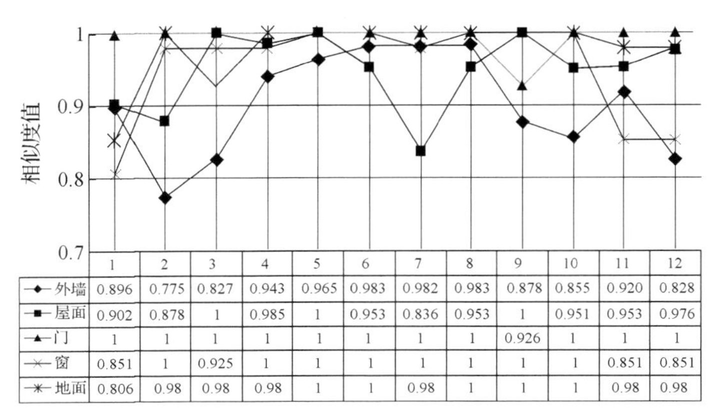

	1	2	3	4	5	6	7	8	9	10	11	12
外墙	0.896	0.775	0.827	0.943	0.965	0.983	0.982	0.983	0.878	0.855	0.920	0.828
屋面	0.902	0.878	1	0.985	1	0.953	0.836	0.953	1	0.951	0.953	0.976
门	1	1	1	1	1	1	1	1	0.926	1	1	1
窗	0.851	1	0.925	1	1	1	1	1	1	1	0.851	0.851
地面	0.806	0.98	0.98	0.98	1	1	0.98	1	1	1	0.98	0.98

图 2.15　各数据与典型值相似度分析图

（图片来源：作者自绘）

从分析的结果可以看出，墙体可选编号 6、7、8 模式，屋面可选编号 3、5、9 模式，门除编号 9 外都可以，窗可选编号 2、4～10 模式，地面可选编号 5、6、8～10。分析结果详见表 2.2 所示。

表 2.2 各围护结构传热系数选取表

项目	外墙	屋面	门	窗	地面
传热系数 W/(m² · K)	0.58	0.41	1.5	2.7	0.5

* 资料来源:作者自绘。

2.2.3 用能方式

该节主要通过研究分析探讨寒冷地区的居住建筑供耗能系统状况,分析计算确定当前供能系统及建筑能耗指标,探讨目前建筑供能模式,从而为后期达到 ZEB 建筑条件提供基础数据的参考和对比。

1) 主要采暖、制冷供能方式情况

当前,北方寒冷地区约 70%的城镇建筑冬季采用集中供暖方式,30%采用分散分户式局部供热方式,约 50%的热源为热电联产的低品位余热,50%为燃煤燃气锅炉。① 以北京为例,城市中心区五环内以集中供热和燃气锅炉为主,其他地区以热电联产和燃煤燃气锅炉等供热形式并存的方式为主。天津地区燃煤锅炉作为集中供热的主要形式,据新华网统计,天津市中心城区和滨海核心区的燃煤锅炉供热面积为 11 685 万 m²,占全市燃煤供热总面积的 68%②,热网管网的建设维护以及远距离送热所造成的热能耗损较大,2013 年以来已有 30 多座供热站进行了燃气锅炉改造,据 2014 年年底天津市供热办公室供热管理处数据,天津市集中供热面积达3.66 亿 m²,城市中心区域的住宅集中供热率达 90%以上。

夏季制冷方式多以分体式空调为主,住宅使用模式以局部空间、部分时间开启,所以平均能耗不高,但舒适度远不及集中式空调模式。空调耗电量逐年升高,以北京地区为例,2009 年李兆坚博士及《中国建筑节能年度发展研究报告 2013》③对北京地区的空调能耗情况进行了调查分析,通过北京地区的调查数据可以看出总体能耗水平呈逐年上升趋势。

具体调研情况:热力管线与空调调研实照如图 2.16 所示,天津热力网分布情况如表 2.3 所示,北京分体式空调能耗趋势如图 2.17 所示。

---

① 赵军,马洪亭,李德英. 既有建筑功能系统节能分析与优化技术[M]. 北京:中国建筑工业出版社,2011:77.

② 李兆坚,江亿. 我国城镇住宅夏季空调能耗状况分析[J]. 暖通空调,2009(05):82 - 88.

③ 清华大学建筑节能研究中心. 中国建筑节能年度发展研究报告 2013[M]. 北京:中国建筑工业出版社,2013:8 - 125.

图 2.16　小区热力管线与空调调研实照

(图片来源:作者自绘)

表 2.3　天津热力网调研情况表

时间	企业	供热方式	区域
2014	国电天津第一热电厂	蒸汽管网	和平、河东、河西
2014	天津陈塘庄热电厂	蒸汽管网	河西区
2014	国电天津第一热电厂	热水管网	和平、河东、河西
2014	天津陈塘庄热电厂	热水管网	和平、河东、河西
2014	杨柳青发电厂	热水管网	南开、红桥、和平
2014	小型锅炉房	燃煤/燃气	市中心

* 资料来源:作者自绘。

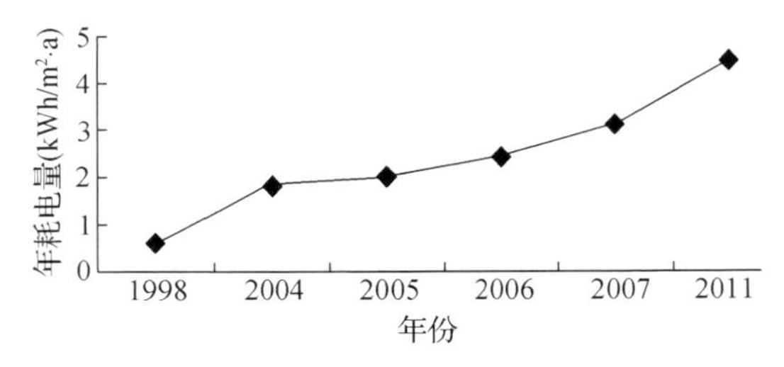

图 2.17　北京分体式空调耗电量趋势图

(图片来源:作者自绘)

2) 其他能耗方式情况

寒冷地区用户居民终端用能方式除空调外,包括照明、家电、炊事、生活热水。供电系统以集中供电、火力发电为主,燃煤燃气主要应用于炊事和生活热水。照明自 2004 年 11 月国务院发布的《节能中长期专项规划》中,将绿色照明工程列为十大节能重点工程之一,为此照明工程一直以来受到社会关注,2011 年国家发改委等部门联合发布了《中国逐步淘汰白炽灯路线图》,其中规定了逐步禁止普通照明白炽灯的进口和销售,截至 2012 年,我国城镇住宅节能灯普及率达到 90%以上,取得了很好的成效。炊事能耗逐年增长趋势不明显,原因在于随着人们生活质量的提高,越来越多的家庭在外就餐的次数增多,特别是年轻家庭,据统计北京居民一日三餐在家的比例只有 54%。生活热水多以电热水器为主,其次为燃气热水器,太阳能热水器所占比例较小,还不到 5%。

我国能耗特点主要取决于生活方式、人均建筑使用面积、人均消费水平等因素，所以与欧美典型国家有很大区别，不能与这些国家同日而语，倡导“低能耗，高品位”的高档节能模式有失偏颇，应根据我国实际国情建立相应的节能建筑形制。数据统计结果表明，我国的人均与户均能耗均为美国的1/8，OECD国家的1/2，能耗量均处于一个较低的水准，人均使用面积也仅为美国的1/4，欧洲和日本的1/2。具体情况如图2.18所示。

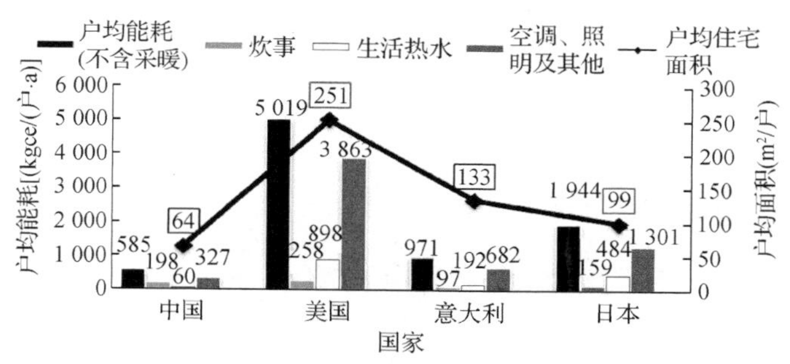

图2.18 我国与其他国家户均能耗与面积对比

（图片来源：作者自绘）

2.3 基于相似理论简化模型的构建与应用

2.3.1 物理边界条件

户型模型的建立首先需要对户型平面进行统计与分析，住宅户型统计对于建筑物理环境模型的建立，需要考量符合相似原理的因素，对于总体物理环境模型边界条件的相似元论域基本包括：建筑类型、层数、节能要求、气候区域、位置、朝向、户型、几何形状、面积、年耗能量等。当然，建筑所涉及的专业和学科是多目标问题，根据所研究的具体角度不同还可以继续细分，本书着重对建筑设计的物理模型进行讨论，目的是为设计过程建立能耗简化分析模型提供一种较为准确的相似模型的建立方法。对所研究相似简化模型设计边界条件论域的阐述如表2.4所示。

表2.4 建筑物理环境模型基本边界条件表

编号	项目	内容	理由
1	建筑类型	住宅	普适性，占居住建筑类型比例最大
2	层数	多层（低层、中高层）	具有普适性
3	节能要求	2003年至今国家三步节能要求的已建成建筑	该阶段为当前主要分布已建的新建筑，具有代表性
4	气候区域	寒冷地区	具有一定的研究条件和基础
5	建筑位置	京津城市为主	城市居住人口密集区域，具有普适性
6	建筑朝向	南北主向	有利于太阳能的充分利用

续表 2.4

编号	项目	内容	理由
7	楼型与户型	板式、一梯两户	该类型与其他类型的组合模式相比，具备理想的居住环境特点，良好的通风、采光条件，便于用能平均分配，更适合于零能耗建筑运行模式，也是较为理想的人居户型
8	几何形状	规则、线性	大多住宅以此几何形状为主，具有普遍性
9	面积	套面积为主，将交通空间并入考虑	与现阶段地产市场经营模式相吻合
10	年耗能量	制热、制冷综合耗能量	建筑耗能量对于研究建筑能源系统是一个重要考虑指标，是研究的必要条件

* 资料来源：作者自绘。

2.3.2 "九宫格"分析方法

本书采用以单户为研究对象的模型分析方法，原因是其具有很好的普适性特点，它可以有效地从一层独立式住宅向各类层数及毗邻关系的住宅户型模式拓展，具有较高的相似性。针对一般板式集合住宅的组合平面形式，总体上可将户型按物理环境分为端部户、中间户两大类，若针对一梯两户式住宅模式，按物理环境总体上可分成 9 种情况，为此可以简化为"九宫格"形式，再加上独立式模式共可分为 10 种模式，具体推演如图 2.19 所示。

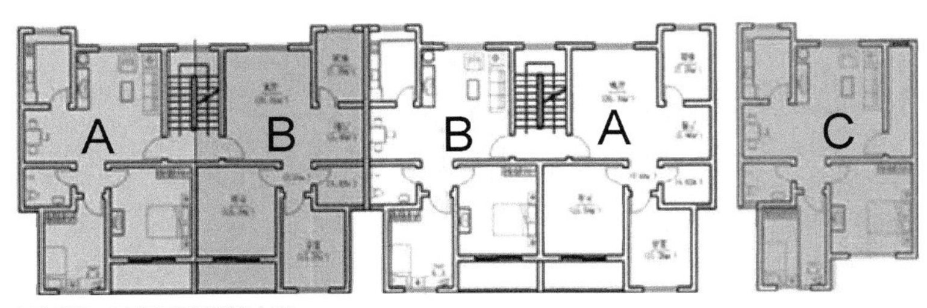

A代表为三面外墙的端部户型；
B代表为南北向两面外墙为主或东西向有局部外墙的中间户型；
C代表为独立式住宅情况。

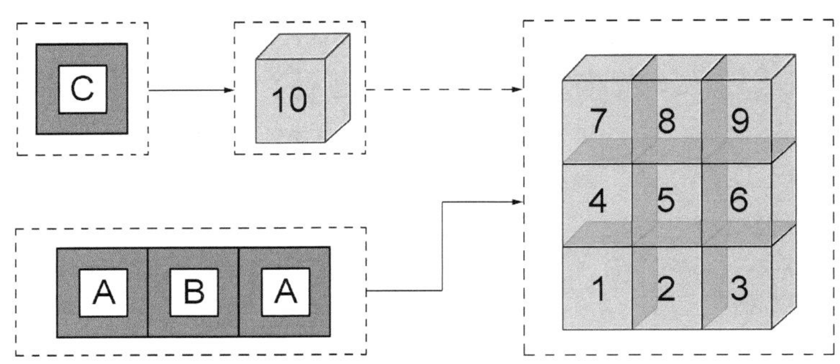

图 2.19 10 类户型推演示意图

（图片来源：作者自绘）

各类户型物理基本外临界面主要影响条件关系可以总结为表 2.5,从中可以得出对各种类型的特性、特点的比较分析。从分析结果可以推断,10 号(即为独立式模式)的基本情况都具备其他类型的特征,由于独立模式具备了其他类型的各种条件,为此可选取 10 号作为主要典型研究对象,可以它为研究参考对象来推演出其他种类的运行特征。

表 2.5 各类户型基本特征表

项目 \ 编号		1	2	3	4	5	6	7	8	9	10
窗墙比	南	O	O	O	O	O	O	O	O	O	O
	北	O	O	O	O	O	O	O	O	O	O
	东	O	—	—	O	—	—	O	—	—	O
	西	—	—	O	—	—	O	—	—	O	O
外墙体面积	南	O	O	O	O	O	O	O	O	O	O
	北	O	O	O	O	O	O	O	O	O	O
	东	O	—	—	O	—	—	O	—	—	O
	西	—	—	O	—	—	O	—	—	O	O
屋顶		—	—	—	—	—	—	O	O	O	O
楼地面		O	O	O	—	—	—	—	—	—	O

注:O 表示同样,—表示无。
*资料来源:作者自绘。

2.3.3 典型相似模型建立

对建筑而言,将不规则图形简化成规则图形,需要一个较为系统的简化过程,居住建筑平面设计由于需考虑节能性、经济性及工业模数化等因素,从而设计出的平面形式多为近规矩图形,为了增加灵活性,往往增设一些棱角。为此可以将户型几何特征及相关特性元素转化为相似元,建立相似论域,求出相似矩形。这样可以便于更为清晰明了地研究问题及减少繁复的计算,从而以相似简化模型来权衡原型及其他同类型的特性,这样可以达到较好的分析研究问题方面的功效。

建筑各向外墙传热界面的各边总长,如图 2.20 所示,应为每边多余部分加上两端水平距离的总和,南(北)总边长 $L=A+A_1$,东(西)总边长 $H=B+B_1+B_3$。研究建筑物理特征,需要相似元论域包括:建筑类型、层数、节能要求、气候区域、位置、朝向、户型、几何形状、面积、年耗能量等。在同条件下,前七项可以视为相似度为 1(即视为完全等同),而通常几何形状、面积、能耗是相似度不为 1 的值,这样就存在与原型总体相似的差异度之分。从上述图形特点,如果取边长相似度,两个图形的相似度为1,而对于两图形的面积和能耗的相异度就会很大。为此需要对不同方案的值域进行评价和优选,方可得到相似性较好的方案模型。

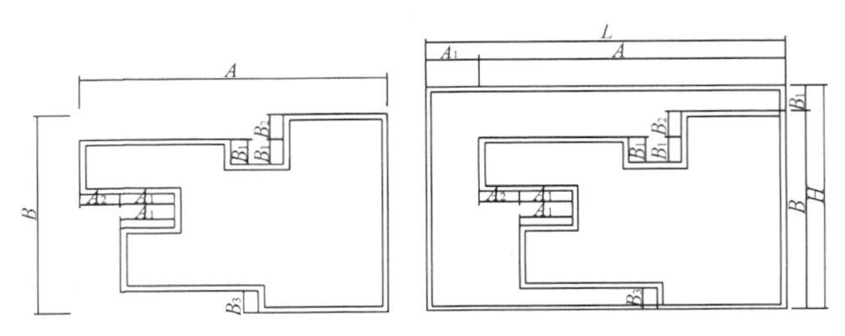

图2.20 围护结构边长变化与面积变化关系示意图

(图片来源:作者自绘)

1) 仿真实验软件的选取与可靠性验证

对于后续的研究,需要选择一个合适的软件帮助完成数据分析,当前能耗模拟仿真软件有近10余种,如DEST、Ecotect、PKP、DOE、EnergyPlus、DesignBuilder、Equest、Trynsys等,这些软件中前6种常常被用在建筑专业方面,后2种常被用到暖通专业方面。上述各仿真模拟实验工具中,总体功能全面,且更适合于建筑物理环境能耗模拟的仿真软件,目前广为认可的是DesignBuilder,由于它是以EnergyPlus作为能耗模拟引擎,涵盖了EnergyPlus的优势,而且弥补了其操作界面不足的问题,具有良好的可视化界面及其他软件的基本特性。[①] 故笔者选择DesignBuilder仿真实验软件对研究对象进行仿真能耗实验模拟。

为确定该实验软件的可信度,笔者对天津大学太阳能实验房无辅助热源情况下的室内实测温度与软件模拟温度进行对比分析,实测时间为3月1日至11月30日,从对比结果可以看出,实测温度与软件模拟温度相似度均在0.9以上,由于实验房在个别月份(如3、4、8、9月)实测过程中受到了一定外因扰动因素的影响,为非稳态工况情况,而仿真实验是一个稳态理想工况状态,若实验房保持非外因扰动状态,相似度会更高,为此可以得出仿真值总体反映实际情况,具有可信度,该软件可以用于对研究对象的科学性分析。实验房如图2.21所示,实验数据对比分析如图2.22所示。

2) 物理边界条件的建立

本研究对象的基本能耗工况边界条件:地点为天津;纬度为39.1°;层高为2.8 m;建筑面积为91 m²;冬季燃煤锅炉集中供热模式,户型居住人数3人,采暖锅炉效率取规范值0.7,冬季采暖温度18 ℃(参考JGJ 26—2010),内走廊冬季温度设置为12 ℃。

① 张海滨.寒冷地区居住建筑体型设计参数与建筑节能的定量关系研究[D].天津:天津大学,2012:51.

图 2.21　天津大学太阳能实验房

（图片来源：作者自绘）

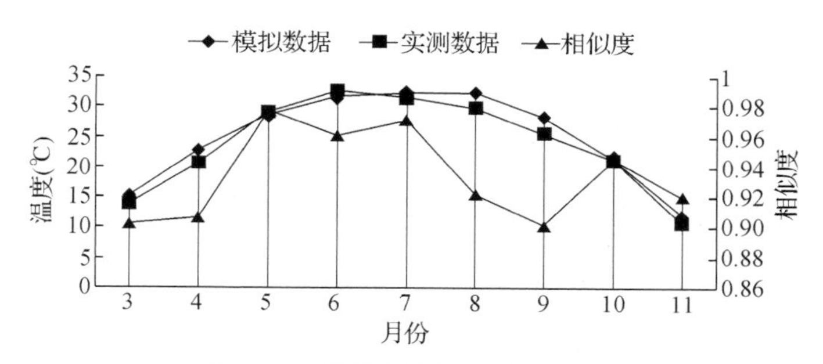

图 2.22　模拟数据与实测数据对比

（图片来源：作者自绘）

制冷期时间为 92 天，设置为 6 月 15 日至 9 月 15 日，每天开启时间设置为 11:00—24:00；采暖期时间为 118 天，设置为 11 月 15 日至第二年 3 月 15 日，上述设置参考《天津市居住建筑节能设计标准》(DB 29—1—2013)。夏季空调制冷的普通供能系统模式，夏季空调制冷室内实际温度 25 ℃，空调系统 COP 取 3.3(参考 GB 12021.3—2010)。其他系统设定，机械通风模型关闭，辅助系统能耗关闭，生活热水模型关闭，自然通风模型开启。该建筑平面图示及 DesignBuilder 原型如图 2.23 所示，能耗参数详见表 2.6 所示，典型户型围护结构基本仿真模拟参数设置见附录三。

各项能耗参数选取上一节讨论的各组合选项，其中墙体采用调研结果中的 7 号组合模式，屋面采用 9 号组合模式，门和窗采用统计中常用的组合模式。具体情况如表 2.6 所示。

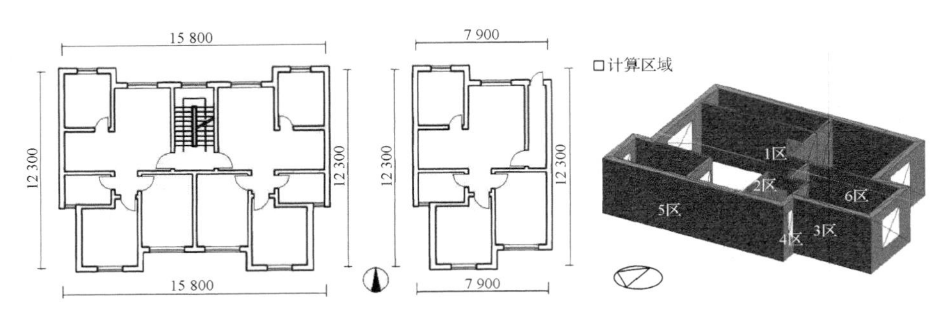

图 2.23 建筑平面及简化示意图 DesignBuilder 原型

（图片来源：作者自绘）

表 2.6 围护结构热工计算参数表

<table>
<tr><th>名称</th><th colspan="2">构造做法</th><th>传热系数 K [W/(m² · K)]</th><th>备注</th></tr>
<tr><td>外墙</td><td colspan="2">1. 20 厚水泥砂浆
2. 70 厚聚苯板(EPS)系统
3. 200 厚加气混凝土砌块/200 厚钢筋混凝土墙
4. 20 厚石灰砂浆</td><td>0.58</td><td>7 号组合</td></tr>
<tr><td>屋顶</td><td colspan="2">1. 6 mm SBS 卷材防水层
2. 20 厚 1∶3 水泥砂浆找平层
3. 30 厚水泥膨胀珍珠岩找坡
4. 70 厚挤塑聚苯板(XPS)
5. 100 厚钢筋混凝土板
6. 20 厚白灰砂浆面</td><td>0.41</td><td>9 号组合</td></tr>
<tr><td>窗</td><td colspan="2">断桥铝普通中空玻璃(6+12+6)</td><td>2.7</td><td>常用模式</td></tr>
<tr><td>大门</td><td colspan="2">成品三防门，内填 30 厚岩棉保温</td><td>1.5</td><td>首层为门，标准层为窗</td></tr>
<tr><td rowspan="2">地面</td><td>周边</td><td>120 厚钢筋混凝土楼板下设 70 厚挤塑聚苯板，周边地面当量传热系数</td><td>0.08</td><td rowspan="2">(JGJ 26—2010)附表 C 北京地区，保温层热阻为 2(m² · K)/W</td></tr>
<tr><td>非周边</td><td>120 厚钢筋混凝土楼板下设 70 厚挤塑聚苯板，非周边地面当量传热系数</td><td>0.04</td></tr>
</table>

＊资料来源：作者自绘。

2.3.4 相似度分析

1）各系统相似元的建立

设系统户型相似元素的论域 U={围护结构南/北向总长（面宽）(m)，围护结构东/西向总长（进深）(m)，建筑面积(m^2)，年单位总耗热量(kWh)}。经核算与仿真实验模拟结果如下：

原型的相似要素集合 A={7.9，12.3，91，7 606.16}

方案 1 相似要素集合 B={7.9，12.3，97，8 203.35}

方案 2 相似要素集合 $C=\{7.9,11.5,91,7\ 675.03\}$

方案 3 相似要素集合 $D=\{7.4,12.3,91,7\ 748.72\}$

方案 4 相似要素集合 $E=\{7.7,11.8,91,7\ 712.61\}$

2）相似度分析

为寻求与 A 的相似程度，对各方案与其进行相似特征值求解得：

$$S_{(A-B)}=\{1,1,0.936,0.927\},S_{(A-C)}=\{1,0.935,1,0.991\},$$

$$S_{(A-D)}=\{0.937,1,1,0.981\},S_{(A-E)}=\{0.975,0.967,1,0.986\}$$

3）方案综合评价

利用综合层次评价法对各方案进行综合评价分析，由于主要评价为客观数据的评价，故采用熵权评价法对其评价优选，经过综合评价计算得出的数据整理如表 2.7 所示。

表 2.7 综合评价计算参数表

评价层级	熵权	评价指标	方案 1	方案 2	方案 3	方案 4
面宽	0.25	归一化	1	1	0	0.603
		复权指标	0.250	0.250	0	0.151
进深	0.26	归一化	1	0	1	0.492
		复权指标	0.261	0	0.261	0.129
面积	0.25	归一化	0	1	1	0.890
		复权指标	0	0.250	0.250	0.223
能耗	0.24	归一化	0	1	0.852	0.924
		复权指标	0	0.239	0.204	0.221
综合评价结果（优值接近度越小越好）			0.478	0.273	0.283	0.282

* 资料来源：作者自绘。

从评价模型的评价结果来看，参评的几项指标综合评价结果为方案 2＜方案 4＜方案 3＜方案 1；故对于该建筑采用方案 2 的简化模型相似度效果最好，能够更好地代表原建筑的总体特征。

4）不同体型特征的相似型与原型的校验

为了能够进一步验证该方法求得的相似型的可靠性，进行不同层数与单元组合数的年建筑制热、制冷能耗对比分析，计算结果数据详见附录四，相似比趋势图如图 2.24 所示。

从分析结果可以得出以下结论：基于相似分析理论的综合评价分析优化建立的户型单元模型可以有效地反映原型的特性，且对于组成单元随着建筑的层数增加与原型的相异性会更小。从数据结果分析上看，相似度在 0.95 以上，为此可以精确反映原型的各种情况的特征，能够达到科学、准确地得出相似模型的目的。

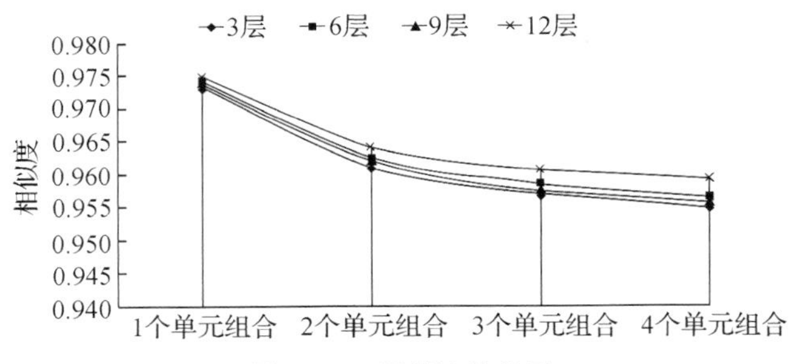

图 2.24　相似比趋势图

（图片来源：作者自绘）

5）基于相似简化模型的户型空间重构

经过相似分析与优化选取，并进行简化模型的空间合理化设计，最终得出进深 11.5 m×7.9 m 简化典型基本户型模型，模型分为两种工况模式，一种是首层模式，一种为标准层模式，为了便于分析问题这里将顶层归并为标准层类型考虑。具体平面图如图 2.25 所示。

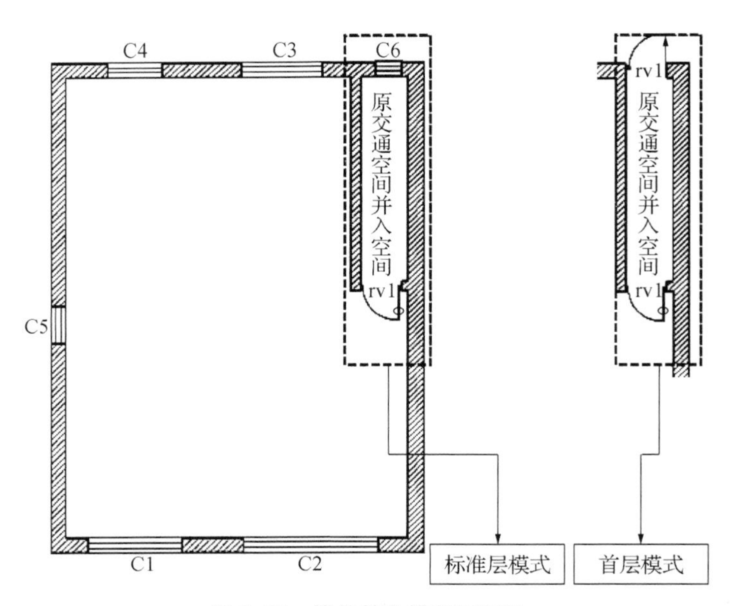

图 2.25　简化基准模型平面图

（图片来源：作者自绘）

由于建筑能耗主要取决于外围护结构与建筑空间形态两个主要影响因素，故本书所建立的简化基准模型主要针对上述两项展开研究，对于建筑内部空间如何布置、内墙性能等因素的影响情况，由于其对建筑总体能耗影响小，故不作为本书重点研究的对象。

2.4 简化模型的独户与集合式各类模式的能耗关系

对于简化模型，需要考量独户与其他类型的关系特征，选取上节总结出的标准层模式的简化模型进行分析，建筑能耗边界条件参数参考 2.3.3 节设定的模式。对于选取的典型模型需要进行模拟分析，由于本书所研究的是 ZEB 建筑的优化问题，如何选取研究对象进行数据分析与模拟实验是关键。通过仿真模拟实验得出的各类能耗关系、无热源情况时的室温关系及供能工况条件时的室温变化关系，如图 2.26～图 2.28 所示。

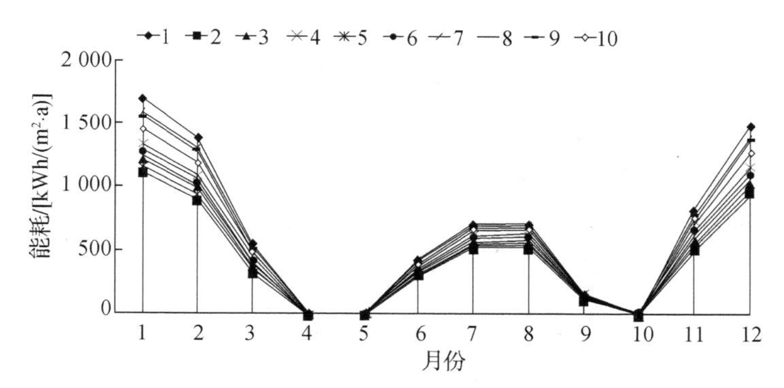

图 2.26　各类型能耗趋势图

（图片来源：作者自绘）

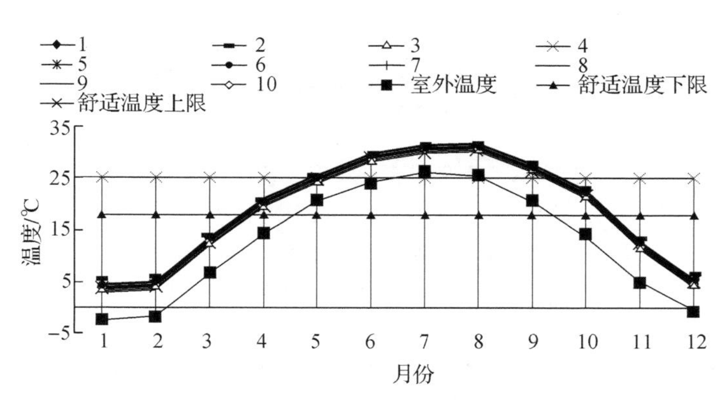

图 2.27　无辅助供能情况下各类型室内外温度变化趋势图

（图片来源：作者自绘）

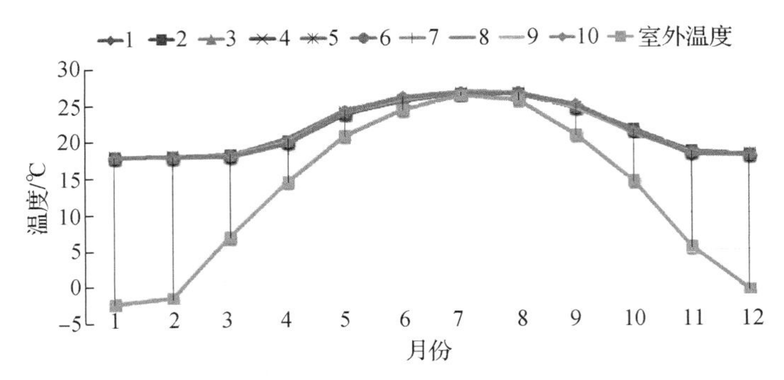

图 2.28　供能情况下各类型室内外温度变化趋势图

（图片来源：作者自绘）

从上述图示可以发现，各类型总体年变化趋势基本相同，年均每平方米建筑面积能耗值为：1 号为 66.3 kWh/(m^2·a)，2 号为 59.9 kWh/(m^2·a)，3 号为 65.3 kWh/(m^2·a)，4 号为 71.3 kWh/(m^2·a)，5 号为 64.6 kWh/(m^2·a)，6 号为70.0 kWh/(m^2·a)，7 号为 82.9 kWh/(m^2·a)，8 号为 77.4 kWh/(m^2·a)，9 号为82.3 kWh/(m^2·a)，10 号为86.8 kWh/(m^2·a)。数据结果表明：1 号与 3 号、4 号与 6 号、7 号与 9 号彼此值相差不大，总体上西边端户的能耗略高于东边端户，能耗值最大为 10 号独立式住宅。计算结果参见附录五，能耗关系如图 2.29 所示。

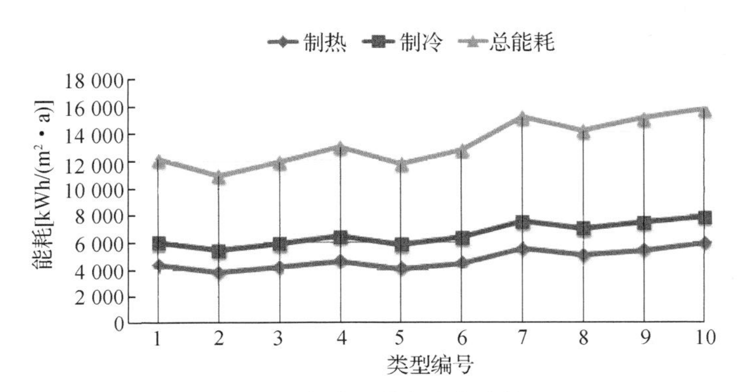

图 2.29　各类型能耗变化趋势图

（图片来源：作者自绘）

为了检验“九宫格”模式的能耗模式是否具有代表性，笔者建立了一个 3 单元 4 层的多层住宅与 9 类原型进行相似性对比检测，具体检测结果可参见附录六，趋势对比如图 2.30 所示，总体相似度如表 2.8 所示。

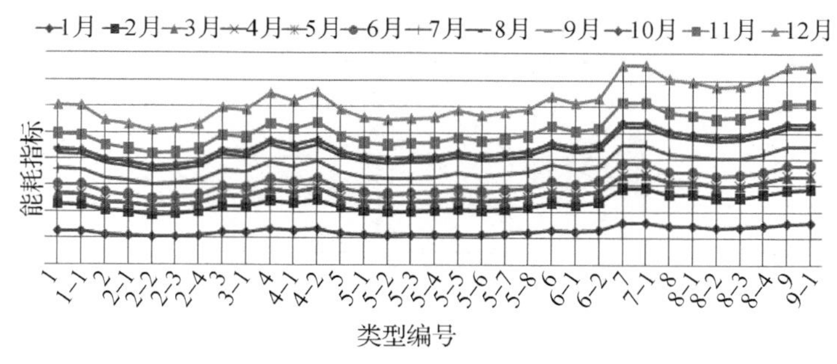

图 2.30 各类型能耗对比趋势图

（图片来源：作者自绘）

表 2.8 相似度对比表

类型	1	2	3	4	5	6	7	8	9
能耗均值相似度	0.997	0.974	0.988	0.978	0.962	0.976	0.998	0.976	0.998

＊资料来源：作者自绘。

从相似度程度上看，“九宫格”模式的各类户型与其相对的组合模式的同类型户型相似度都在 0.96 以上，为此可以得出 9 类能耗值具有一定的代表性，可以用其准确描述各类对不同层数、不同单元组合模式的同类户型能耗情况。

2.5 本章小结

国内外零能耗居住建筑的研究实例，大多以独立式为研究对象，本书以集合住宅为例入手，建立典型参考模型进行研究，主旨是找到城市住宅以分户为单位的 ZEB 建筑模式的实现途径。具体步骤：通过对当前寒冷(B)地区的北京、天津居住建筑的实际调研，发现存在的共性，利用相似理论结合综合层次分析法可以有效地对简化模型进行优选，得到与原型更为相似的理论简化模型。对实际工程典型案例的围护结构进行数据统计分析，得到参考模型的围护结构各项参数，通过调研及资料查询建立了参考典型房模型的供能模式和用能方式。具体统计结果见表 2.9 所示。

本章的研究思路，将相似理论引入建筑物理简化模型的构建过程，采用统计分析、相似理论结合综合层次评价方法，找到实际样本中具有典型特征的模型，并对其进行模型简化的相似模型的优选，选择的简化相似模型进行能耗模拟分析。针对户型能耗关系，将其分成 10 种类型，并对集合住宅提出“九宫格”户型分析模式，并对其进行验证，通过分析核算，验证了该方法的有效性和可信性。同时也证实了相似理论方法适用于建筑物理环境模型构建，并可以有效地帮助理论分析和达到运

表 2.9　参考建筑户型基本参数登记表

项目		特性	
建筑几何条件	体型	7.9 m×11.5 m×2.8 m 方体	
	方位	S/N	
	南立面面积(m^2)	22.12	
	东立面面积(m^2)	32.2	
	北立面面积(m^2)	22.12	
	西立面面积(m^2)	32.2	
窗墙比		南向 0.35,北向 0.24,东(西)0.03	
建筑面积(m^2)		91	
建筑特性	建筑结构主材	钢筋混凝土	
	换气次数	0.5 次/h	
	使用模式	普通住宅	
	使用年限	70	
建筑技术基本特性	墙体导热系数[W/(m^2·K)]	0.58	
	屋面导热系数[W/(m^2·K)]	0.41	
	门导热系数[W/(m^2·K)]	1.5	
	窗导热系数[W/(m^2·K)]	2.7	
	楼地面导热系数[W/(m^2·K)]	120 厚钢筋混凝土楼板下设 70 厚挤塑聚苯板,周边地面当量传热系数	0.08
		120 厚钢筋混凝土楼板下设 70 厚挤塑聚苯板,非周边地面当量传热系数	0.04
	主动技术系统	标准的燃气锅炉,无绝缘配电,散热器,普通空调系统	
	被动技术系统	无遮阳	

* 资料来源:作者自绘。

算程序化繁为简的目的。另一方面,通过对原型系统的重构,在设计时将在保持与原型特征值相似性较高的情况下,寻求相似简化模型,也可以达到同等条件下经济性与节能性更合理的设计目的。本章主旨是建立一个准确性更高的物理模型,为后续章节的分析和验证建立科学的研究基础。本章具体理论框架脉络如图 2.31 所示。

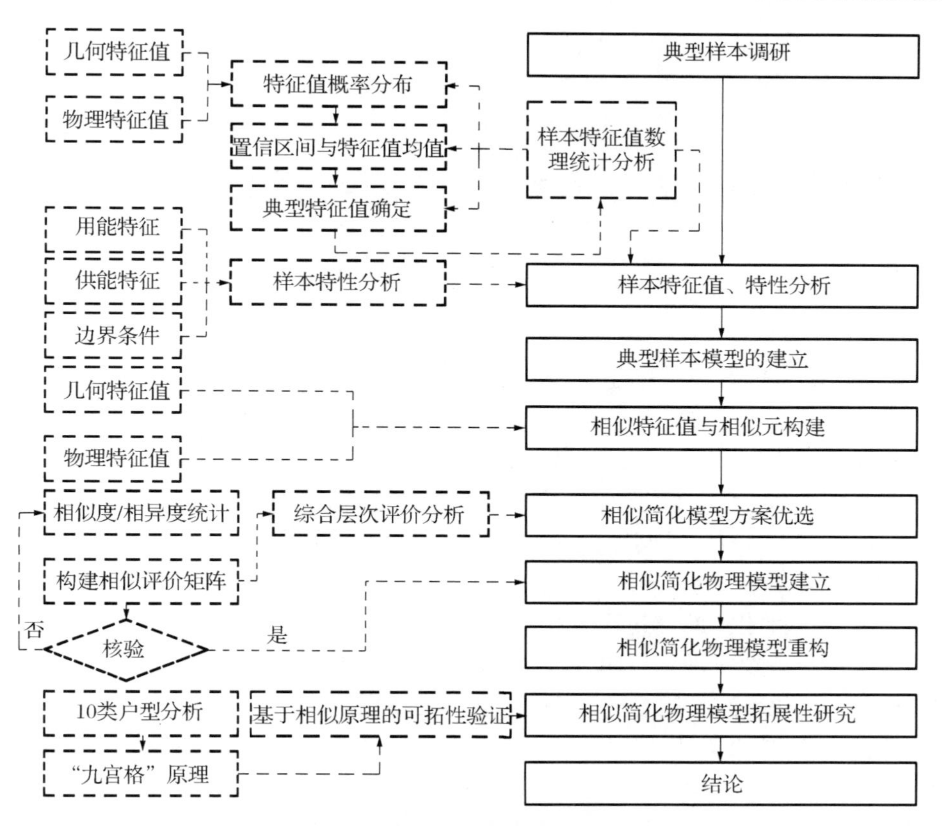

图 2.31　本章研究基本框架脉络

（图片来源：作者自绘）

3 零能耗建筑实现技术途径与运行模式研究

3.1 ZEB 建筑实现技术途径研究

零能耗建筑简称 ZEB(Zero Energy Building),目前国际上对其在不同边界条件下产生了不同的定义类型,总体上可分为近零能耗建筑(nearly Zero Energy Building,nZEB 建筑)、并网零能耗建筑(Net Zero Energy Building,NZEB 建筑)、独立零能耗建筑(Autonomous/Off-grid Zero Energy Building,以下简称 AZEB),对如何界定三种模式的建筑边界条件,国际上尚没有清晰、统一的标准,根据所处不同背景条件所要求的内容有所不同。总体上的界定含义,近零能耗建筑要求其在经过成本优化后的能耗大于 0 kWh/(m^2 · a)一次能源,且接近 0 kWh/(m^2 · a);并网零能耗建筑能耗等于 0 kWh/(m^2 · a)一次能源;独立零能耗建筑能耗小于 0 kWh/(m^2 · a)一次能源,不需并网,设有储能设备。零能耗建筑与能源供给系统的平衡关系是区分不同边界条件的零能耗建筑的核心问题,具体关系如图 3.1 所示。

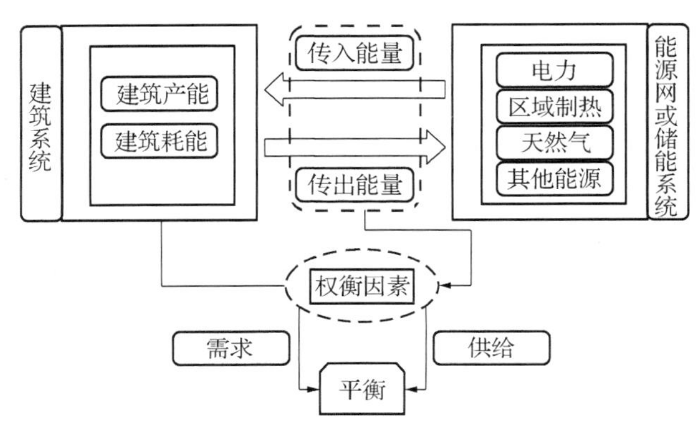

图 3.1 零能耗建筑与能源网关系

(图片来源:作者自绘)

为此,在同一建筑物理边界模式下,建筑产能系统能量供应情况成为衡量是否达到各 ZEB 建筑各模式的主要因素,从产能量对应 ZEB 建筑模式角度上看,一般

各工况可描述成 $E_{nZEB(产能)} < E_{NZEB(产能)} < E_{AZEB(产能)}$，为此需要对三种模式运行模块进行分析和研究。

3.1.1 ZEB 建筑与一般节能建筑的区别

建筑着重探讨建筑与能源的关系，为此需要对现在国际上探讨的物理边界和平衡边界进行阐明。ZEB 建筑的物理边界是指建筑与能源网之间的界限关系，有了这个界限，就可以区分场内与场外的能源系统，通常的场内能源有 PV 系统、风电系统或小型热电联产系统等，例如目前我国普遍应用的太阳能集热器是最典型的场内能源系统。平衡边界是在能量供耗之间的界限关系，指的是耗能与供能的平衡点，通过平衡边界可以设定不同类型 ZEB 建筑的能量匹配情况。国外典型 ZEB 居住建筑运行模式如表 3.1 所示。

表 3.1 国外典型零能耗居住建筑简况表

类型	项目名称	国家	建成时间	面积(m^2)	供能系统	资料来源
独户	Home for life	丹麦	2008	190	全电力房子、热泵+太阳能集热器+PV 系统	 www.activehouse.info/cases/home-life
独户	Lighthouse	英国	2007	93	木屑为燃料的锅炉+太阳能集热器+PV 系统	 www.kingspanlighthouse.com
独户	ÉcoTerra Alouette Home	加拿大	2007	234	全电力房子+热泵+BIPV	 www.maisonalouette.com/english/ecoterra2/

续表 3.1

类型	项目名称	国家	建成时间	面积(m^2)	供能系统	资料来源
独户	D10	德国	2011	182	全电力＋全回收＋大窗墙比	 http：// www. wernersobek. de/index. php? page = 252&modaction=detail&modid=448
独户	Effizienzhaus Plus mit Elektromobilität	德国	2011	130	全电力、＋PH concept** ＋储能电池＋电动车	 www. bmvbs. de/DE/EffizienzhausPlus/effizienzhaus-plus_node. html
独户	House Sagiweg	瑞士	2009	227	PH concept** ＋木屑为燃料的锅炉＋太阳能集热器	 www. minergie. ch/buildings/de/details. php? gid = BE-001-A-ECO
集合	Kleehäuser	丹麦	2006	2 519	天然气热电联产＋太阳能集热器＋PV 系统、风力涡轮机组	 www. kleehaeuser. de
集合	Blaue Heimat	瑞士	2006	3 375	天然气热电联产＋PV 系统＋风力涡轮机组	 www. zero-haus. de/blaue-heimat. html

* 资料来源：作者自绘。

从广义上看，ZEB建筑与一般节能建筑的区别在于它是以如何使建筑实现零能耗为技术目的，因此该系统不仅应具有一般节能的技术特点，还应具体研究并解决建筑物的边界条件、衡量单位能量输入与能量输出的平衡关系等相关技术问题。这里的边界条件除气候、地理条件及方位等基本条件因素外，还应考虑包括常规能源、可再生能源、输入方式和折算方式在内的条件指标，这些指标会由于不同区域的城市能源结构、发电模式、输配效率等因素影响，会使其转换系数有所不同。另外，在具体操作层面上还需进行新能源（太阳能、地热能、风能）技术优化耦合利用及能效平衡控制、环保措施等相关技术处理。因此，总体上它比一般节能技术需要更高层次和全面的处理方式，也是建筑未来发展的一个重要趋势。当前ZEB建筑与一般节能建筑的区别，具体情况总结如表3.2所示。

表3.2　零能耗建筑与一般节能建筑对比

项目	一般节能建筑	ZEB建筑
节能技术	以外围护节能措施为主，达到现行规范节能率的标准为宜	进行被动技术优化对原建筑进行必要的调整，经核算后进行围护结构保温隔热处理，增设必要的零能耗能源系统空间
新能源利用	一般不考虑	注重太阳能、风能、地热能系统的选择和多能源互补达到能量供给满足能量消耗为目的
环保材料	采用通用的保温隔热材料，对于环保问题依赖于市场的导向	注重材料的环保效果，选取可回收材料、升级利用材料及低含能、低挥发性、零害气体排放、经环保认证材料的综合效果最佳的环保材料
环境景观生态性	一般不考虑	注重景观处理对于建筑节能的影响，将外环境因素考虑进去，注重雨水回收及生活用水的二次利用，实施养耕共生、自然补偿、废物循环利用技术等处理方式
舒适性	受场外供能系统影响较大	由于有场内供能系统，受外界因素影响很小，舒适度得到充分保障
能效平衡	一般只考虑围护结构保温隔热效果	充分考虑能效平衡问题
节能效果	由围护结构保温隔热效果为主来决定	除围护结构部分外，还有新能源的利用产生的节能量，为此节能量可根据不同边界条件达到100%
节排效果	一次能源的节约量来控制，相对短期内有优势	综合考虑寿命周期节排量，长期综合效益显著
经济性	只考虑投入产出经济性有优势，对其综合效果经济性有待考量	由于经过经济性优化分析，所以综合考虑经济性可行性，故从综合经济效益方面具有显著优势
社会性	短期社会效益较好，长期有待完善和有待实践的考证	社会效益潜力巨大，长远上会受到广泛认可

* 资料来源：作者自绘。

3.1.2 高能效建筑

被动低能耗建筑技术一直被认为是达到高能效建筑的核心问题，高能效不仅包括被动技术，而且还包括经济效益层面。综合国外的发展和要求方面考虑，如德国被动房(Passive House)的核心理念是采用的建筑围护结构应结合考虑最经济的节能技术，最大限度地提高建筑保温隔热性能和气密性，将传热损失与空气渗透热损最小化，从而最大限度地减少一次能源的消耗。德国的低能耗建筑是根据RAL-GZ 965标准认证的，其规定低能耗建筑的传热损失要比现行的EnEV2009(德国节能导则)低30%。2008年奥地利建立了建筑能效认证制度，它根据建筑采暖需求将建筑划分为几个等级，分别为A++，A+，A到G，其中A++为最高级，A+为被动房标准。丹麦自2010年开始也颁布低能耗建筑标准，并对未来进行了规划①，国际上典型国家建筑节能条例发展历程如表3.3所示。

表3.3 国际上典型国家建筑节能条例发展历程

国家	标准名称	采暖能耗需求限值[kWh/(m²·a)]	折合一次能源耗油量(L)
德国	保温条例(1977)	220	22
	保温条例(1984)	190	19
	保温条例(1995)	140	14
	节能条例(2002)	70	7
	节能条例(2009)	50	5
	节能条例(2014)	30	3
	超低能耗建筑	35	3.5
	被动房(德国被动房研究所指标)	15	1.5
奥地利	B	50	5
	A	25	2.5
	A+(被动房标准)	15	1.5
	A++	10	1
丹麦	2010低能耗建筑2级	52.5	5.25
	2015低能耗建筑1级	30	3
	2020高能效建筑	20	2

*资料来源：作者自绘。

总结国外的发展途径可以发现，实现ZEB建筑目标是一个逐一递进的过程，

① 彭梦月．欧洲超低能耗建筑和被动房标准体系[J]．建筑设科技，2014:43-47.

实现途径主要包括：标准房→高能效房→nZEB→NZEB→AZEB(产能建筑)。具体关系如图 3.2 所示。

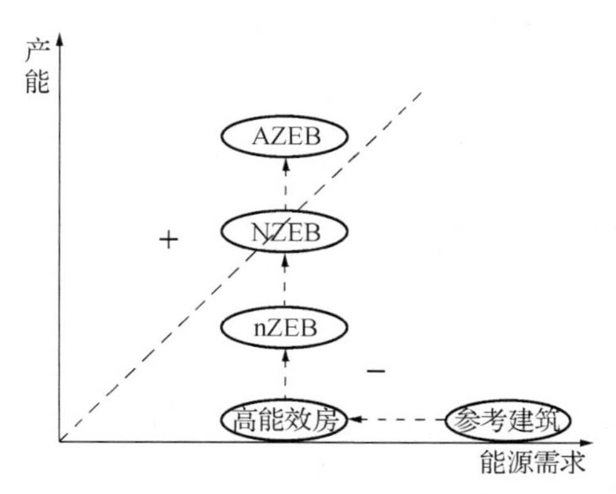

图 3.2 ZEB 建筑实现路线图

(图片来源：作者自绘)

3.1.3 国内外建筑节能策略差异

1) 能效策略

我国北方居住建筑节能标准同德国被动低能耗房比较，我国衡量标准是采用耗热量指标，而德国被动式标准则是采暖能耗需求，且冬季的室内温度不低于 20 ℃。德国现行《节能条例》(2014 版)所规定的“低能耗建筑标准”是在保证经济可行的前提下，建筑年采暖能耗为 30～60 kWh/(m^2 · a)。[①] 与德国气候水平相近的天津地区作比较，如天津 65%建筑节能标准，该标准规定采暖室温在 18 ℃时房屋采暖热需求为 41.48 kWh/(m^2 · a)，两者相近，但若与德国被动房采暖室温在20 ℃时采暖热需求不得超过 15 kWh/(m^2 · a)相比较，后者大约是前者的 1/3，差距很大。

在能源供给方面，目前我国寒冷地区冬季采暖大部分为锅炉房采暖，其采暖能耗实际的耗煤量远远大于计算值，以天津市为例，天津市发展和改革委员会下达的《“十一五”期间供热系统效率及耗能目标》，2009—2010 年单位供热面积耗煤量为 21.8 kg 标准煤/m^2；2010—2011 年单位供热面积耗煤量为 20.8 kg 标准煤/m^2。而德国被动式房 15 kWh/(m^2 · a)的采暖需求，相当于锅炉端的耗煤量 2.77 kg/(m^2 · a)，仅为天津市节能目标的锅炉端耗煤量的 1/7。

据调查统计，国际上一些国家的政策法规已将如何实现 ZEB 建筑目标提上了

① 德国能源署，中华人民共和国住房和城乡建设部科技与产业化发展中心. 中德合作高能效建筑实施手册[Z]. 2014:11.

日程，能效目标与策略都围绕着如何降低能耗及如何提高可持续能源的份额展开，逐步实现 ZEB 建筑。典型国家发展规划具体统计情况如表 3.4 所示。

表 3.4　典型国家实现 ZEB 建筑发展策略框架表

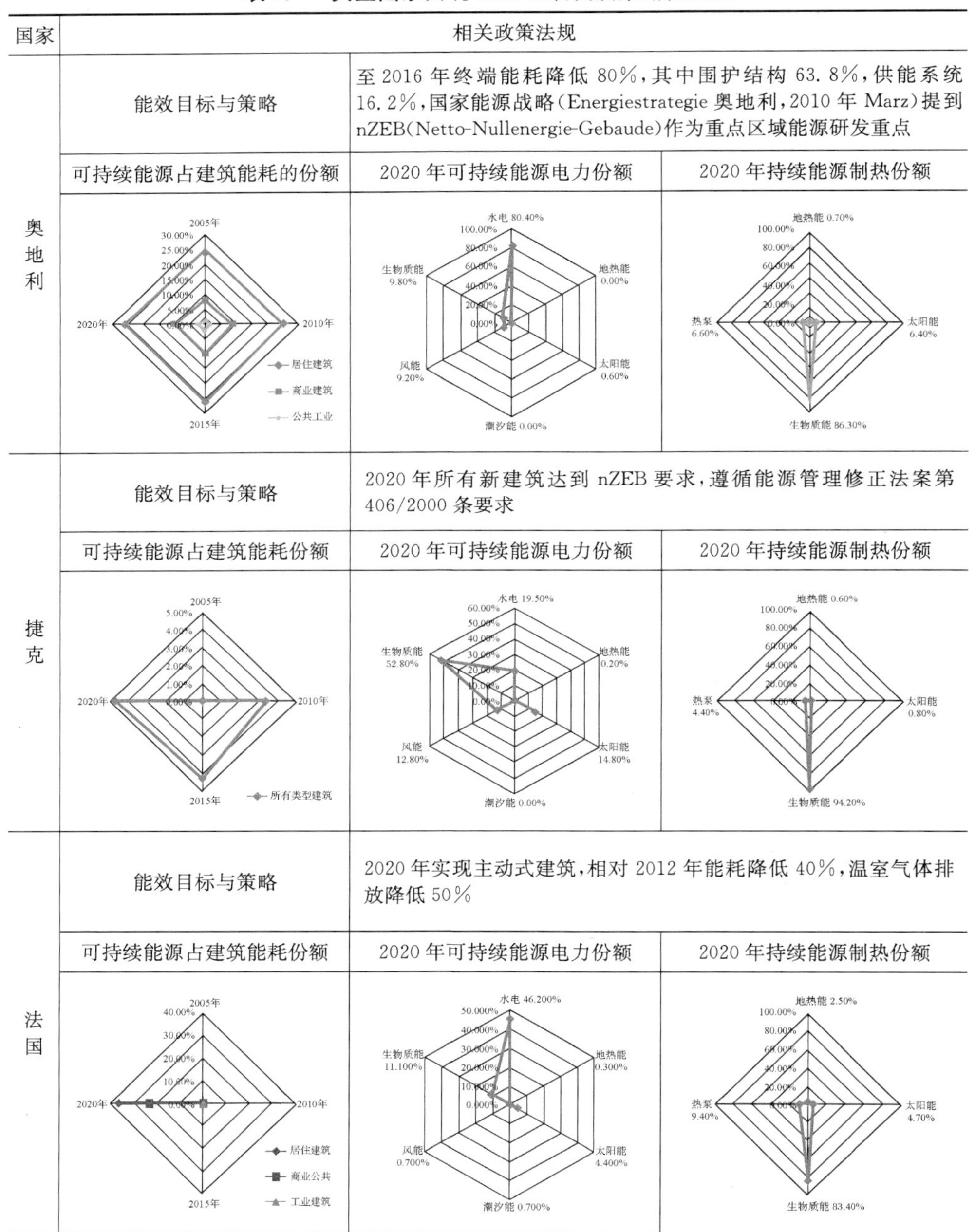

国家	相关政策法规		
奥地利	能效目标与策略	至 2016 年终端能耗降低 80%，其中围护结构 63.8%，供能系统 16.2%，国家能源战略（Energiestrategie 奥地利，2010 年 Marz）提到 nZEB（Netto-Nullenergie-Gebaude）作为重点区域能源研发重点	
	可持续能源占建筑能耗的份额	2020 年可持续能源电力份额	2020 年持续能源制热份额
捷克	能效目标与策略	2020 年所有新建筑达到 nZEB 要求，遵循能源管理修正法案第 406/2000 条要求	
	可持续能源占建筑能耗份额	2020 年可持续能源电力份额	2020 年持续能源制热份额
法国	能效目标与策略	2020 年实现主动式建筑，相对 2012 年能耗降低 40%，温室气体排放降低 50%	
	可持续能源占建筑能耗份额	2020 年可持续能源电力份额	2020 年持续能源制热份额

续表 3.4

国家	相关政策法规		
德国	能效目标	2020年热能需求相对2008年再减少20%，到2050年初始能源需求量再减少80%，达到气候中和建筑。实施节能条例及修正法案(EnEV)，可再生热能促进法案(EEWärmeG)，制热成本条例(Heating Costs Order)，欧洲可再生能源法修正法令(EAG EE)等	
	可持续能源占建筑能耗份额	2020年可持续能源电力份额	2020年持续能源制热份额
	 2005年 20.00% 15.00% 10.00% 5.00% 0.00% 2010年 2015年 2020年 所有类型建筑	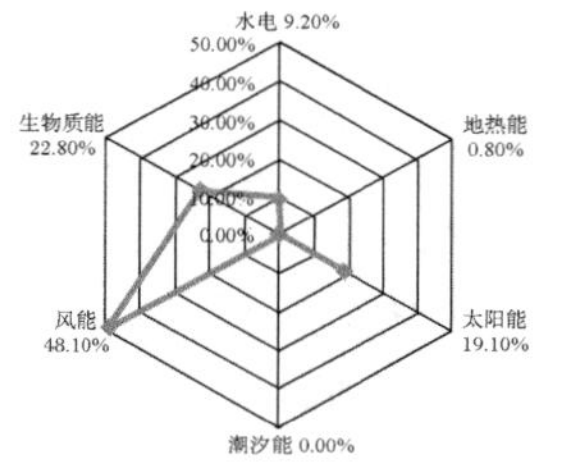 水电 9.20% 50.00% 40.00% 30.00% 20.00% 10.00% 0.00% 地热能 0.80% 太阳能 19.10% 潮汐能 0.00% 风能 48.10% 生物质能 22.80%	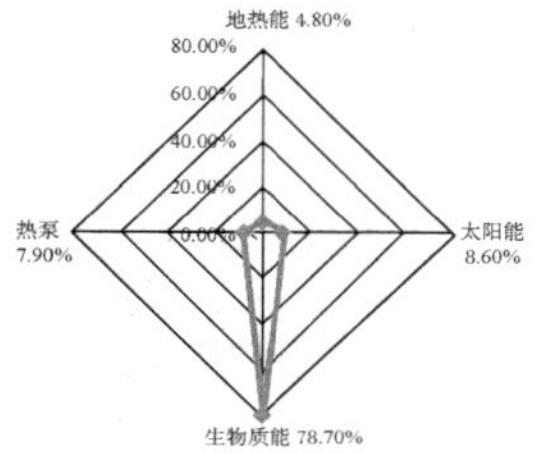 地热能 4.80% 80.00% 60.00% 40.00% 20.00% 0.00% 太阳能 8.60% 生物质能 78.70% 热泵 7.90%
希腊	能效目标与策略	2020年初始能源相对2008年降低20%，2050年降低50%，遵循建筑能效法规KENAK(OG 407/B/2010)、欧盟建筑能效指导	
	可持续能源占建筑能耗份额	2020年可持续能源电力份额	2020年持续能源制热份额
	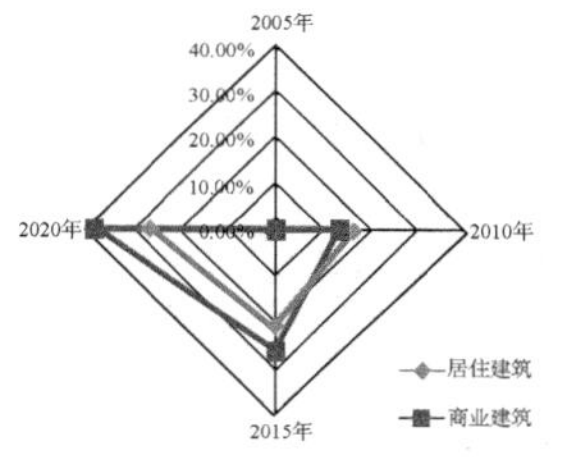 2005年 40.00% 30.00% 20.00% 10.00% 0.00% 2010年 2015年 2020年 居住建筑 商业建筑	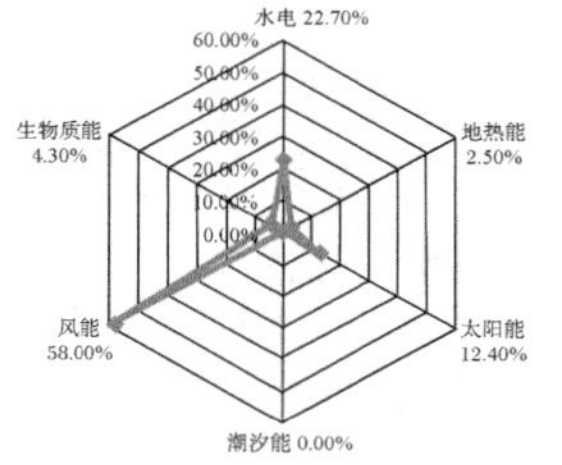 水电 22.70% 60.00% 50.00% 40.00% 30.00% 20.00% 10.00% 0.00% 地热能 2.50% 太阳能 12.40% 潮汐能 0.00% 风能 58.00% 生物质能 4.30%	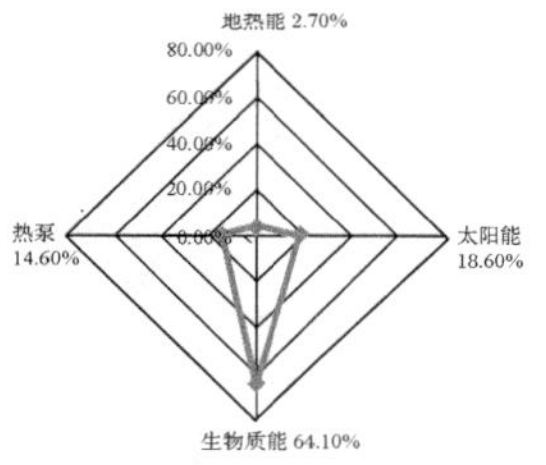 地热能 2.70% 80.00% 60.00% 40.00% 20.00% 0.00% 太阳能 18.60% 生物质能 64.10% 热泵 14.60%
	实施策略	遵循国家能效行动计划(NEEAP)和可再生能源行动计划(NREAP)目标，绿色公共采购行动计划(NAP GPP)，样本项目推广与传播机构，私企(如Velux lab,“Leaf house”)参与	
意大利	能效目标与策略	2020年降低能耗17%，2050年可持续能源占总终端能耗的60%，电力能耗的80%	
	可持续能源占建筑能耗份额	2020年可持续能源电力份额	2020年持续能源制热份额
	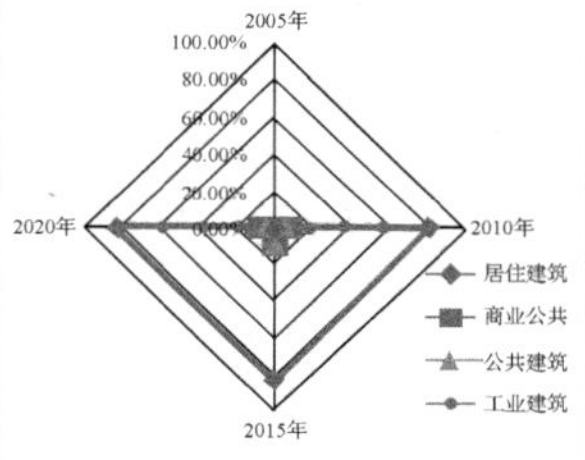 2005年 100.00% 80.00% 60.00% 40.00% 20.00% 0.00% 2010年 2015年 2020年 居住建筑 商业公共 公共建筑 工业建筑	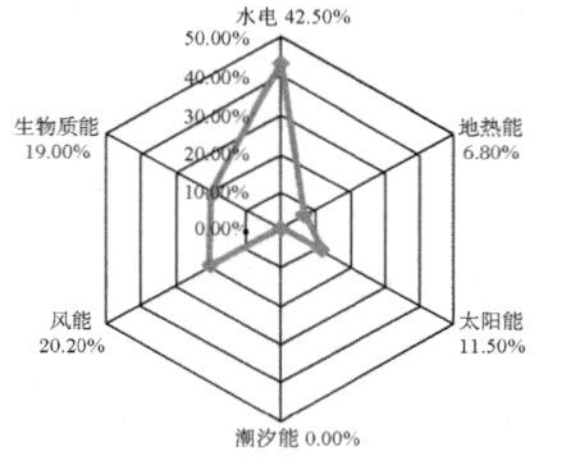 水电 42.50% 50.00% 40.00% 30.00% 20.00% 10.00% 0.00% 地热能 6.80% 太阳能 11.50% 潮汐能 0.00% 风能 20.20% 生物质能 19.00%	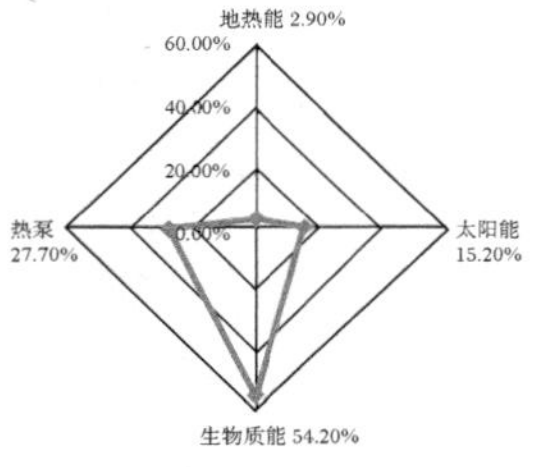 地热能 2.90% 60.00% 40.00% 20.00% 0.00% 太阳能 15.20% 生物质能 54.20% 热泵 27.70%

续表 3.4

<table>
<tr><th>国家</th><th colspan="3">相关政策法规</th></tr>
<tr><td rowspan="3">荷兰</td><td>能效目标与策略</td><td colspan="2">2015 年相对 2007 年能效提高 50%，2021 年新建建筑达到 nZEB。能效系数(EPC)、能效标准(EPN)为指导</td></tr>
<tr><td>可持续能源占建筑能耗份额</td><td>2020 年可持续能源电力份额</td><td>2020 年持续能源制热份额</td></tr>
<tr><td></td><td></td><td></td></tr>
<tr><td rowspan="3">瑞典</td><td>能效目标与策略</td><td colspan="2">2020 年相对 1995 年降低能耗 20%，2050 年降低能耗 50%。遵循欧盟建筑能效指导</td></tr>
<tr><td>可持续能源占建筑能耗份额</td><td>2020 年可持续能源电力份额</td><td>2020 年持续能源制热份额</td></tr>
<tr><td></td><td></td><td></td></tr>
<tr><td rowspan="3">英国</td><td>能效目标与策略</td><td colspan="2">英格兰、爱尔兰 2016 年开始所有新建建筑达到零碳建筑，北爱尔兰 2016 年开始居住建筑为低或零碳建筑，2019 年所有建筑零排放，苏格兰 2012 年居住建筑实施碳中和建筑</td></tr>
<tr><td>可持续能源占建筑能耗份额</td><td>2020 年可持续能源电力份额</td><td>2020 年持续能源制热份额</td></tr>
<tr><td></td><td></td><td></td></tr>
<tr><td>挪威</td><td>能效目标与策略</td><td colspan="2">2015 年既有建筑达到低能耗标准，2020 年达到被动房标准，新建建筑 2015 年达到被动房标准，2020 年达到 nZEB 标准</td></tr>
<tr><td>美国</td><td>能效目标与策略</td><td colspan="2">2030 年居住建筑降低能耗至少 50%，加利福尼亚地区 2020 年所有新建建筑达到 NZEB 要求，马萨诸塞州 2030 年所有新建建筑达到 NZEB 要求</td></tr>
</table>

*资料来源：作者自绘。

从上表统计的结果可以发现，在各建筑类型的能源使用方式上，居住建筑的可持续能源利用所占的份额较大，为此可以得出多数国家很重视可持续能源在居住建筑上的发展，将居住建筑作为 ZEB 建筑发展的重要部分得到了大多数国家的共识。电力技术主要应用除水电外，太阳能、风能及生物质能是常被采用的能源系统，制热技术除生物质能的利用较为广泛外，其次为热泵技术、太阳能、地热能。为此，当前我国的 ZEB 建筑发展之路尚未完全展开，可以借鉴上述国家的经验，在未来居住建筑的 ZEB 建筑发展途径上应给予重视，并不断加强研究和实践。

2）围护结构

我国围护结构节能性能与典型高能效建筑的围护结构节能性能尚存在一些差距，需要提高的空间还很大，对于未来 ZEB 建筑的实现尚需将围护结构性能提高到高能效建筑水平，以我国寒冷地区三步节能为对比对象，参考国际上高能效建筑围护结构实例特点，可以初步界定实现 ZEB 建筑所需建筑围护结构基本热工参数阈值，具体情况如表 3.5 所示，围护结构各指标对比趋势如图 3.3 所示。

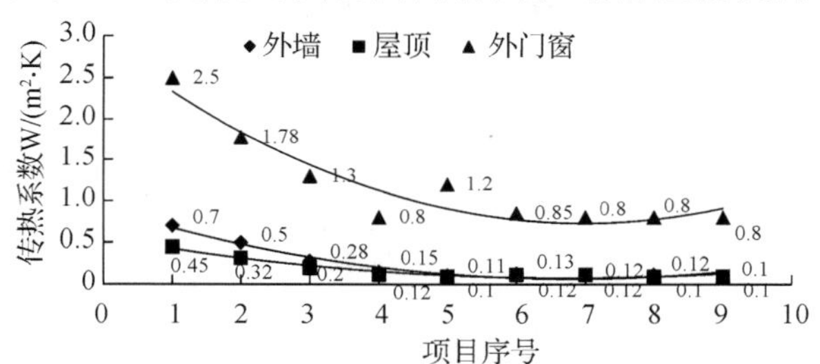

图 3.3　指标关系趋势图

（图片来源：作者自绘）

表 3.5　围护结构性能与典型高能效建筑围护结构对比

序号	类型	名称	外墙传热系数 W/(m² · K)	屋顶传热系数 W/(m² · K)	外窗传热系数 W/(m² · K)
1	法规导则	我国三步节能	0.7	0.45	2.5
2		我国四步节能	0.5	0.32	1.78
3		德国 2014 年节能标准	0.28	0.2	1.3
4		德国高能效被动房	0.15	0.12	0.8
5		英国零能耗设计导则	0.11	0.1	1.2
6	工程案例	秦皇岛在水一方居住小区（被动房）	0.13	0.12	0.85
7		维也纳的青年公寓（被动房）	0.12	0.12	0.8
8		汉堡智能绿色建筑“Smart ist Grün”（高能效建筑）	0.12	0.1	0.8
9		哈尔滨溪树庭院居住小区（被动房）	0.1	0.1	0.8

＊资料来源：作者自绘。

从上述图表可以发现，我国的围护结构各项指标限值尽管在不断升级，但是相比国际上的高能效建筑具有很大的差距，从三步节能考虑，窗需提高 50%～75%，外墙需提高 60%～85%，屋顶需提高 60%～80%。如果从四步节能要求考虑，窗需提高 30%～55%，外墙需提高 30%～80%，屋顶需提高 40%～70%。总结各项高能效建筑的围护结构可以发现保温隔热与密闭性性能都高于我国目前的要求，德国被动房要求每小时换气次数为 0.6 次/h 率，高于我国节能要求的 0.5 次/h。高能效建筑传热系数与采用主材调查统计情况如表 3.6 所示。

表 3.6　高能效建筑围护结构选材调查情况表

项目	结构	传热系数 W/(m^2·K)	节能主材
英国 ZEB 建筑设计指导	墙体	0.11	300 mm 厚矿棉
	屋顶	0.1	300 mm 厚 EPS
	门窗	1.2	3 层氩气填充玻璃
	楼地面	0.1	300 mm 厚 EPS
汉堡智能绿色建筑 “Smart ist Grün” （高能效建筑）	墙体	0.12	300 mm 厚 EPS
	屋顶	0.1	300 mm 厚 EPS
	门窗	0.8	5+18Ar+5L+18Ar+5L 3 玻 2 中空玻璃
	楼地面	0.1	300 mm 厚 EPS
维也纳青年公寓 （被动房）	墙体	0.12	350 mm 厚 EPS
	屋顶	0.12	300 mm 厚 EPS
	门窗	0.8	3 玻 2 中空玻璃
	楼地面	0.1	350 mm 厚 EPS
哈尔滨溪树庭院居住小区 （被动房）	墙体	0.1	300 mm 厚 EPS
	屋顶	0.1	300 mm 厚 EPS
	门窗	0.8	5+18Ar+5L+18Ar+5L 3 玻 2 中空玻璃
	楼地面	0.1	300 mm 厚 EPS
秦皇岛在水一方居住小区 （被动房）	墙体	0.13	250 mm 厚石墨聚苯板
	屋顶	0.12	300 mm 厚石墨聚苯板
	门窗	0.85	3 玻 LOW-E 空玻璃氩气
	楼地面	0.12	150 mm 厚 EPS

* 资料来源：作者自绘。

3.2 基于能量平衡的ZEB建筑运行模式

3.2.1 nZEB建筑理论模型构建

1) nZEB建筑理论基础与分析模式

根据2010年欧洲议会和理事会做出的针对建筑性能的指令，其中对nZEB建筑提出了具体要求①，nZEB建筑应具有高性能节能措施，需求的一次能源比例很小或为零，能源供给主要来自于现场或附近的可持续能源，此外，还需进行成本优化。nZEB建筑着重以能源利用率为研究核心，针对建筑围护结构及建筑可再生供能系统综合集成为设计主要内容，并以实现建筑能耗与成本最小化为目标。因此对于nZEB建筑模式需对建筑进行降低能耗措施的同时进行成本优化工作。

根据能源供耗匹配基本特点，nZEB建筑的能量供耗关系可以总体描述成式(3.1)：

$$M+G-R-r_0>0 \tag{3.1}$$

式中，M为建筑中各能源计量的最终能源消耗量，kWh/a；G为损耗能量，kWh/a；R为场内系统产能量，kWh/a；r_0为场外系统供能量，kWh/a。

实际上，接近零能耗一次能源的建筑通常超出了成本最优区域，原因之一是建筑墙体和屋顶的面积大小会限制光伏或太阳能集热系统的安置程度，再加上匹配其他可再生能源系统，往往构成了混合供能模式，常常现场可再生能源不足以达到初级能源水平接近于零的目标，往往会补充一些初级能源，这就构成了nZEB建筑运行基本工况特点。为此成本与能耗之间存在着一种反比关系，在各自的极值区间内，可以寻找到一些优解区域，这种关系如图3.4所示。

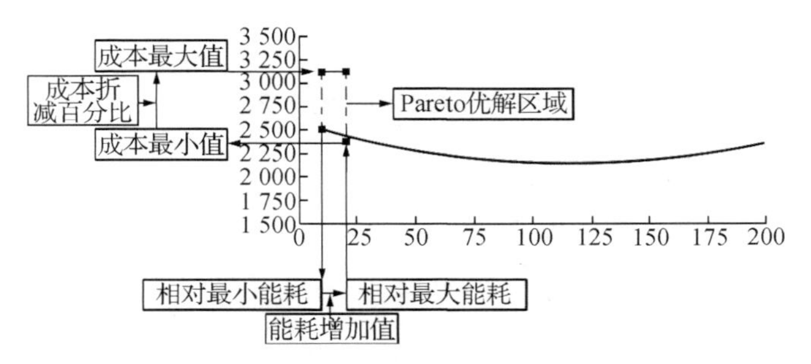

图3.4 成本与能耗关系示意图

(图片来源：作者自绘)

① http://eur-lex.europa.eu/LexUriServ/LexUriServ.do uri=OJ:L:2010:153:0013:0035:EN:PD.

我国目前寒冷地区城市居住建筑能源供给方式主要依靠集中供热和集中供电，能源网主要消耗是以一次能源为主，还未建成可再生能源并网系统，为此可以按照建筑场内的产能系统与节能措施两方面来建立 nZEB 建筑模式。需要根据具体国情进行 nZEB 建筑运行模式设计，规划该模式的技术路线，建立相应的理论计算分析方法。

综上所述，综合考虑国内外的发展情况，对于 nZEB 建筑模式的能量分析与优化内容需要进行以下三个方面的工作：

① 围护结构节能系统的设计与优化选取，应以高能效建筑要求为指导。

② 供能系统的设计与优化应考虑场内可持续能源系统，主要选择受当地市场欢迎的能源系统，如光伏系统发电、太阳能集热系统，场外主要一次能源系统为集中热力网和电力。

③ 需考虑进行各系统的成本优化。

2）nZEB 建筑模式的构建

根据以上阐述，可以建立 nZEB 建筑工况基本模式：围护结构满足被动房要求，供能系统所采取的太阳能系统主要利用 PV、STC（太阳能集热系统），结合考虑采用地源热泵等其他能源系统的主动技术系统，并与城市能源网连接，可以建立的典型运行模式如图 3.5 所示。

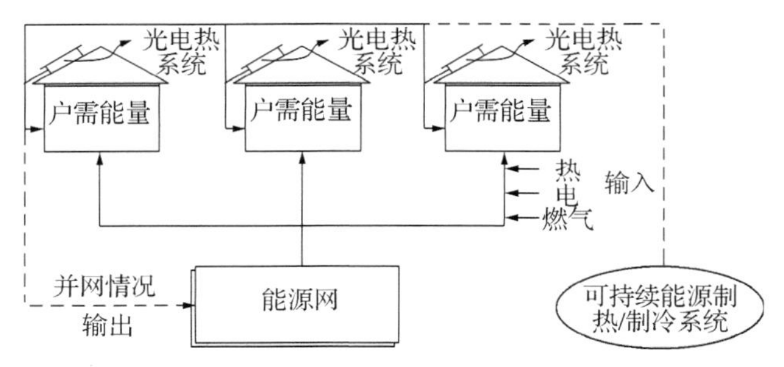

图 3.5　太阳能 nZEB 模式的工况示意简图

（图片来源：作者自绘）

为此，可以根据第 2 章中所建立的城市住宅模型为基准进行 nZEB 建筑理论模型的构建，以独立户形式为基本条件，经统计分析各项参数具体可见表 3.7 所示。

表 3.7 典型房 nZEB 模式的建筑参数表

项目		特性
建筑几何条件	体形	7.9 m×11.5 m×2.8 m 方体
	方位	南北
	南立面面积(m^2)	22.12
	东立面面积(m^2)	32.2
	北立面面积(m^2)	22.12
	西立面面积(m^2)	32.2
窗墙比		南向 0.35,北向 0.21,东(西)0.03
建筑面积(m^2)		91
建筑特性	建筑节能主材	经成本优化的 EPS 或 XPS 为 70～350 mm 厚,2 或 3 玻 LOW-E 高性能窗
	空气渗透率	0.5 次/h
	使用模式	普通住宅
	使用年限	70
建筑技术基本特性	墙体导热系数[W/(m^2·K)]	0.1～0.58 之间的成本优化值
	屋面导热系数[W/(m^2·K)]	0.1～0.41 之间的成本优化值
	门导热系数[W/(m^2·K)]	0.8～1.5 之间的成本优化值
	窗导热系数[W/(m^2·K)]	0.8～2.7 之间的成本优化值
	楼地面导热系数[W/(m^2·K)]	非周边 0.04、周边 0.08(考虑到经济性,且对能耗影响较小,故采用原型)
	主动技术系统	PV+STC,地源热泵
	被动技术系统	高能效建筑

* 资料来源:作者自绘。

3.2.2 NZEB 建筑理论模型构建

1) NZEB 建筑理论基础与分析模式

NZEB 建筑总体上是由各项物理边界所限定的建筑系统,这些建筑系统连接能源设施,这些能源设施平衡了加权能量负荷和电能之间的关系,从而使总体平衡指标为零。

通常情况的 NZEB 建筑的平衡边界主要是讨论能源在输入与输出或者是能源供给与产能之间的平衡,与 nZEB 建筑不同的是不仅要考虑电能的平衡问题,而且需充分考虑其他可持续能源的平衡问题,如供热、燃料等,它是比 nZEB 建筑要求更高一级别的模式,投入的成本也往往会比 nZEB 建筑大。能量匹配如式 $M+G-R-r_0=0$,一般平衡周期为年,也可以根据具体情况采用季、月等平衡周期。场内无储能系统，瞬时多余的能源可以返回能源网，在周期内达到总体供耗平衡。运行模式如图 3.6 所示。

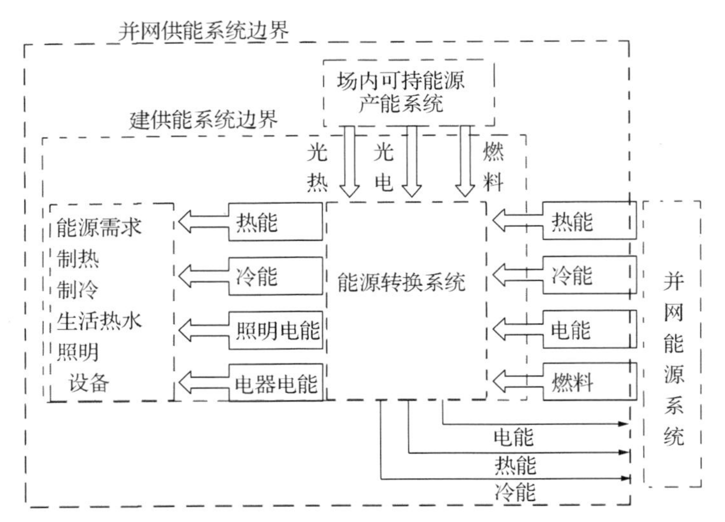

图 3.6　NZEB 建筑网能源边界系统关系图

(图片来源:作者自绘)

2) NZEB 建筑模式的构建

NZEB 建筑工况模式在 nZEB 建筑基础上，还应充分考虑其他可再生能源的利用，来弥补太阳能的供给不足问题，从而达到年能量平衡。能量输入与输出要充分考虑场内与能源网的能量转换。具体运行模式如图 3.7 所示，对于 NZEB 建筑模式的基本参数可参看表 3.6。

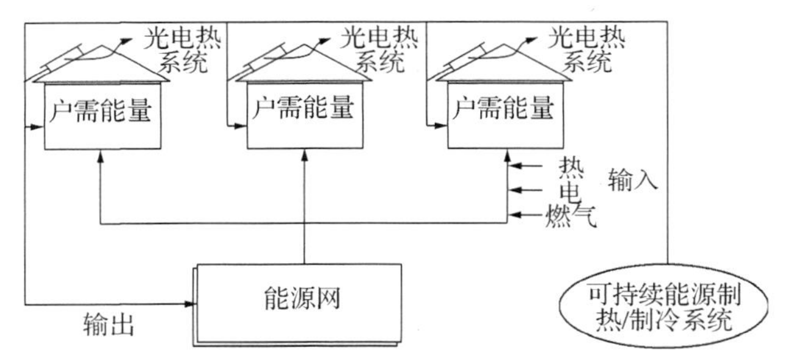

图 3.7　NZEB 建筑模式的工况示意简图

(图片来源:作者自绘)

3.2.3　AZEB 建筑理论模型构建

1）AZEB 建筑理论基础与分析模式

自给自足房“Autonomous House”最早的定义是由英国剑桥大学的 Vale 在 1975 年提出的，其为一个自给自足式的房子，有独立功能，不需要从附近的公共服务设施输入天然气、水、电及排水设施等，它使用可再生能源，如太阳能或风力发电，可以处理自己的废水和污水，无污染、不耗费一次能源。1993 年他和 Brenda 经过系统的设计，在英国诺丁汉地区建造了一个自给自足式的房子，并刊登在 *The New Autonomous House* 一书中。① 此后人们开始关注此类建筑的发展，后来出现了“Off-the-grid（OTG）”和“Self-sufficient”词汇，但是总体表达的是相同的涵义。因当前 ZEB 建筑着重探讨能源供耗平衡问题，故本书的 AZEB 建筑主要在此方面展开探讨，对于自给自足模式的其他问题有待后续研究解决。

AZEB 建筑与 NZEB 建筑和 nZEB 建筑的最主要区别是不依靠能源网，并且不会从场外购买能源，是一种能量自给自足式的工况模式，备有储能设备，能量匹配满足式子：$M+G-R-r_0<0$。基本运行模式如图 3.8 所示，基本设定参数参看表 3.5。

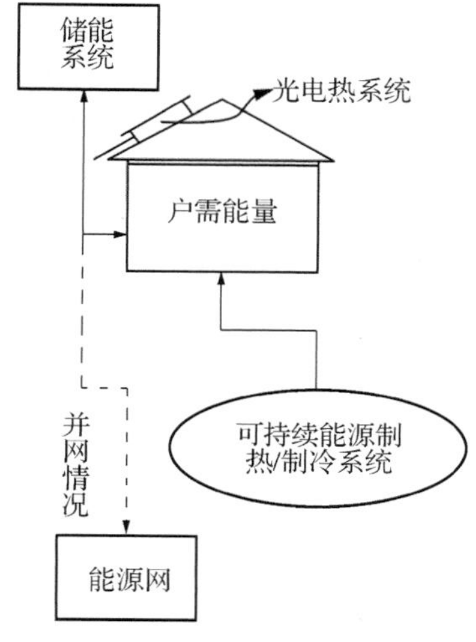

图 3.8　AZEB 模式的工况示意简图

（图片来源：作者自绘）

3.3　本章小结

本章基于 ZEB 建筑在国际上的不同边界平衡条件，进行了归纳总结和分类，将 ZEB 建筑分成了三种工况，为 ZEB 建筑分类研究提供依据和基础。通过与一般建筑类比、高能效建筑的总结与案例分析、国内外建筑节能策略的差异等方面归纳、推演与总结，找到了我国寒冷地区实现 ZEB 建筑的基本技术途径，得出了实现 ZEB 建筑边界条件的基本参数阈值，即墙体导热系数 0.1～0.58 W/(m^2·K)、屋面导热系数 0.1～0.41 W/(m^2·K)、门导热系数 0.8～1.5 W/(m^2·K)、外窗(门)导热系数 0.8～2.7(0.8～1.5) W/(m^2·K)。并对三种工况模式(nZEB、NZEB、AZEB)进行了构建与设计，为后续研究奠定基础。本章具体理论研究框架

① Chen S Y, Chu C Y, Cheng M J, et al. The Autonomous House: A Bio-Hydrogen Based Energy Self-Sufficient Approach[J]. Public Health, 2009(6): 1515－1529.

脉络如图 3.9 所示。

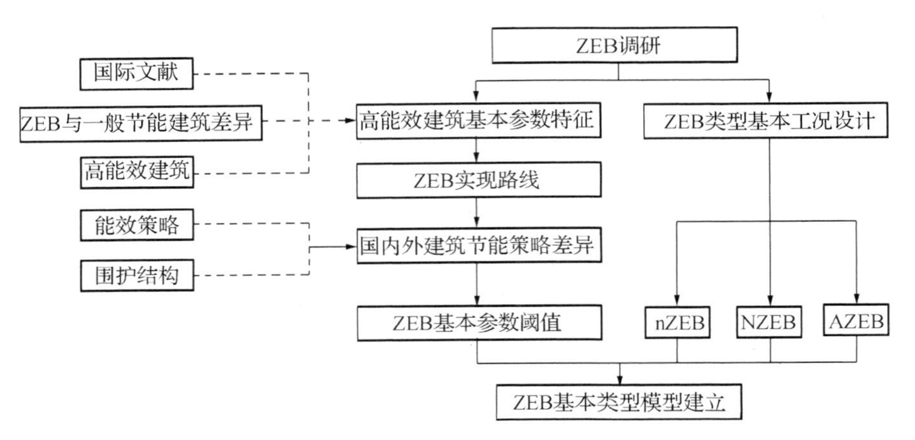

图 3.9　本章研究基本框架脉络

(图片来源:作者自绘)

4 寿命期能量与成本数学模型构建研究

4.1 基于寿命期节能量的分析理论与评价

能量平衡在 ZEB 建筑中是一个重要的方面，而衡量 ZEB 建筑的效益需要与寿命期的方法进行权衡判断，ZEB 建筑能量分析模式大体可分为三种，具体如图 4.1 所示。

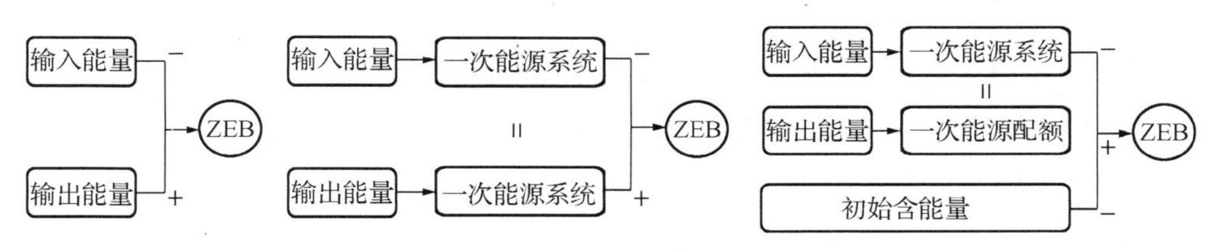

图 4.1 三种模式简图

（图片来源：作者自绘）

第一种表达式：$\Delta E_{site}=\sum E_{exp,i}-E_{del,i}$，该方法中，能量平衡描述能量产出与供给关系。没有转换因子应用于能流，是较为简化的描述形式。①

第二种表达式：$\Delta E_{source}=\sum E_{exp,i}f^{p}_{exp,i}-\sum E_{exp,i}f^{p}_{del,i}$；$f^{p}_{exp,i}$，$f^{p}_{del,i}$ 为能量产出与供给的影响因子。该方法是较为常用的方法，在平衡 ZEB 建筑能源上，每种能量负荷根据自己的初始能源因素加权。这允许不同载体的估值质量反映它们的能质或㶲(yong)，如产出的电力和供给的煤炭、天然气、石油等配额。②③④

① Torcellini P, Pless S, Deru M. Zero Energy Buildings: A Critical Look at the Definition[C]. in: ACEEE Summer Study, Pacific Grove, California, 2006.

② European Parliament and Council of the EU. Directive 2010/31/EC of the European Parliament and of the Council of 19 May 2010 on the energy performance of buildings (recast), Official Journal of the European Union L153/13 (53) (2010).

③ Kurnitski J, Allard F, Braham D. How to define nearly net zero energy buildings nZEB[J]. REHVA Journal, 2011, 48(3): 6-12.

④ Sartori I, Napolitano A, Voss K. Net zero energy buildings: a consistent definition framework[J]. Energy and Buildings, 2011, 48(1): 220-232.

第三种表达式：$\Delta E_{source}=\sum E_{exp,i}f^{p}_{exp,i}-\sum E_{exp,i}f^{p}_{del,i}-\sum E_{emb,building}$；在前两种方法中，未考虑由于含能和节能技术层面带来的可再生能源的收益。而该第三种的能量平衡法结合了寿命周期的方法，为此它提供了一个更全面的平衡模式，将建筑含能考虑到了平衡分析中。[①]

从上述方法的比较上看，方法三较为全面，可以更为科学、准确地反映 ZEB 建筑能流特征。在具体分析时需考虑众多不同研究对象条件的平衡参数，这些参数包括：研究类别（包括：现场、能源、寿命期方法、回报率等）、研究度量标准（包括：能量、初始能源量、排放量、量、成本、标准化等）、平衡周期（包括：年、季、月、日等）、边界条件（包括：能源类型、排放类型、区位、反弹效应等）、可持续能源的供应方式、并网模式（包括：并网、非并网等，具体研究内容还包括能效、室内气候等）等。

4.1.1 基本原理

LCA 分析是目前广泛用于评估产品寿命周期的环境影响的方法，在使用 LCA 方法时需要进行清单分析。然而，建筑工业制作，建筑材料的使用、运行、拆迁方式是多种多样的，建筑相关的标准与范围的差异性也是巨大的，因此这些因素常常严重限制了 LCA 方法在建筑行业中的使用，从而使其在使用时面临着一定的挑战和困难。

当前，寿命期能量（LCE）分析方法开始逐渐被广泛认可，国际上一些学者开始使用该方法应用到建筑能量分析与建筑环境影响分析方面，并认为该方法更能具体准确地分析建筑与能源方面的问题。

国际上一些学者在如何运用 LCE 方法上进行了具体研究，如 2010 年，印度尼赫鲁国家技术研究中心的 Ramesha T[②] 经过对 13 个国家 73 个项目的研究发现，寿命期能量中运行能占 80%～90%，含能占 10%～20%。一些研究学者[③④⑤⑥⑦]

---

① Bourrelle J S, Andresen I, Gustavsen A . Energy payback: An attributional and environmentally focused approach to energy balance in net zero energy buildings[J]. Energy and Buildings, 2013(65): 84 - 92.

② Ramesha T, Prakash R, Shukla K K. Life cycle energy analysis of buildings: an overview[J]. Energy and Buildings, 2010, 42(10): 1592 - 1600.

③ Cole R J, Kernan P C. Life-cycle energy use in office buildings[J]. Building and Environment, 1996, 31(4): 307 - 317.

④ Gustavsson L, Joelsson A. Life cycle primary energy analysis of residential buildings[J]. Energy and Buildings, 2010(42): 210 - 220.

⑤ Adalberth K. Energy use during the life cycle of single-unit dwellings: examples[J]. Building and Environment, 1997, 32(4): 321 - 329.

⑥ Adalberth K. Energy use in four multi-family houses during their life cycle[J]. International Journal of Low Energy and Sustainable Buildings, 1999, 1: 1 - 20.

⑦ Treloar G, Fay R, Love P E D, et al. Analysing the life-cycle energy of an Australian residential building and its householders[J]. Building Research & Information, 2000, 28(3): 184 - 195.

也开始对 LCE 方法的应用展开了研究，并认为运行能和含能为 LCE 研究的主要研究和权衡判断内容。

寿命期能量分析主要分成三个部分：含能、运行能和拆卸能。含能（Embodied energy）是指建筑在制造和生产过程中所利用的能量，指的是所有建筑材料用于建造、技术安装及发生在安装/施工和改造的过程中所用能量的总和。含能包括两部分，即初始含能、修复和维修含能，初始含能可用 EEi 表示，修复和维修含能可用 EEr 表示。运行能（Operating energy）是指用于建筑运行过程中为达到建筑舒适要求所需的能量，可用 OE 表示。拆卸能（Demolition energy）是指在建筑的使用寿命结束，拆除建筑和运输垃圾填埋场的废弃物和/或回收工厂所需能量，可用 DE 表示。因此寿命期能量表达式可描述成：$LCE=EEi+EEr+OE+DE$。

4.1.2 基于㶲分析模式下的 LCE 方法模型建构

1）基于㶲分析模式下的寿命期相对节能量分析模型

能量分析是为了确定能源损失的性质、大小与分布，表明提高能源利用率的方向，针对系统和装置所进行的分析方法。能量分析方法可分为两种，一种为能分析法，一种为㶲分析法。能分析是不同质的能量在数量上的平衡，这种分析方法只考虑利用程度，往往只是反映外部损失，它不能揭示系统内部存在能量的质的贬降，仅表述的是外部能量的损耗情况，对于能量损耗的本质还不能给予深刻的揭示。而在能量工程中对于揭示系统内部各损失的原因与部位方面，㶲分析比能分析更科学、更全面深刻，从而能更准确地指导系统或装置的改进方向。

以往的建筑节能分析仅考虑建成后各技术系统的节能效果，这种分析方法往往较为宏观，仅针对终端能量分析，而对所采用技术在其生产过程中的源端能耗省略，为此影响准确性和科学性，而㶲分析可以弥补这种不足，因此其为更全面、具体的分析方法。

㶲分析模型的建立通常需要考虑以下几项内容：

（1）能质系数

以能量的量和质的方式考量能量之间的传递是㶲分析方法的主要模式，依据热力学第二定理，热和功是能量传递的主要方式，能量传递过程中，功不断转换为热，同时在不断消散，所以往往考虑用做功能力来衡量能量品质的优劣。因此利用能质系数 λ 来表征能源利用效率的高低，其表示不同能量在现有技术水平下，对外所能够做的功与总能量的比值，如式(4.1)所示。

$$\lambda=\frac{W}{Q} \tag{4.1}$$

式中，Q 为总能量，kJ；W 为总做功，kJ。当前一般将电能的 λ 设定为 1，其他可根据具体做功情况而定。

(2) 热量㶲

热量㶲是指冷源与热源之间进行一个卡诺循环，即系统与环境之间由于温差产生热量传递做功的过程。此过程可表示为式(4.2)、式(4.3)。

$$E_Q=\int\left(1-\frac{T_0}{T}\right)\mathrm{d}Q \tag{4.2}$$

式中，E_Q 为热量㶲；T_0 为环境温度；T 为系统温度；Q 为通过边界的热量。

$$A_Q=\int\frac{T_0}{T}\mathrm{d}Q \tag{4.3}$$

式中，A_Q 为热量㶲。

(3) 能源能质系数

燃料㶲包括两个方面，分别是化学㶲和物理㶲，在一般常规情况下燃料被直接燃烧，化学能往往被转化为物理㶲，这样通过热力转换就可达到热功转化。如煤的能质系数如式(4.4)所示：

$$\lambda_{\mathrm{coal}}=1-\frac{T_0}{T_{\mathrm{coal}}-T_0}\ln\frac{T_{\mathrm{coal}}}{T_0} \tag{4.4}$$

式中，T_{coal} 为煤在蒸汽动力装置中完全燃烧的温度；T_0 为基准环境温度。

其他形式的能质系数同理。

(4) 建筑耗热量的能质系数

建筑室内与室外环境系统由于温差会产生热量交换，冬季能量会从室内向室外流出，为此建筑的耗热量能质系数可描述为如式(4.5)所示：

$$\lambda_0=1-\frac{T_0}{T} \tag{4.5}$$

式中，λ_0 为耗热量能值系数；T 为内环境温度；T_0 外环境温度。

同理夏季制冷工况：

$$\lambda=T_0/T-1$$

(5) 材料生产阶段的㶲分析

材料生产所需各类能源，均在燃烧的过程中产生有用功，燃烧释放的热量可用燃料的能质系数表示；通过计算能源的能质系数后，根据生产材料所耗费各种能源所占能源总数的百分比，计算出材料当量能质系数，如式(4.6)所示：

$$\lambda_{\mathrm{c}}=x_1\lambda_1+x_2\lambda_2+\cdots+x_m\lambda_m \tag{4.6}$$

式中，λ_{c} 为材料当量能质系数；x_m 为材料生产消耗能源种类的百分比；λ_m 为材料生产消耗能源种类的能级系数。

根据能质系数的定义式，可得到单位建材的质量含㶲量 E_0，如式(4.7)所示

$$E_0=E_{\mathrm{m}}\lambda_{\mathrm{c}} \tag{4.7}$$

式中，E_m 为材料单位质量含能量。

故材料生产阶段总含㶲量 $E_c=ME_0$，其中 M 为材料总质量。

(6) 建筑能耗的㶲分析

建筑运行阶段的能耗可通过能耗计算或模拟分析得出，根据㶲的定义式，引入能质系数的概念，可得到式(4.8)：

$$OE_E = \sum Q_{0i} \cdot \lambda_i \tag{4.8}$$

式中，OE_E 为总㶲耗量；Q_{0i}为各阶段耗热量；λ_i 为各阶段能值系数。

对参考建筑进行前后对比分析，则每年节㶲量 ΔE_E 如式(4.9)所示：

$$\Delta E_E = \sum_i \Delta Q_i \cdot \lambda_i \tag{4.9}$$

2) 寿命期节能量分析与评价

一般判定围护结构节能效果，可通过与参考对象的对比关系来权衡判断，故可得寿命期节能对比评价分析公式，如式(4.10)所示：

$$ELCE=\Delta EEi+\Delta EEr+\Delta OE+\Delta DE \tag{4.10}$$

式中，$ELCE$ 为寿命期节能总量；一般当对参照对象的地理位置、环境、施工技术、材质等因素为同一条件时，为使研究问题简化，可视为 $\Delta EEr=0$，$\Delta DE=0$；ΔEEi 为节能产品初始能的增(减)值；若将 ΔOE 转化为 $n\Delta E$(寿命期运行阶段能的增(减)值)，为此可简化成式(4.11)：

$$ELCE=\Delta EEi+n\Delta E \tag{4.11}$$

式中，n 为寿命期年(月、日等)数。

当 $ELCE=0$ 时，为相对节能平衡边界，通过上述简化关系可以较为准确、方便地判断出系统节能效能的优劣，减小由于数据不全或模糊不清造成的偏差。

同理，当采用㶲分析方法时，寿命期节能量就转化为寿命期节㶲量，表达式如下：

$$ELCE_E=\Delta E_C+n\Delta E_E \tag{4.12}$$

式中，$ELCE_E$ 为寿命期节㶲量；n 为寿命期年(月、日等)数；ΔE_C 为生产阶段相对节㶲量；ΔE_E 为运行阶段节㶲量。

当 $ELCE_E=0$ 时，为相对节㶲平衡边界，可以以此来判断系统节㶲效果的优劣。

一般分析时可针对两个主要参评系统，一个是围护结构系统，另一个是供能系统。值得一提的是，通过㶲分析过程，还可以进行碳排放等环境影响因子分析，具体分析方法同上述阐述的步骤。为此它会产生多项指标权衡分析判断各方案的优劣性，故利用㶲分析是一个更为全面而实用的建筑节能优化与评价的思想和方法，具体应用会在后续章节阐述。

4.1.3 寿命期节能量分析基本数学理论模型构建

对于 ZEB 建筑的能流模式与常规不同，要求在计算时可采用相对节能的概念，因为它在能源使用上主要为可持续能源，而常规建筑是一次能源，两者的能效存在着差异，故在能量度量方面需要进行统一，一方面是为了较为清晰地反映能量的数学关系，能源供耗平衡往往表现在数量平衡上，所采集的数据往往以常规能源计量；另一方面可持续能源的收益往往会在市场价格中得到体现，如电价、太阳能约为常规能源的 2 倍左右，所以在分析时可先采用常规能源量进行计量分析，再进行相应的折算分析。具体能量利用与转换形式如图 4.2 所示。

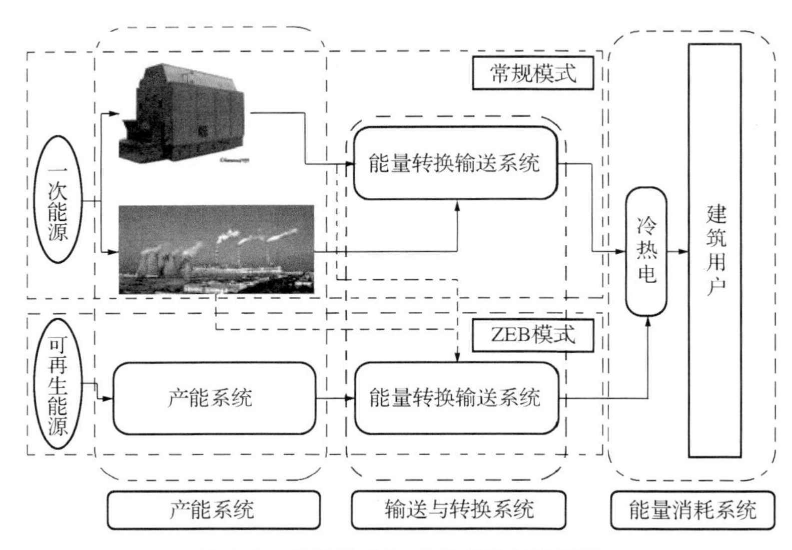

图 4.2 常规模式与 ZEB 能流系统简图

（图片来源：作者自绘）

一般情况，对于可持续能源模式使用用户，综合寿命期节能分析可以总结为：

$$ELCE_E = \sum_{\text{围护}}(\Delta E_C + n\Delta E_E) + \sum_{\text{集热}}(\Delta E_C + n\Delta E_E) + \sum_{\text{光伏}}(\Delta E_C + n\Delta E_E) + \sum_{\text{地热}}(\Delta E_C + n\Delta E_E) + \sum_{\text{风能}}(\Delta E_C + n\Delta E_E) + \sum_{\text{其他}}(\Delta E_C + n\Delta E_E) \tag{4.13}$$

如果针对太阳能 ZEB 建筑运行模式，应考虑高能效建筑结合太阳能产能系统，制冷、制热技术采用地源热泵系统。为此可将相对寿命期节能量表示为：

$$ELCE_E = \sum_{\text{围护}}(\Delta E_C + n\Delta E_E) + \sum_{\text{光伏}}(\Delta E_C + n\Delta E_E) + \sum_{\text{地热}}(\Delta E_C + n\Delta E_E) \tag{4.14}$$

4.2 基于寿命期节能收益成本的LCC分析理论

4.2.1 基本原理

实现ZEB需要建造高能效建筑，但是这就出现了一个问题，在使用可持续能源之前，能耗降低到什么程度，什么样的能效措施应该采用，成本因素是决定上述决策的关键，故需要先从经济角度研究可持续能源与能效措施的最优匹配。建筑具有持久性和长期决策性特点，然而通常情况下，当做决策时，业主或投资者的焦点只有投资成本，例如建筑设计、设备、能源系统，往往忽视将来运行或可替代成本。为此应该从建筑整体的视角来考虑成本问题，所以需要利用LCC方法进行能效措施与可持续能源结合的成本优化研究。

结合上节的能量分析，同理可以得出建筑的成本分析同样可分为四个主要部分，初始成本、运行成本、维护成本、拆卸成本。① 可以得到如下公式：

$$LCC=IC+OC+RC+DC \tag{4.15}$$

式中，LCC 是寿命周期成本；IC 为初始成本（即建设投资或工程造价）；OC 是指寿命周期运营成本，如制热与制冷能耗；RC 为寿命周期维护成本；DC 为寿命周期拆卸成本。

通常情况下，寿命期总成本的0.5～0.6为运营阶段成本，0.3～0.35为建造阶段成本，寿命期成本的0.1～0.15为设计阶段成本，其他阶段小于0.05。② 在计算分析时，寿命期以年为单位时，寿命期的限定一般不超过30年（参考欧盟标准EN15459条例中要求不建议寿命期时间大于30年③）。

经济分析方法主要包括经济效益分析和费用效果分析。经济效益分析是以资源合理配置的角度为出发点，权衡分析项目投资的经济效果与对社会福利所能贡献的大小，以此来评判项目的经济可行性。费用效果分析通过项目预期的效果与支付的费用，判断项目费用的有效性与合理性，该方法被广为认可，其基本方法有：最小费用法、最大效果法、增量分析法。若按项目经济性评价遵循的基本原则"有

---

① Marszal A J, Heiselberg P. Life cycle cost analysis of a multi-storey residential Net Zero Energy Building in Denmark[J]. Energy, 2011, 36(9): 5600-5609.

② Booz Allen, Hamilton Ine. 美国系统工程管理[M]. 王若松，章国栋，阮镰，等，译. 北京：北京航空航天大学出版社，1991：163-164.

③ EN15459, 2010. EN 15459: Energy performance of buildings economic evaluation procedure for energy systems in buildings. http://www.buildup.eu/sites/default/files/content/P160_EN_CENSE_EN_15459.pdf.

无对比”原则，求出项目的增量效益，为此可以排除各种不确定条件的影响，突出项目活动的效果。① 增量分析方法经常被采用在对绿色建筑与节能建筑评价与优化方面，下面本书将采用该方法进行成本分析研究。

4.2.2 基于能量分析的LCC理论模型建构

寿命期成本分析的基本流程，可总结成以下四个阶段：分析寿命期费用构成、确定寿命期各阶段费用、建立寿命期费用估测数学模型、计算分析并做出决策。

1）寿命期费用基本构成

一般情况下，建筑成本主要分成两部分，即一部分是围护结构成本，一部分是供能系统成本。ZEB建筑也是由这两部分构成，ZEB建筑成本方面由于对节能系统与供能系统要求高效能，故通常初始成本投入比一般节能建筑大，为此单从投资回收期权衡考量是不能充分反映其真正效益优劣情况的，需采用寿命期成本分析，应结合考虑资金的时间价值，且需将全寿命周期费用的现值转换成年值进行分析。如图4.3所示。

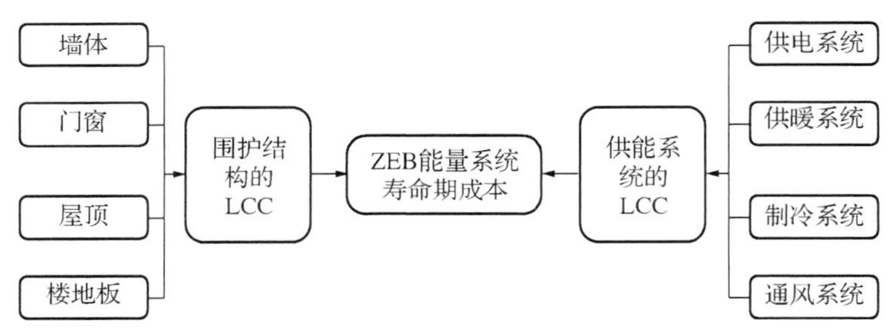

图4.3 ZEB寿命期基本成本组成结构

（图片来源：作者自绘）

2）围护结构的寿命期节能收益成本（$ELCC_E$）数学理论模型

一般情况下，围护结构的能量收益成本主要分成两部分，即一部分为能耗成本，一部分为节能材料成本。根据国内外学者相关研究文献②③，经归纳整合的LCC数学模型如下：

$$LCC=\sum_{n=1}^{t}\frac{E_0\cdot C_0}{(1+r)^n}+\sum C_{wi}\cdot\delta_w+\sum C_{ri}\cdot\delta_r+\sum C_{fi}\cdot\delta_f+C_{wdi}+C_{wt}+C_{ct} \tag{4.16}$$

① 国家发改委，建设部. 建设项目经济评价方法与参数[M]. 第3版. 北京：中国计划出版社，2006，8：19－83.

② Comaklí K，Yüksel B. Optimum insulation thickness of external walls for energy saving[J]. Applied Thermal Engineering，2003，23(10)：474－475.

③ 王恩茂. 基于全寿命周期费用的节能住宅投资决策研究[D]. 西安：西安建筑科技大学，2008：43.

若假设单位面积保温层在寿命期内每年采暖费用相同，则上式可简化为

$$LCC=\frac{E_0\cdot C_0[(1+r)^n-1]}{r(1+r)^n}+\sum C_{ui}\cdot\delta_w+\sum C_{ri}\cdot\delta_r+\sum C_{fi}\cdot\delta_f+C_{udi}+C_{ut}+C_{\alpha} \tag{4.17}$$

式中，E_0 为该围护结构模式下的制热与制冷能耗，kWh；C_0 为所采用能耗标准度量的价格（如煤为元/kg，电为元/kWh）；C_{ui} 为墙体单位节能材料价格，元/m^3；δ_W 为墙体节能材料体积，m^3；C_{ri} 为屋顶节能材料价格，元/m^3；δ_r 为屋顶节能材料体积，m^3；C_{fi} 为楼地面节能材料价格，元/m^3；δ_f 为楼地面节能材料体积，m^3；C_{udi} 为节能门窗成本，元；C_{ut} 为围护结构的初始成本，元；C_{α} 为其他成本，如清洁成本、拆卸更换成本等，元；r 为折现率，%；n 为节能结构层的寿命期，年。

一般判定围护结构节能效益，可通过与参考对象的对比关系来权衡判断，故节能寿命期成本 $ELCC_E$ 的数学关系公式为

$$ELCC_E=\frac{\Delta E_0\cdot C_0[(1+r)^n-1]}{r(1+r)^n}-\left(\Delta\sum C_{ui}\cdot\delta_w+\Delta\sum C_{ri}\cdot\delta_r+\Delta\sum C_{fi}\cdot\delta_f+\Delta C_{udi}+\Delta C_{ut}+\Delta C_{\alpha}\right) \tag{4.18}$$

在计算分析时，可将影响因子很小的其他成本差值省略，上式可简化为

$$ELCC_E=\frac{\Delta E_0\cdot C_0[(1+r)^n-1]}{r(1+r)^n}-\left(\Delta\sum C_{ui}\cdot\delta_w+\Delta\sum C_{ri}\cdot\delta_r+\Delta\sum C_{fi}\cdot\delta_f+\Delta C_{udi}+\Delta C_{ut}\right) \tag{4.19}$$

3）供能系统的寿命期节能收益成本（$ELCC_D$）数学理论模型

LCC 数学分析模型同式（4.14）、式（4.15），若考虑每年节能率不变的情况，则

$$ELCC_D=\frac{\Delta E_d\cdot C_0[(1+r)^n-1]}{r(1+r)^n}-\left(\sum C_{ui}+\sum C_{\alpha}\right) \tag{4.20}$$

式中，ΔE_d 为供能量与原供能系统耗能量的差值，kWh；$\sum C_{ui}$ 为各类供能系统的初始投资，元；$\sum C_{\alpha}$ 为供能系统其他成本，如清洁成本、拆卸更换成本等，元。

4）建筑系统总相对节能寿命期收益成本

根据上述公式推导，最终可以得出简化公式：

$$ELCC=ELCC_E+ELCC_D \tag{4.21}$$

实际的优化过程，可根据不同目标选择不同模式的优化目标函数关系式，从上述几项关系式可以得出，当 $ELCC=0$（$ELCC_E$ 或 $ELCC_D=0$）时，可视为平衡临界点，由此可以根据相对寿命期成本判定工况能耗成本优劣。例如，当 $ELCC>0$ 时，投资回报效应明显；当 $ELCC<0$ 时，可视为投资回报效应不佳。

4.2.3 ELCC 基本数学模型

对于 ZEB 建筑的资金流模式会与普通情况存在差异，计算时可采用相对成本的方法。一般情况下，由于有可再生能源系统的介入，故综合相对寿命期节能收益成本可描述如下：

$$ELCC = \sum_{\text{围护}} ELCC_E + \sum_{\text{光伏}} ELCC_D + \sum_{\text{集热}} ELCC_D + \sum_{\text{地热}} ELCC_D + \sum_{\text{风能}} ELCC_D + \sum_{\text{其他}} ELCC_D \tag{4.22}$$

若 ZEB 建筑中采用高能效建筑并结合太阳产能系统、地源热泵系统，为此可以建立相对寿命期节能收益成本公式，如式(4.23)所示：

$$ELCC = \sum_{\text{围护}} ELCC_E + \sum_{\text{光伏}} ELCC_D + \sum_{\text{地热}} ELCC_D + \sum_{\text{集热}} ELCC_D \tag{4.23}$$

4.3 基于典型房 ZEB 实现途径的能量与成本分析数据库构建

4.3.1 ELCE 数据统计分析

1）围护结构系统能效分析

（1）能耗分析

本节主要探讨围护结构材料的选取与能耗关系的问题。根据第 3 章研究结果，墙体、屋面选取的节能主材为当前市场普遍采取的 EPS 和 XPS 两种常用的保温结构体系，厚度 δ 设定为 70 mm，100 mm，150 mm，200 mm，250 mm，300 mm，350 mm；地面保持与典型房相同模式；窗的传热系数 λ_{window} 设定为 2.7 W/(m^2 · K)，1.95 W/(m^2 · K)，1.5 W/(m^2 · K)，0.8 W/(m^2 · K)。物理边界条件同第 2 章所设定的内容，围护结构的选型与能耗实验数据详见附录七。

（2）节能主材运行能耗分析

经过 DesignBuilder 模拟实验分析得出各项节能措施的能量关系，这里着重以墙体、屋面、外窗为主要研究对象，将数据依次进行拟合，得出相关函数关系式。从数据模拟分析的结果得出，典型房的基本采暖期能耗为 65.7 kWh/(m^2 · a)，制冷能耗值为 21.05 kWh/(m^2 · a)。利用 Matlab 将各节能措施的能耗值与节能主材厚度值拟合，拟合关系如图 4.4～图 4.11 所示。

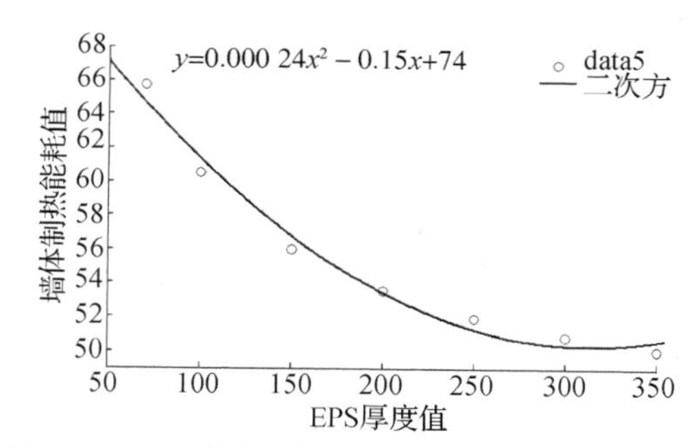

图 4.4 EPS 墙体节能主材与制热能耗拟合关系图

（图片来源：作者自绘）

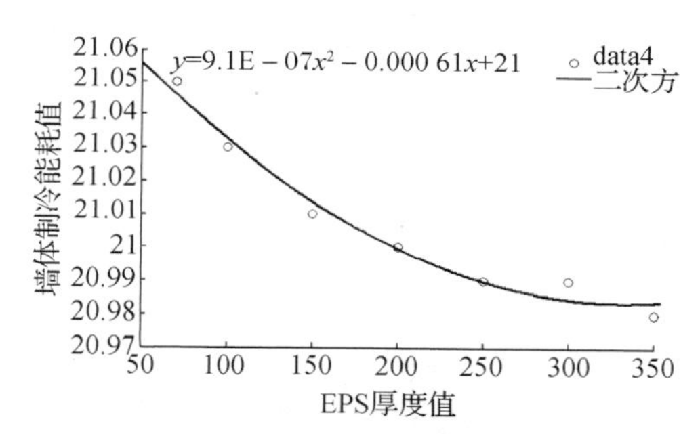

图 4.5 EPS 墙体节能主材与制冷能耗拟合关系图

（图片来源：作者自绘）

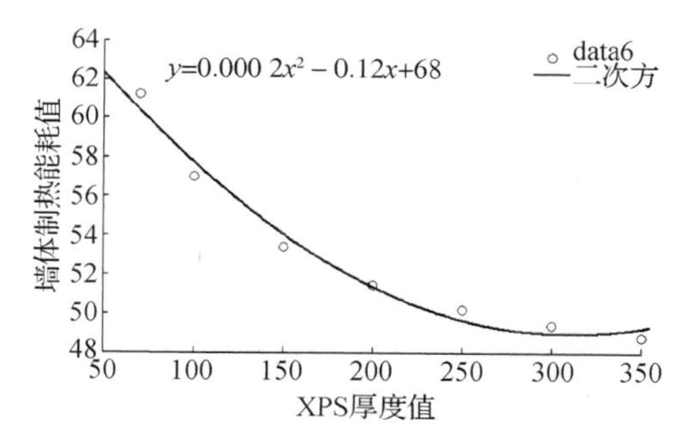

图 4.6 XPS 墙体节能主材与制热能耗拟合关系图

（图片来源：作者自绘）

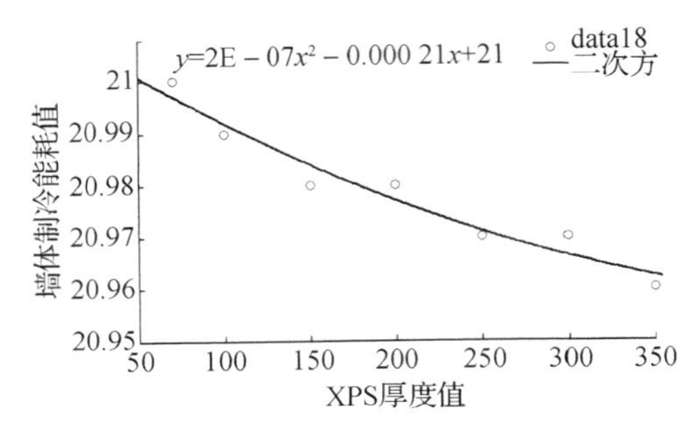

图 4.7　XPS 墙体节能主材与制冷能耗拟合关系图

（图片来源：作者自绘）

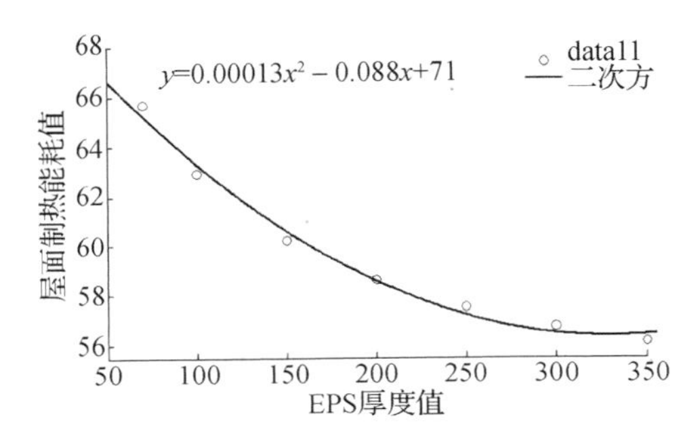

图 4.8　EPS 屋面节能主材与制热能耗拟合关系图

（图片来源：作者自绘）

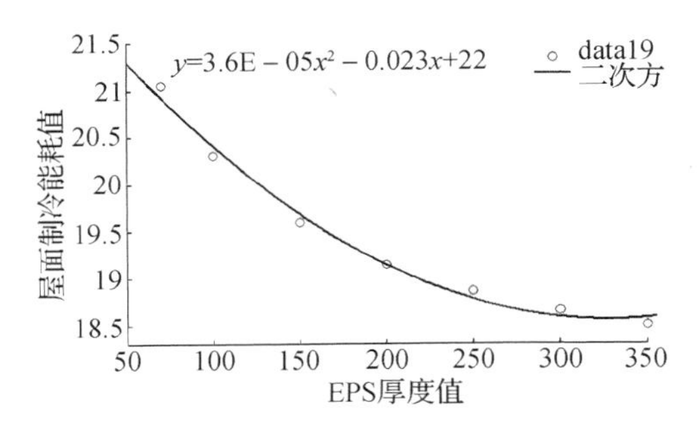

图 4.9　EPS 屋面节能主材与制冷能耗拟合关系图

（图片来源：作者自绘）

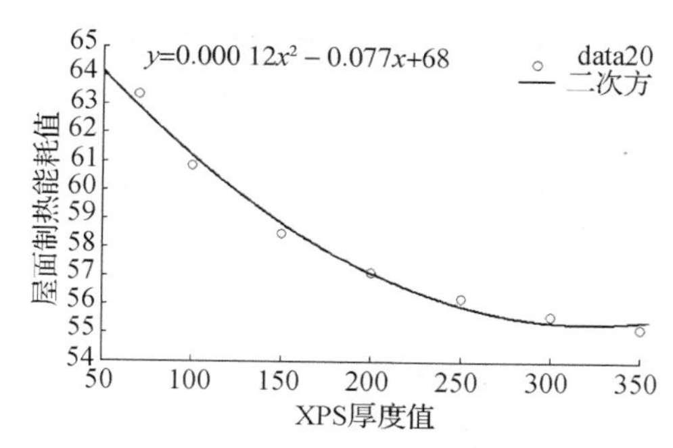

图 4.10 XPS 屋面节能主材与制热能耗拟合关系图

（图片来源：作者自绘）

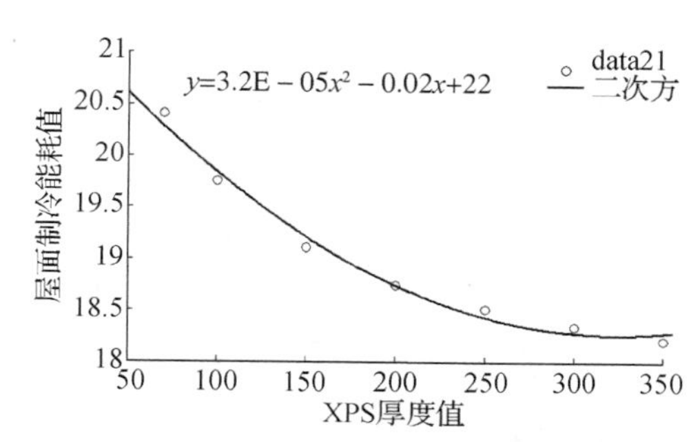

图 4.11 XPS 屋面节能主材与制冷能耗拟合关系图

（图片来源：作者自绘）

（3）能质系数与生产能耗分析

温度参数确定：参考《天津市居住建筑节能设计标准》(DB 29-1—2013)，制冷期时间为 92 天，设采暖期时间为 118 天，设置为 11 月 15 日至第二年 3 月 15 日；根据以前章节模拟分析的数据计算可得出，夏季制冷室外平均温度 25.3 ℃，冬季采暖室外平均温度取－0.2 ℃，环境基准温度 12.8 ℃，夏季室内温度 26 ℃，冬季室内温度 18 ℃。天然气完全燃烧 1 300 ℃(1 573.15 K)，煤燃烧 550 ℃(823.15 K)[①②]。为此由上章节的式(4.4)～式(4.6)，分别计算得出 $\lambda_{gas}=0.621$，$\lambda_{coal}=0.437$，$\lambda_{electricity}=1$。根据文献，生产 EPS 或 XPS 材料所消耗的天然气与电的比例关系为 0.696∶0.304，生产玻璃的比例关系为 0.955∶0.045，由此可以得出 $\lambda_{EPS}=\lambda_{XPS}=0.736$，$\lambda_{window}=0.638$。根据前述公式可得，制热 $\lambda_0=0.062$，制冷 $\lambda_0=0.002\ 3$。根据相

① 薛志锋，刘晓华，付林，等. 一种评价能源利用方式的新方法[J]. 太阳能学报，2006，27(4)：350.

② 北京市地方标准《公共建筑节能评价标准》(DB11/T 1198—2015).

关文献提供的数据①②③可以核算出各节能主材密度、单位质含能、单位质量 CO_2 排放量，具体如表 4.1、表 4.2 所示，含能量与主材变化趋势如图 4.12～图 4.15 所示。

表 4.1　围护节能主材单位质含能及 CO_2 排放量

材料名称	密度 ρ (kg/m³)	单位质含能 (kWh/kg)	单位质量 CO_2 排放量(kg/kg)
EPS 保温板	22	32.52	17.2
XPS 保温板	32	40.92	19.28
砂浆	1 800	3.44	1.67
玻璃	2 500	97.2	21.2

* 资料来源：作者自绘。

表 4.2　窗户玻璃含能量表

窗型	质量(kg)	含能量(kWh)
双层 LOE，Clear 6 mm/13 mm 空气	392.4	38 141.28
双层 LOE($e_2=2$)，Clear 6 mm/13 mm 空气	392.4	38 141.28
双层 LOE($e_2=1$)，Clear 6 mm/13 mm 氩气	392.4	38 141.28
三层 LOE($e_2=e_5=1$)，Clear 3 mm/13 mm 氩气	294.3	28 605.96

* 资料来源：作者自绘。

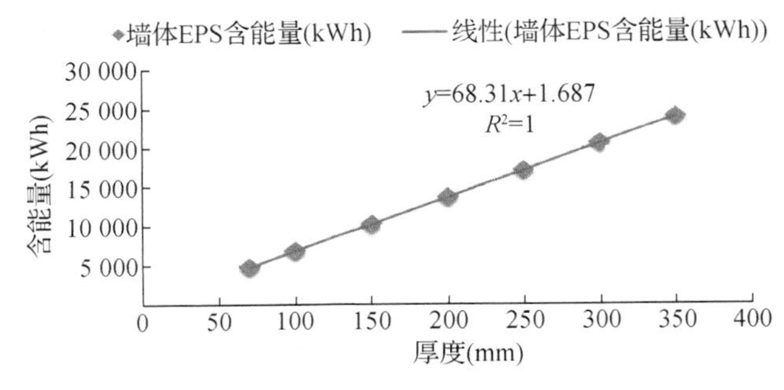

图 4.12　墙体 EPS 含能量与厚度变化关系

(图片来源：作者自绘)

① 周燕，龚光彩. 基于分析和生命周期评价的既有建筑围护结构节能改造[J]. 科技导报，2010，28(23)：99-103.

② 黄志甲. 建筑物能量系统生命周期评价模型与案例研究[D]. 上海：同济大学，2003：6-7.

③ 徐占发. 建筑节能常用数据速查手册[M]. 北京：中国建材工业出版社，2006：67-82.

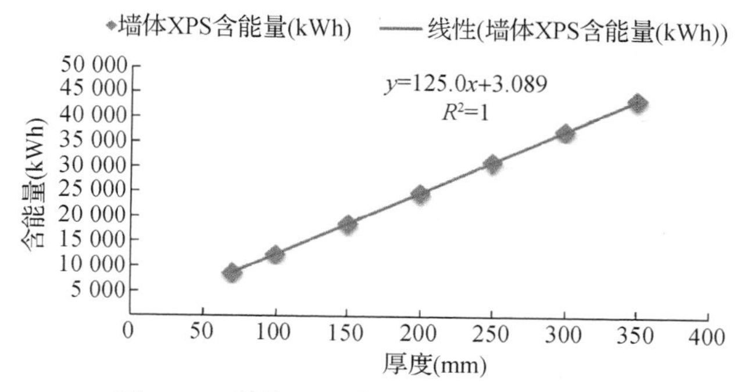

图 4.13　墙体 XPS 含能量与厚度变化关系

（图片来源：作者自绘）

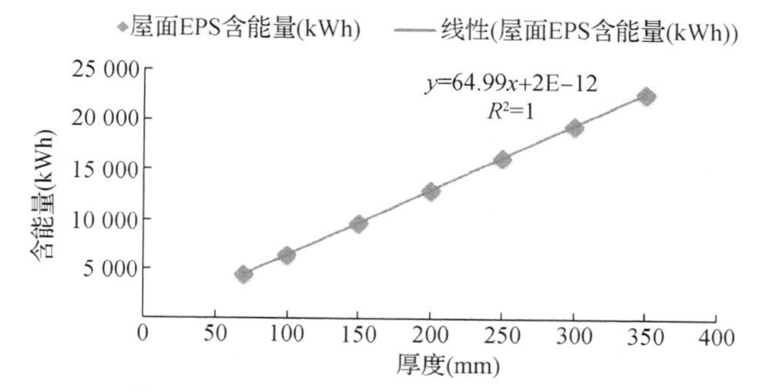

图 4.14　屋面 EPS 含能量与厚度变化关系

（图片来源：作者自绘）

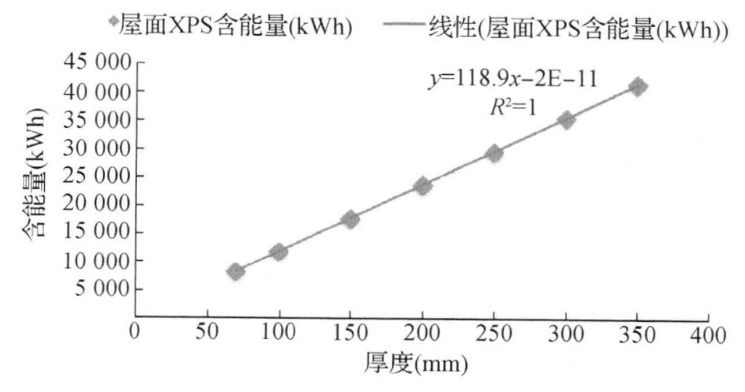

图 4.15　屋面 XPS 含能量与厚度变化关系

（图片来源：作者自绘）

2）供能系统能效分析

（1）耗电量取值的统计与分析

为了获取准确的居民耗电量数据，调研了 5 个住宅区的 16 栋住宅楼的逐月用电量，具体耗电情况如图 4.16 所示，数据详见附录八。

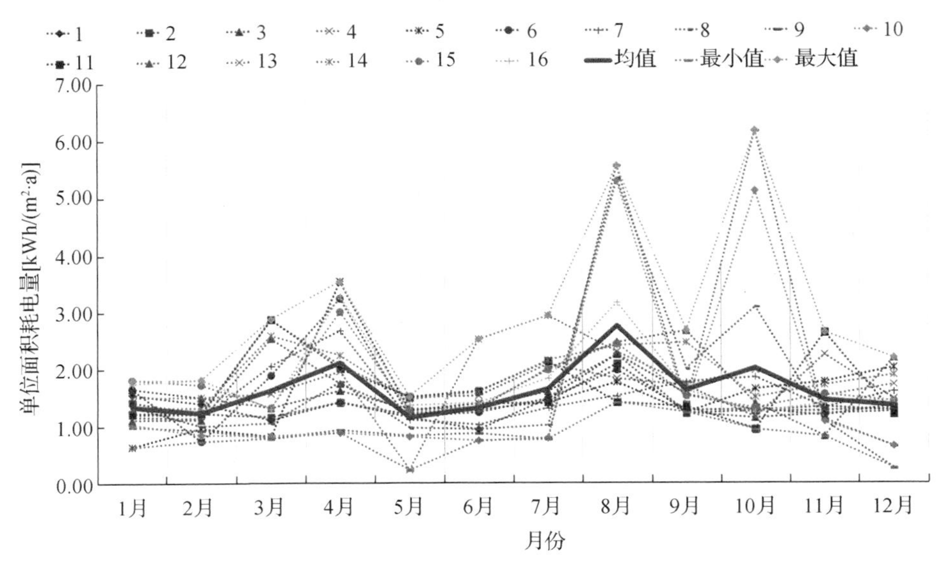

图 4.16　案例月均单位面积耗电量趋势图

（图片来源：作者自绘）

经统计可以发现，各楼用电趋势基本趋同，总体最大年均耗电量 36.2 kWh/(m^2・a)，最小年均耗电量 9.37 kWh/(m^2・a)，均值为 19.6 kWh/(m^2・a)，根据《中国建筑节能年度发展研究报告 2013》中统计的 2011 年全国城镇住宅终端用能途径的能耗情况，城镇住宅单位面积用电能耗为：空调 3.4 kWh/(m^2・a)，照明 6.1 kWh/(m^2・a)，家电 7.3 kWh/(m^2・a)，合计 16.8 kWh/(m^2・a)；此外，对于炊事和生活热水用能方式包括燃气、燃煤和电力，分别为 3.2 kgce/(m^2・a)（折合电力为 10.4 kWh/(m^2・a)）、1.0 kgce/(m^2・a)（折合电力为 3.2 kWh/(m^2・a)），折算系数 1 kWh = 0.308 kgce，故耗电量会大于 16.8 kWh/(m^2・a)。报告中对北京一户 100 m^2 的 3 口之家进行估算与实测，经核算结果为使用电热水模式耗电量为 28.99 kWh/(m^2・a)，实测值 23.09 kWh/(m^2・a)，使用燃气热水模式耗电量为 21.9 kWh/(m^2・a)，实测值 16 kWh/(m^2・a)。这些数值表明，在本次调研实测范围内，实测统计结果均值 19.6 kWh/(m^2・a)在 16 kWh/(m^2・a)～23.09 kWh/(m^2・a)范围内，故结果具有一定的参考性，可作为寒冷地区基本普通居民集合住宅用电核算基本值。经实地调研走访，一般天津等寒冷地区普通 2 代居民家庭每年在用电方面的费用约在800～1 100 元左右，折合用电量约 1 600～2 200 kWh 左右，本书的取值指标在此区间内，符合实际情况。

经调查还发现，普通住宅通常采用的空调为分体式空调，仅满足个别空间舒适度而设置，并不满足整个户型空间舒适性，总体舒适度并不理想，为此相对整体舒适度考虑的情况，具有耗电量小的特点。为了达到理想舒适模式，一般将模拟实验设定为全控模式，为此制冷 HVAC 模式的耗电量比实际大得多，据查阅文献，寒冷地区集中式空调的能耗约为 19.83 kWh/(m^2 · a)。本典型房仿真模拟结果为21.05 kWh/(m^2 · a)，从对比结果看具有一定的可靠性，可作为计算分析数据。由于我国与欧美人居用能模式有一定的差异，所以本书将本着基于我国国情住宅模式的能源需求状况进行实验验证，将空调耗电量折算设定为模拟出的试验值，其余用电按实际情况数据取值。

(2) 供能系统的选取与供能情况

① PV 光伏系统

目前光伏的生产过程的含能值较大，根据相关文献统计分析的结果，光伏系统生产和运输总能耗为 3 153.6 kWh/kWp①。对于零能耗太阳能建筑要求朝向方位为最佳情况，若满足太阳能的有效利用，需根据不同区域常年日照条件来选择最佳方位角。建筑间距需有充足的阳光照射，对于集合住宅模式，由于屋顶部位受建筑构件、美学、造型、维修工作面及集热器等因素的影响，限制了 PV 组件的铺设，故需选定在垂直墙面安设 PV 系统，为此在规划设计时要求建筑间距应满足 PV 系统的满日照要求。综合考虑安设 PV 组件需要兼顾垂直墙面的安置角度不宜过大，以免影响建筑立面效果及对窗产生不必要的遮挡，同时还需选定满足一定经济性的倾角，为此需依据上述几项原则进行倾角的选取。

本书光伏组件系统选取了市场常用的 SunTech 公司产品，且可在 PVSYST 专业仿真软件中查到，利用 PVSYST 仿真软件对典型房南向光伏系统的发电两种工况进行年发电量模拟分析，并对两种光伏系统发电量与面积的关系进行了数据拟合，光伏组件基本参数设定如表 4.3 所示，工况系统如图 4.17 所示，发电趋势如图 4.18、图 4.19 所示。

表 4.3 光伏组件选材表

序号	型号规格	设备名称
1	PLUTO200-Ada	200 Wp 单晶组件
2	STP200-18/Ub	200 Wp 多晶组件

* 资料来源：作者自绘。

从上述分析结果可以发现，发电量随着相对垂直立面角度的增加呈现先上升后下降的趋势，在0°～30°区间增加趋势较大，30°～60°附近增加趋势较缓，60°～90°开始呈下降趋势。在建筑立面安装 PV 组件时不应考虑与立面倾斜过大的角度，应控制在 0°～30°为宜，故本书取安装相对垂直立面 30°为光伏组件安置倾角。具体各组件发电量总体趋势如图 4.20、图 4.21 所示。

---

① 梁佳. 建筑并网光伏系统生命周期环境影响研究[D]. 天津：天津大学，2012：50.

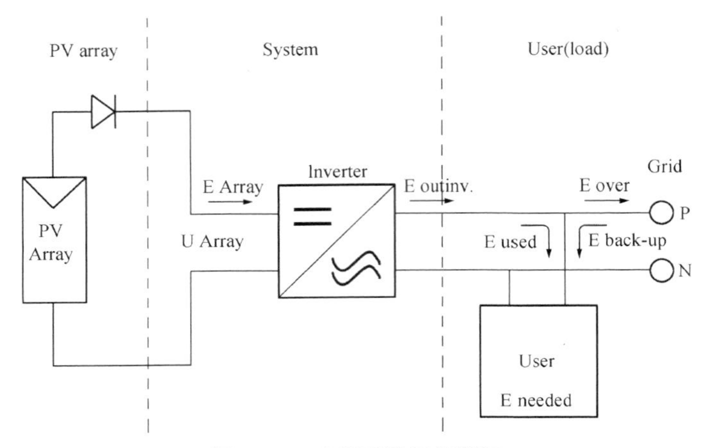

图 4.17　光伏系统运行简图

（图片来源：PVSYST 软件）

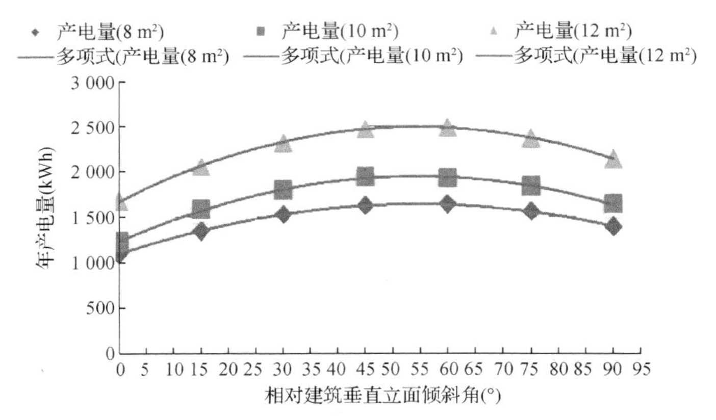

图 4.18　PLUTO200-Ada 系统发电量与角度关系

（图片来源：作者自绘）

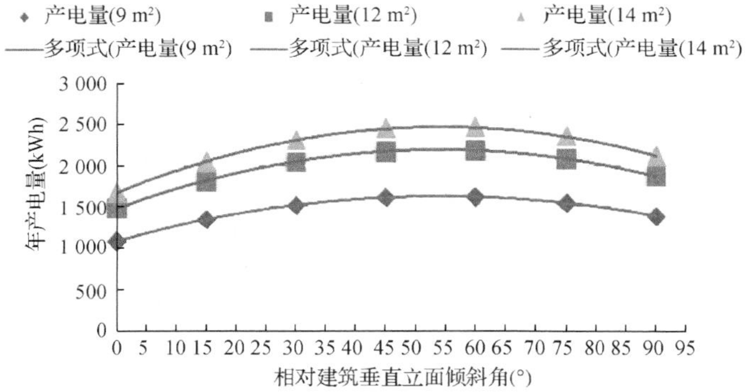

图 4.19　STP200-18/Ub 光伏系统发电量与角度关系

（图片来源：作者自绘）

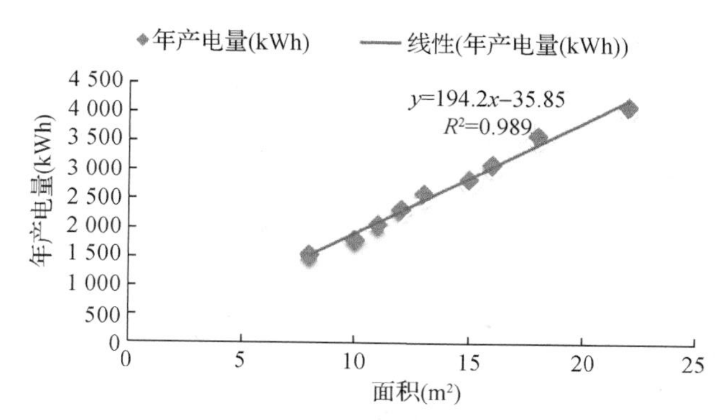

图 4.20　PLUTO200-Ada 系统发电量与面积拟合关系

（图片来源：作者自绘）

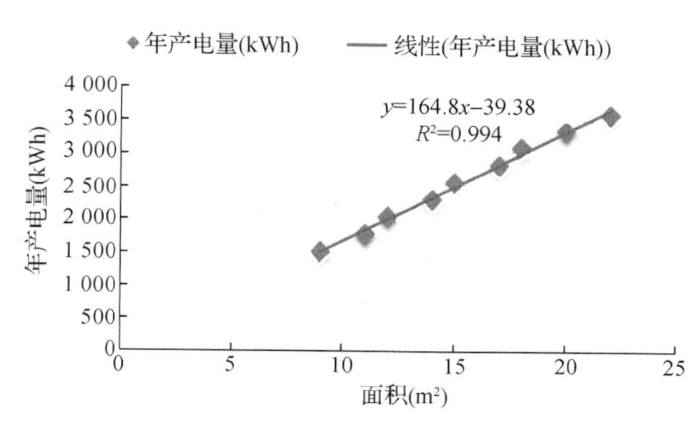

图 4.21　STP200-18/Ub 系统发电量与面积拟合关系

（图片来源：作者自绘）

PV 板安装在南向墙面情况为主要研究对象，目的是考虑集合住宅模式的理想朝向，南向窗墙比会对 PV 板铺设面积有一定的影响，在不影响采光要求的条件下，经综合考虑规范《严寒和寒冷地区居住建筑节能设计标准》规定的最大限制 0.25～0.5，在保证典型房窗墙比 0.3 及光伏系统的运行实际逆变器最小运行负荷光伏面积 8 m² 的两个因素条件下，可设定 PV 件板面与墙体面积比在 0.35～0.7 区间内。在具体 PV 组件匹配设计时，对于太阳能零能耗建筑要求光伏系统的产电量不仅应该满足该居民日常生活用电（照明、家电、炊事、生活热水等）需求，还应满足各供能系统（空调、热泵等）的耗电需求，故可总体描述成关系式：$\sum E_{光伏} \cong \sum E_{生活} + \sum E_{供能系统}$。

② 集热器

集热器的选取，一般分为两种情况，当为全电力模式的 ZEB 建筑时，可不采用集热器；当光伏安置受局限不能满足生活热水电量需求时，设置太阳能集热器。针对我国目前集热器的使用情况，一般生活热水耗能量由太阳能集热器来供给，按《中国建筑节能年度发展研究报告 2013》中统计结果，太阳能集热器可以节约电量约为 3.2 kWh/(m^2 · a)。2009 年清华大学核能与新能源技术研究院的原鲲等[①]经过系统分析真空管太阳能热水器寿命期环境影响后，提出按采用普通户型使用真空集热器（如清华阳光 JB150 真空管集热器），一般寿命期 15 年，能耗 212.67 kg 标煤，折合电为 1 015 kWh(1 kWh=0.308 kgce)，能量回收期仅为 1.1 年。

③ 热泵系统

对于可持续能源系统的选择，地源热泵与电热锅炉（电、燃料）供热系统比较，同条件下，电热锅炉将 90%的电能或 70%～90%的燃料内能转换为热能，地源热泵可消耗 25%的电能便可以达到这个要求，相当于节省 2/3 以上的电能，比燃料锅炉节省 1/2 的能量，比空气源热泵效率高出 40%左右，运行费用为普通空调费的 50%～60%。[②]

热泵技术的核心是通过逆卡诺循环提高能源品位，利用土壤、水体和空气中蕴含的低温热能，通过较少的电能消耗来获得较大的冷/热量。对建筑供能系统的热泵主要包括空气源热泵、水源热泵和土壤源热泵。据 2011 年北京市《居住建筑节能设计标准征求意见稿》中提出，北京为寒冷地区，冬季室外温度过低，降低了热泵机组的制热量，故影响热泵机组的节能优势，对于空气源热泵机组进行供暖时，冷热水机组热泵 COP 值不得小于 2.0，冷热风机组热泵 COP 值不得小于 1.8。《天津市居住建筑节能设计标准》(D829-1—2010)也提出，在有集中热源或气源或冬季设计状态下的采暖空调设备能效比(COP)小于 1.8 时，不宜采用空气源热泵作为集中供热的热源。为此由于寒冷地区的气候因素，空气源热泵受到了一定的局限，所以地源热泵供能系统更适合当地条件。水源热泵与土壤源热泵统称为地源热泵，由于其具有“高效”和“替代”两个重要特点，开始受到业界重视，一般寿命期为 20 年[③]。近些年我国已开始注重发展该项技术的应用，相关支持政策和法规具体参见表 4.4 所示。

地源热泵被 ASHRAE 统一为标准术语 Ground Source Heat Pumps，简称 GSHPS。现阶段地源热泵系统主要分为污水源热泵、地表水源热泵、地下水源热泵、土壤源热泵。在我国使用份额较大的是土壤源热泵，约占 46%[④]，发展较快。热泵的对比分析如图 4.22 所示。

---

① 原鲲，等. 全真空管太阳能热水器的全寿命周期能量环境效益分析[J]. 太阳能学报，2009，2(32)：266－269.

② 赵军，马洪亭，等. 既有建筑供能系统节能分析与优化技术[M]. 北京：中国建筑工业出版社，2011：36.

③ 张长兴. 土壤源热泵系统全寿命周期[D]. 西安：西安建筑科技大学，2009：5，78－138.

④ 徐伟. 中国地源热泵发展研究报告 2013[M]. 北京：中国建筑工业出版社，2013：6，189.

表 4.4　我国支持地源热泵政策与法规情况统计表

项目	时间(年)	文件与部门	条款
气候变化	2009	《国务院关于应对气候变化工作情况的报告》、全国人民代表大会常务委员会	第三部分(七)
	2011	《中国应对气候变化的政策与行动》、国务院	第一部分和第七部分
	2011	《"十二五"控制温室气体排放工作方案》、国务院	第二部分(五)、第三部分(十一)
	2012	《"十二五"国家应对气候变化科技发展专项规划》、科技部、外交部、国家发改委等	第三部分(三)第四部分(二)
	2012	《中国应对气候变化的政策与行动 2012 年度报告》、国家发改委	第一部分(三)
可再生能源	2008	《中华人民共和国节约能源法》、全国人民代表大会常务委员会	第一章第二条,第三章第三节第四十条、第五十八条、第六十一条
	2009	《中华人民共和国可再生能源法》、全国人民代表大会常务委员会	第一章第二条,第二章第九条,第三章第十二条,第六章第二十四条、第二十五条、第二十六条
	2011	《"十二五"节能减排综合性工作方案》、国务院	第三条、第七条
	2012	《可再生能源发展"十二五"规划》、国家能源局	提及
建筑节能	2008	《民用建筑节能条例》、国务院法制办	第一章第四条
	2012	《关于加快推动我国绿色建筑发展的实施意见》、财政部	第四条、第五条
	2012	《"十二五"建筑节能专项规划》、住房和城乡建设部	提及
	2011	《北京市"十二五"时期民用建筑节能规划》、北京市人民政府	第二条、第四条
	2013	《绿色建筑行动方案》、国务院	提及

* 资料来源:作者自绘。

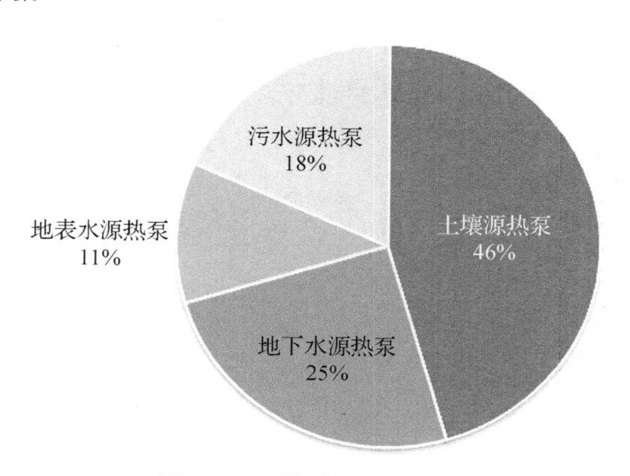

图 4.22　地源热泵使用比例

(图片来源:作者自绘)

为此，本书将选用运行较方便、稳定的土壤源热泵模式进行探讨，其主要由源侧环路、制冷剂环路、负荷侧环路构成，其系统工作原理如图 4.23 所示。

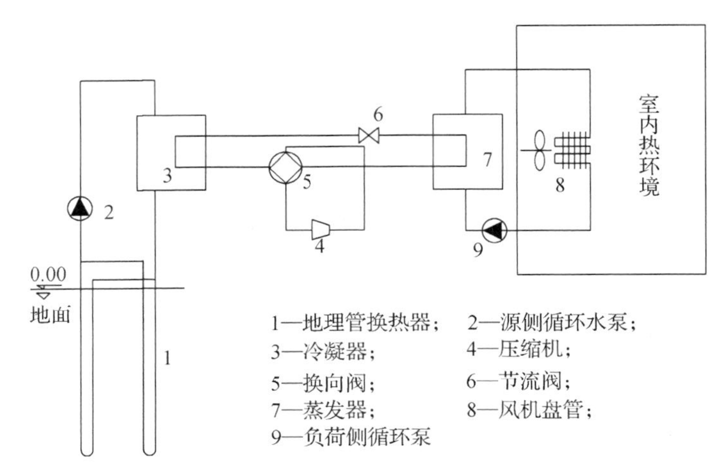

图 4.23 土壤源热泵工作原理

（图片来源：文献 174）

建筑冷热负荷对地源热泵系统设计的关系主要取决于地埋管换热器的设计，着重是如何确定地埋管换热器的埋管长度，所以需先确定地埋管在夏季供冷与冬季供热的释热量与吸热量，从而合理设计地埋管长度。地埋管换热系统最大释热量与建筑设计冷、热负荷相对应，经查阅文献《农村小型地源热泵供暖供冷工程技术规程》①和《土壤源热泵空调系统设计与施工指南》②，可得如下表达式：

$$Q_r = Q_c + N_1 + Q_w + N_2$$

$$N_1 = Q_c / EER$$

式中，Q_r 为地埋管换热系统最大释热量(kW)；Q_c 为建筑冷负荷；N_1 为地源热泵机组输入功率(kW)；Q_w 为循环水泵释热量(kW)；N_2 为地埋管循环水泵功率(kW)；EER 为热泵机组制冷能效比。

$$Q_a = Q_h - N_1 + Q_w - N_2$$

$$N_1 = Q_h / COP$$

式中，Q_a 为地埋管换热系统最大释热量(kW)；Q_h 为建筑冷负荷；N_1、Q_w、N_2 同上；COP 为热泵机组制热能效比。

① 天津大学. CECS313：2012 农村小型地源热泵供暖供冷工程技术规程[S]. 北京：中国计划出版社，2012.

② 区正源. 土壤源热泵空调系统设计与施工指南[M]. 北京：机械工业出版社，2010，11：117－121.

一般当最大吸热量和最大释热量差距不大时，应取两者较大值来设计地埋管换热器，当相差较大，为保证经济的情况下，可利用辅助热源方式解决。

换热器钻孔长度制冷模式下计算式：

$$L_c=[1\,000Q_c(R_f+R_{pe}+R_b+R_s\times F_c+R_{sp}\times(1-F_c))]/(t_{max}-t_{\infty})[(EER+1)/(EER)]$$

换热器钻孔长度制热模式下计算式：

$$L_h=[1\,000Q_h(R_f+R_{pe}+R_b+R_s\times F_h+R_{sp}\times(1-F_h))]/(t_{\infty}-t_{min})[(COP-1)/(COP)]$$

式中，L_c 为钻孔总长度(m)；Q_c 为热泵机组的额定冷负荷(kW)；Q_h 为热泵机组的额定热负荷(kW)；R_f 为传热介质与U形管内壁的对流换热热阻(m·K/W)；R_{pe} 为U形管管壁热阻(m·K/W)；R_b 为钻孔灌浆回填材料热阻(m·K/W)；R_s 为地层热阻(m·K/W)；R_{sp} 为短期连续脉冲负荷引起的附加热阻(m·K/W)；EER 为水源热泵机组的制冷性能系数；t_{max} 为制冷工况下，地埋管换热器中传热介质的设计平均温度，通常取37 ℃；t_{∞} 为埋管区域岩土体的初始温度(℃)；F_c 为制冷运行份额；L_h 为供热工况下，竖直地埋管换热器所需钻孔的总长度(m)；COP 为水源热泵机组的供热性能系数；t_{min} 为供热工况下，地埋管换热器中传热介质的设计平均温度，通常取−2～5℃；F_h 为供热运行份额。

总结上述理论描述过程，可以发现热泵机组可以利用能效比 COP，消耗少量的电量系统便可供给建筑所需的能量。能效比可以用来衡量热泵系统节能优劣，COP 一般在3～6之间。在进行地源热泵系统埋管长度设计时，在同一环境下，降低热负荷与提高能效比可以减少地埋管的使用量。

在节能评价方面，主要考核热泵系统节能率，如下式：

$$SEP=(CE_c-CE_g)/CE_c$$

式中，SEP 为节能率；CE_c 为常规空调系统能耗量(kW)；CE_g 为地源热泵系统能耗量(kW)。

(3) 计算度量

在进行各系统节能效果优劣分析时，一般折合成常规标煤或电力值来衡量，我国目前常用标煤，为便于计算需将其转化为常规电力。而对于ZEB系统所耗用的电力主要来自于PV光伏组件发电量，这种转化还没有统一的标准，为此可通过先进行相对节能分析，即先考虑以常规能源作为计算量度的节能分析，然后再对可再生能源与常规能源折算份额进行分析，确定最终结果。

4.3.2 ELCC数据统计分析

1) 围护结构投资成本

EPS板生产过程是先经过发泡和熟化，然后在温度为70 ℃模具中成型，稳定后再进行裁切。XPS板是在高温高压环境中迅速冷却达到常温常压环境，在发泡的过程中经过辊压、冷却后裁切迅速定型而成。EPS 板保温系统在国外发展已近 40 年，德国高达 84%的保温体系采用 EPS 板，在我国 EPS 板保温系统占外墙保温份额的 50%，XPS 板主要受市场因素所影响占外墙保温份额的 20%。一般 XPS 板市场价格是 EPS 板的 2 倍，工程施工和附加界面粘接砂浆比 EPS 保温体系综合高7 元/m^2。①笔者 2015 年 5 月 11 日在阿里巴巴网并结合电议商家实证，抽取 26 个商家 B1 级 EPS 板市场价格进行统计分析，市场价格区间取 120～370 元/m^3，均价 266 元/m^3，XPS 市场价格区间取 320～600 元/m^3，均价为 490 元/m^3。调查值与文献阐述基本相近，为此数据可靠，可用于计算分析数据，各数据分析如图 4.24～图 4.28 所示。

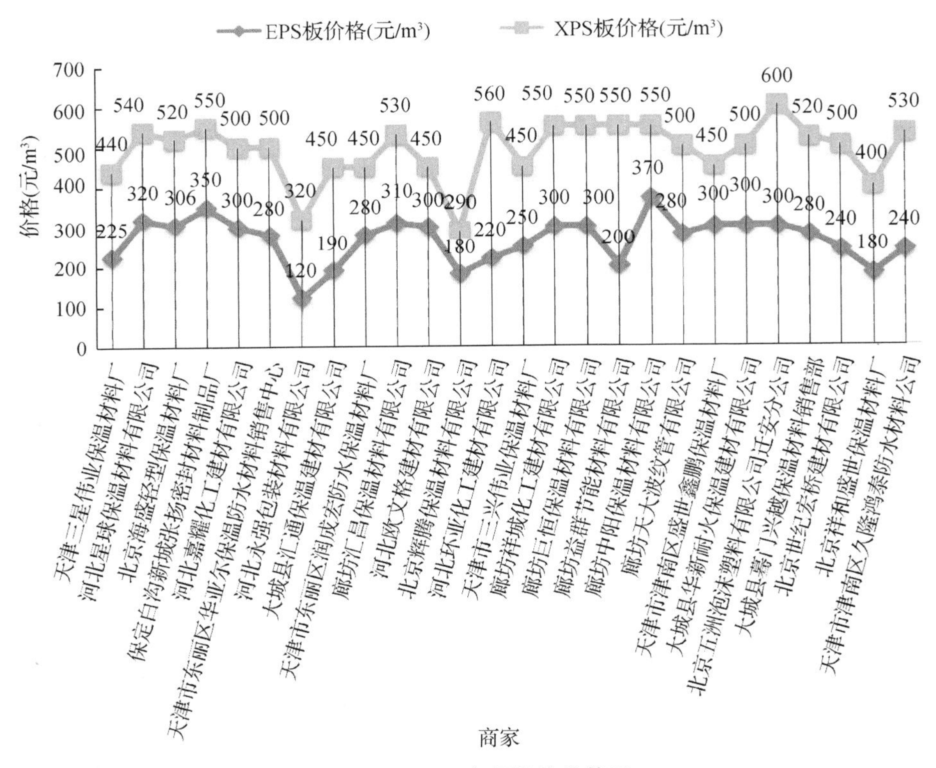

图 4.24　EPS 市场价格趋势图

（图片来源：作者自绘）

① 宋长友，刘祥枝. EPS 板和 XPS 板薄抹灰外保温系统综合对比分析[J]. 建筑节能，2014(1)：33.

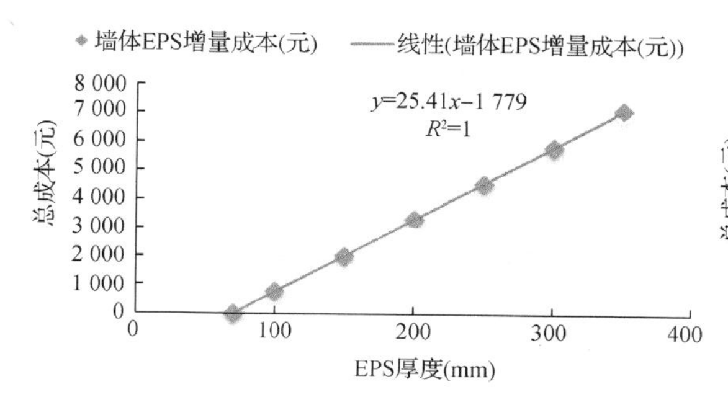

图 4.25　墙体 EPS 厚度与总成本关系

（图片来源：作者自绘）

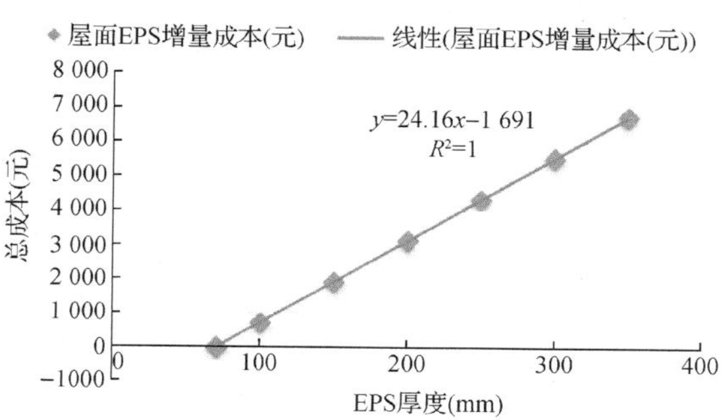

图 4.26　屋面 EPS 厚度与总成本关系

（图片来源：作者自绘）

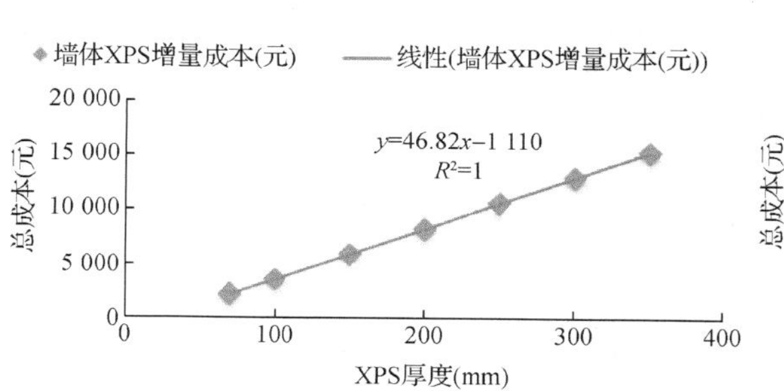

图 4.27　墙体 XPS 厚度与总成本关系

（图片来源：作者自绘）

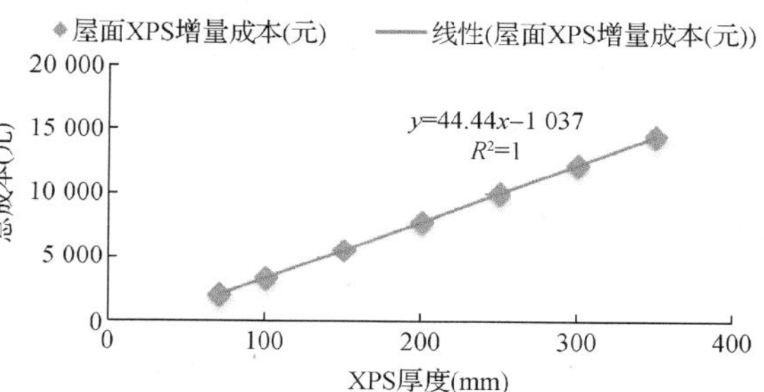

图 4.28　屋面 XPS 厚度与总成本关系

（图片来源：作者自绘）

玻璃成本通过查阅中华玻璃网并结合电议厂家询证，总体情况为我国使用的三层 LOE 玻璃普遍折算模式按玻璃层数折算价格，充气费用每层 10 元/m^2 左右。由于市场景气度因素的影响，近几年价格呈现下降趋势。例如，三玻节能窗，政府指导价为 350 元/m^2，厂家价格却低于此价。由于生产技术设备与国外生产设备存在较大差异，一般生产厂家生产的玻璃水平与国外标准要求存在差距，这也是决定市场价格差异较大的因素。经统计整理汇总，普通中空玻璃的价格区间为 65～150 元/m^2，均价 101 元/m^2；LOE 中空玻璃为 100～205 元/m^2，均价 144 元/m^2；LOE 中空氩气玻璃为 110～215 元/m^2，均价 154 元/m^2；三层 LOE 中空氩气玻璃，均价 236 元/m^2。如图 4.29 所示。

2）供能系统投资成本

本书研究的供能系统成本主要包括：PV 系统成本、太阳能集热系统、地源热泵系统。PV 系统主材主要包括：光伏组件、逆变器、线缆及安装耗材等，本书采用两种光伏进行对比优选研究，经对厂家参考价进行核算，结果如下：单晶硅 PLUTO200-Ada 组件，组件规格 1 580 mm×808 mm，单价 6 000 元，折合 4 700 元/m^2；

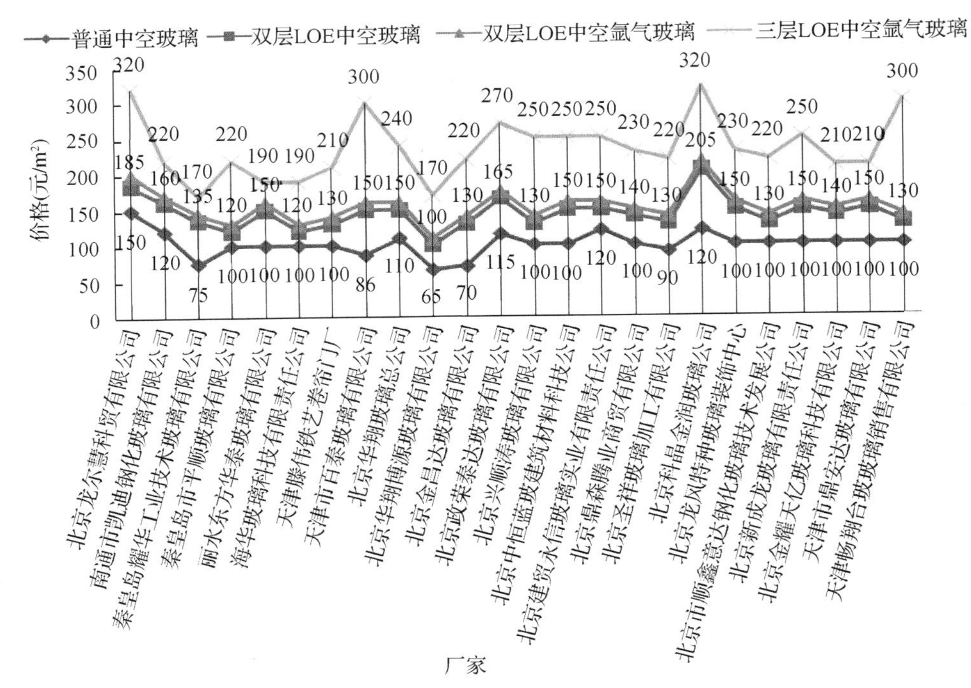

图 4.29　市场玻璃价格趋势图

（图片来源：作者自绘）

多晶硅 STP200-18/Ub 组件，组件规格 1 580 mm×808 mm，单价 3 000 元，折合 2 350元/m²；逆变器、线缆即安装耗材等合计为 15 000 元。经查阅阿里巴巴网站，普通家用太阳能集热器市场价格区间为 2 000～4 000 元/台，可取均价 3 000 元/台。两种 PV 系统组件面积与成本拟合关系如图 4.30、图 4.31 所示。

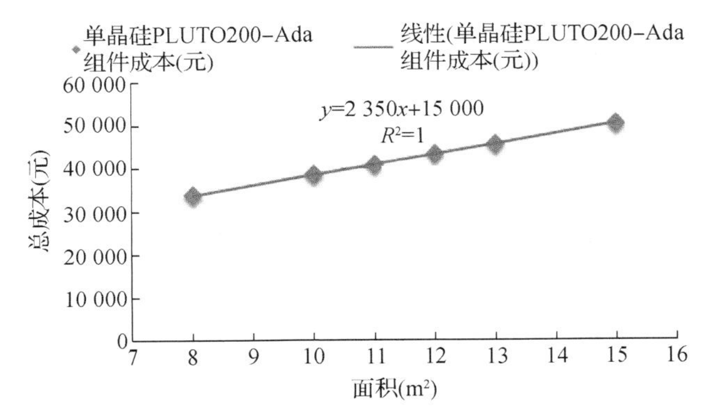

图 4.30　单晶硅 PLUTO200-Ada 组件光伏面积与成本关系

（图片来源：作者自绘）

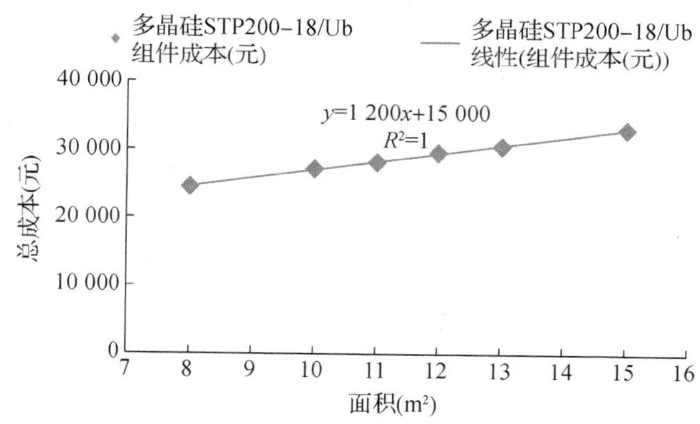

图 4.31　多晶硅 STP200-18/Ub 组件光伏面积与成本关系

(图片来源:作者自绘)

地源热泵:对于地源热泵系统,地埋管越长,系统运行费用越低,但成本会随之增加。西安建筑科技大学博士张长兴①对住宅地源热泵系统 LCC 进行了详细的理论与实践分析,测算了钻孔深度 70～100 m、孔距 4～6 m 的不同工况的地源热泵系统情况,得出以建筑负荷与机组进水温度为主要影响系统成本的参数,并对寒冷地区北京和青岛地区的普通集合住宅面积为 3 770 m² 的地源热泵系统进行寿命期成本分析,热泵系统初始投资双 U 系统北京 101.1 万元,青岛 95.4 万元,单 U 系统北京 102.5 万元,青岛 96.5 万元,为此总计均价 262 元/m²。另据北京发改委在《关于发展地源热泵系统指导意见的通知》中给予使用地源热泵技术的工程,政府补贴 35～50 元/m²,均值 42 元/m²,从而可以推算出地源热泵系统成本均值为 220 元/m²。笔者根据该文献提供的数据,经核算得到热泵系统的投资与负荷总体拟合关系,如图 4.32 所示。

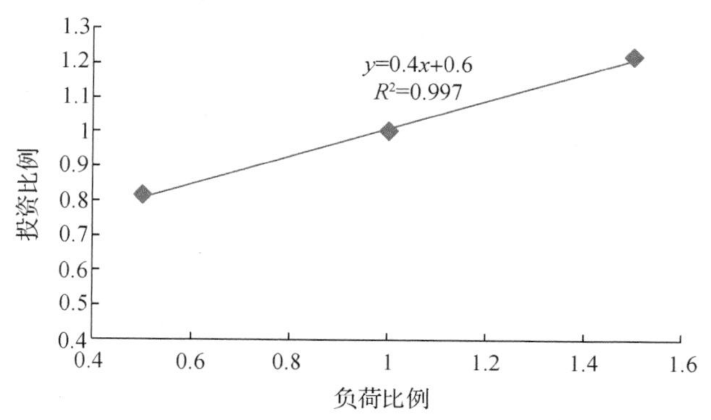

图 4.32　建筑负荷增减对热泵系统投资的对应关系

(图片来源:作者自绘)

① 张长兴. 土壤源热泵系统全寿命周期[D]. 西安:西安建筑科技大学,2009:5,78－138.

3）各系统的寿命期

本章数据拟合的寿命期以年为单位，对于寿命期的长短有不同的取值，一般住宅寿命期可分为设计寿命期 50 年，折旧寿命期 30～40 年，自然寿命期 30 年。在计算全寿命期成本时，国内外一些学者和机构一般取 30 年为住宅寿命期进行计算分析，如文献《EPBD 的走向近零能耗》和王恩茂的《基于全寿命周期费用的节能住宅投资决策研究》。EPS 或 XPS 保温体系寿命期欧美国家一般认定为 25 年，国内学者一般设定为 20 年，①LOE 玻璃一般为 25 年，光伏系统 25 年，集热器 15 年，地源热泵 20 年。② 在进行核算分析时，各系统寿命期成本可进行相应折算取值。

4.3.3 能量与成本数学模型分析数据库

本节通过实验分析、市场调研实证、文献查阅的研究方法，对典型房的围护结构、供能系统的寿命期能量与成本进行数据计算与整理，得出基于围护结构保温主材厚度值的 ELCE 和 ELCC 各方案工况的数学模型，为后期多目标优化的运行提供基础平台和数据依据。

根据墙体的不同材料厚度与能耗拟合方程，可求得相应 ELCE 数学模型，运行和生产阶段 ELCE 数学模型，具体结果如表 4.5 所示。

表 4.5 各系统工况数学模型统计表

	运行阶段能耗数学模型				
部位	材料	能耗方程	原能耗值	ELCE 方程	约束条件
墙体	EPS 制热	$y=0.00024x^2-0.15x+74$	65.7	$y=-0.00024x^2+0.15x-8.3$	$x\in(70,350)$
	EPS 制冷	$y=9.1E-07x^2-0.00061x+21$	21.05	$y=-9.1E-07x^2+0.00061x+0.05$	
屋面	EPS 制热	$y=0.00013x^2-0.088x+71$	65.7	$y=-0.00013x^2+0.088x-5.3$	$x\in(70,350)$
	EPS 制冷	$y=3.6E-05x^2-0.023x+22$	21.05	$y=-3.6E-05x^2+0.023x-0.95$	

① 徐苗苗，周建民．发泡聚苯乙烯保温板全寿命周期评价[J]．新型建筑材料，2015(2)：75．

② 吴晓寒．地源热泵与太阳能集热器联合供暖系统研究及仿真分析[D]．长春：吉林大学，2008：6．

续表 4.5

部位	运行阶段能耗数学模型				约束条件
	材料	能耗方程	原能耗值	ELCE方程	
墙体	XPS制热	$y=0.0002x^2-0.12x+68$	65.7	$y=-0.0002x^2+0.12x-2.3$	$x\in(70,350)$
墙体	XPS制冷	$y=2\text{E}-07x^2-0.00021x+21$	21.05	$y=-2\text{E}-07x^2+0.00021x+0.05$	$x\in(70,350)$
屋面	XPS制热	$y=0.00012x^2-0.077x+68$	65.7	$y=-0.00012x^2+0.077x-2.3$	$x\in(70,350)$
屋面	XPS制冷	$y=3.2\text{E}-05x^2-0.02x+22$	21.05	$y=-3.2\text{E}-05x^2+0.02x-0.95$	$x\in(70,350)$
窗	玻璃制热	$f_0(x-a)=\begin{cases}1, & x=a,\\ 0, & x\neq a\end{cases}$ $f(x)=65.7f_0(x-2.7)+63.16f_0(x-1.95)+62.72f_0(x-1.5)+62.18f_0(x-0.8)$	65.7	$f_0(x-a)=\begin{cases}1, & x=a,\\ 0, & x\neq a\end{cases}$ $f(x)=65.7-[65.7f_0(x-2.7)+63.16\cdot f_0(x-1.95)+62.72f_0(x-1.5)+62.18\cdot f_0(x-0.8)]$	$x=2.7,1.95,1.5,0.8$
窗	玻璃制冷	$f_0(x-a)=\begin{cases}1, & x=a,\\ 0, & x\neq a\end{cases}$ $f(x)=21.05f_0(x-2.7)+20.59f_0(x-1.95)+19.38f_0(x-1.5)+17.82f_0(x-0.8)$	21.05	$f_0(x-a)=\begin{cases}1, & x=a,\\ 0, & x\neq a\end{cases}$ $f(x)=21.05-[21.05f_0(x-2.7)+20.59\cdot f_0(x-1.95)+19.38f_0(x-1.5)+17.82\cdot f_0(x-0.8)]$	$x=2.7,1.95,1.5,0.8$
	主材生产阶段含能量数学模型				
部位	材料	能耗方程	原能耗值	ELCE方程	约束条件
墙体	EPS	$y=68.31x+1.69$	4 785.72	$y=68.31x-4784.03$	$x\in(70,350)$
屋面	EPS	$y=64.99x-1\text{E}-11$	4 785.72	$y=64.99x-4785.72$	$x\in(70,350)$
墙体	XPS	$y=125.0x+3.09$	4 785.72	$y=125.0x-4782.63$	$x\in(70,350)$
屋面	XPS	$y=118.9x+5\text{E}-12$	4 785.72	$y=118.9x-4785.72$	$x\in(70,350)$
窗	玻璃	$f_0(x-a)=\begin{cases}1, & x=a,\\ 0, & x\neq a\end{cases}$ $f(x)=38141.28f_0(x-2.7)+38141.28\cdot f_0(x-1.95)+38141.28f_0(x-1.5)+28609.94\cdot f_0(x-0.8)$	38 141.28	$f_0(x-a)=\begin{cases}1, & x=a,\\ 0, & x\neq a\end{cases}$ $f(x)=38141.28f_0(x-2.7)+38141.28\cdot f_0(x-1.95)+38141.28f_0(x-1.5)+28609.94\cdot f_0(x-0.8)-38141.28$	$x=2.7,1.95,1.5,0.8$

* 资料来源:作者自绘。

基于墙体、屋面节能主材厚度的成本关系，可将窗分成 4 种类型进行讨论，进行拟合得出各工况 ELCC 数学模型，具体情况如表 4.6 所示。

表 4.6 各系统工况成本 ELCC 数学模型统计表

部位	项目	数学模型	约束条件
墙体	EPS	$y=25.41x-1\ 779$	$x\in(70,350)$
	XPS	$y=46.82x-1\ 110$	$x\in(70,350)$
屋面	EPS	$y=24.16x-1\ 691$	$x\in(70,350)$
	XPS	$y=44.44x-1\ 037$	$x\in(70,350)$
窗	玻璃	$f_0(x-a)=\begin{cases}1, & x=a,\\ 0, & x\neq a\end{cases}$ $f_c(x)=0f_0(x-2.7)+562.44f_0(x-1.95)+693.24\cdot f_0(x-1.5)+1\ 765.8f_0(x-0.8)$	$x=2.7,1.95,1.5,0.8$

* 资料来源：作者自绘。

供能系统：太阳能光伏组件选择两种类型进行对比，单晶硅 PLUTO200-Ada 组件和多晶硅 STP200-18/Ub 组件，对其面积与发电量、面积与成本关系进行拟合，得出数学模型。地源热泵根据文献核算总结得出了投资比与负荷比之间的函数关系，具体关系如表 4.7 所示。

表 4.7 PV 与地源热泵供能系统数学模型统计表

系统	数学模型	y	x
单晶硅 PLUTO200-Ada 组件	$y=194.2x-35.85$	发电量	面积
多晶硅 STP200-18/Ub 组件	$y=164.8x-39.38$	发电量	面积
单晶硅 PLUTO200-Ada 组件	$y=2\ 350x+15\ 000$	成本	面积
多晶硅 STP200-18/Ub 组件	$y=1\ 200x+15\ 000$	成本	面积
地源热泵系统	$y=0.4x+0.6$	投资比	能耗比

* 资料来源：作者自绘。

4.4 本章小结

本章以寿命期能量与成本分析为研究对象，提出了 ZEB 寿命期能量分析应考虑采用烟分析方法，建立了相对节能量 LCE 方法的数学理论模型；采用节能收益成本分析方法，建立了基于能量分析的寿命期节能收益成本分析的数学理论模型。并结合上述理论模型，通过仿真模拟实验、MATLAB 拟合、文献查阅与归纳、市场调研走访等科学研究方法，经数据收集整理与计算分析，建立了一系列典型房能量与成本基本数学关系模型的子函数数据集合，为后续章节多目标优化提供数据平台，本章具体理论研究框架脉络如图 4.33 所示。

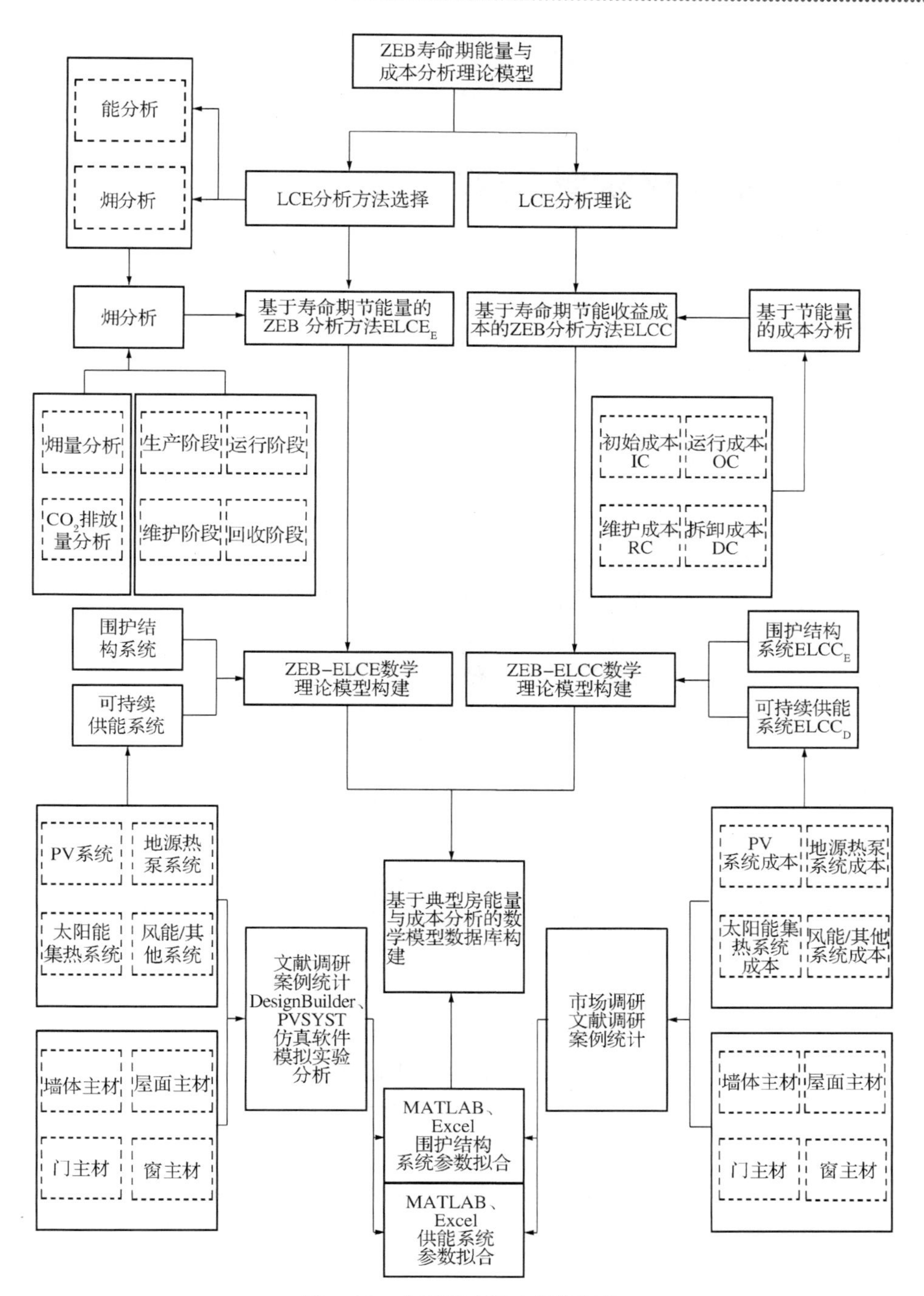

图 4.33　本章研究基本框架脉络

（图片来源：作者自绘）

5 多目标优化设计研究

5.1 多目标优化的设计原理

1）多目标优化基本原理

在运筹学中，一个重要的组成部分就是多目标优化问题，它可以帮助研究者进行科学管理与决策，从而指导工程设计实践。它往往在决策空间中，通过方案决策、建立目标函数、得出相应的向量目标值完成所研究的多目标问题，具体过程如图 5.1 所示。在图中 x 为决策空间元素，通过条件 f 所产生的目标向量 y 来得出决策优化解。

图 5.1 黑箱优化的模块结构

（图片来源：作者自绘）

设计问题的优化模型最终应以数学模型的方式得出，数学模型通常由目标函数、约束函数、设计变量组成，一般数学表达式为

$$\begin{aligned}&\min\max f(x)=[f_1(x_1),f_2(x_2),\cdots,f_k(x_k)]^{\mathrm{T}}\\ &\text{s. t.}\quad x=(x_1,x_2,\cdots,x_n)\in R^n\\ &\qquad g_i(x)\leqslant 0,i=1,2,\cdots,p\\ &\qquad h_j(x)=0,j=1,2,\cdots,q\end{aligned}$$

式中，$f(x)$为目标函数；k 为目标函数的个数；$g_i(x)$、$h_j(x)$为约束函数；R^n 表示 n 维设计变量形成的设计空间。如果存在 $x^* \in X$，其中可行域 $X=\{x\in R^n \mid g_i(x)\geqslant 0,h_j(x)=0,i=1,2,\cdots,p,j=1,2,\cdots,q\}$，对于任意 x 存在 $f(x)\leqslant f(x^*)$，则 x^* 为全局多目标问题的 Pareto 非劣解。

Pareto 最优解集又称非劣解、非支配解集、非占优解集，通常问题的最优解应位于目标函数的切点，它们总是落在搜索区域的边界线（面）上，如图 5.2 所示。

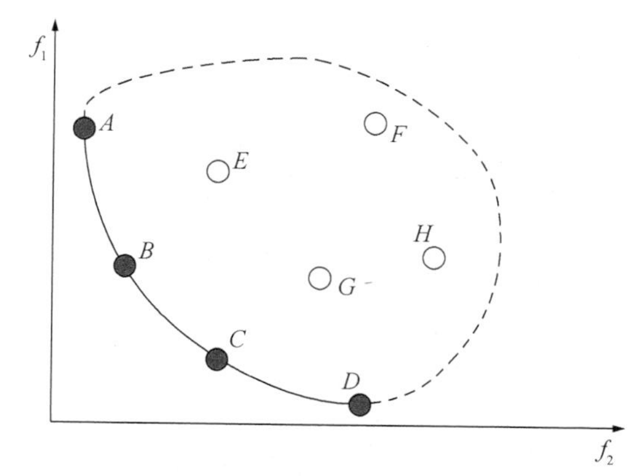

图 5.2 两个目标函数情况的 Pareto 解集前端分布示意图

(图片来源:作者自绘)

上图是描述最小化的二维目标优化问题的最终 Pareto 前端分布示意图,则 f_1 和 f_2 目标值均为越小越优,实线和虚线组成部分为可行域示意,实线则表示为 Pareto 最优边界,也就是所有 Pareto 最优解对应的目标矢量构成的曲面,一个多目标优化问题对应一个 Pareto 前端界面。A、B、C、D 四点位于 Pareto 前端面上,该四点的解都为 Pareto 最优解,它们四者之间是非支配或非占优关系。E、F、G、H 四点的解为非 Pareto 最优解,是被支配的。如 A 点的解支配 F 点的解,或是相比 F 点的解,A 点的解是 Pareto 占优。同理,B、C、D 点与 E、F、G、H 点之间存在支配关系或是占优关系。

多目标优化基本流程:首先对种群进行初始化(包括初始代码、确定适应函数),然后对种群进行优化处理,对种群不断更新迭代,直到得出满足条件后,输出最优结果。基本流程如图 5.3 所示。

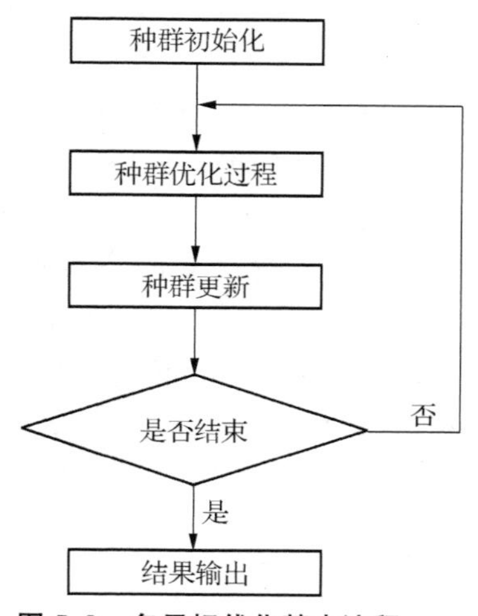

图 5.3 多目标优化基本流程

(图片来源:作者自绘)

2) 多目标优化方法的选取

多目标优化方法分为经典优化算法和新型优化算法,经典标准优化算法包括 VEGA、SPEA、PAES、NPGA、NSGA,MOGA 等①。目前还有拓展出的一些新型进化算法,如粒子群、蚁群、人工免疫系统等,这些算法正处于初步阶段,应用不够广泛,有一定的局限性。评价多目标算法的优劣主要是由所采用的算法与多目标优化问题

① 公茂果,焦李成,杨咚咚,等.进化多目标优化算法研究[J].软件学报,2009(02):271-289.

是否能够有机结合，且种群是否快速收敛，且均匀分布于问题的非劣最优区域等问题决定。经查阅文献①②③可以得出多目标优化方法的对比情况，参见表5.1。

表5.1　几种多目标优化对比分析表

多目标方法	原理	优缺点
向量评估遗传算法（VEGA）	交叉，变异，采用子群体，标准适应度赋值	优点：选择机制简单、易操作
		缺点：无法保证优良个体遗传到下一代
强度Pareto进化算法（SPEAⅡ/SPEA）	交叉，变异，锦标赛选择，外部存档，Pareto排序，基于优胜的适应度赋值	优点：采用精英策略和多样性保护方法，性能好、效率高且计算较简单
		缺点：容易受选择压力的影响；由于聚类排除种群的方法，容易导致非劣解的丢失
Pareto存档进化策略（PAESⅡ/PAES）	变异，小生境（共享函数）选择，外部存档，无交叉，基于优胜的适应度赋值	优点：采用精英策略和多样性保护方法，性能好、效率高
		缺点：仅使用变异算子，具有局部求解的局限性
小生境Pareto遗传算法（NPGAⅡ/NPGA）	交叉，变异，基于确定性Pareto级别排序比较集的锦标赛，锦标赛适应度赋值	优点：快速、效率高
		缺点：受共享参数、锦标赛模式的限制，在实践中使用受到局限
非劣分类遗传算法（NSGAⅡ、NSGA）	模拟二进制交叉、参数变异、基于小生境的锦标赛选择，基于优胜和Pareto级别排序的适应度赋值	优点：高效、快捷、性能完备
		缺点：计算复杂程度受到样本数量和种群大小的影响
多目标遗传算法（MOGA）	两点置换交叉和变异，锦标赛选择，采用约束配对，Pareto级别排序线性插值的适应度赋值	优点：算法执行容易且效率高
		缺点：算法易受小生境大小影响

＊资料来源：作者自绘。

综上所述，各种优化方法都有其优缺点，总体上可发现NSGAⅡ结合了精英策略和多样性保护方法，从而比其他算法具有高效、性能优良、计算便捷的特性。在一些实践研究中④⑤也证明了NSGAⅡ的计算结果优于其他几种代表性算法，常常被研究者作为衡量评价其他算法优劣的标准。NSGAⅡ在电力系统、生产调度系统、物流交通系统、水工程系统等一些领域的优化方面得到了很好的应用，在建筑能源系统方面有待进一步拓展，本书将基于NSGAⅡ构建ZEB建筑多目标优化算法，使其拓展应用于ZEB建筑优化设计领域。

3）多目标优化方法的运行机理

NSGA是非支配排序遗传算法的简称。在1995年，多目标优化研究学者

① 郑向伟，刘弘．多目标进化算法研究进展[J]．计算机科学，2007(07)：187－192．

② 蓝艇，刘士荣，顾幸生．基于进化算法的多目标优化方法[J]．控制与决策，2006(06)：601－604．

③ 崔逊学．多目标进化算法及其应用[M]．北京：国防工业出版社，2006：48－64．

④ 贠汝安，董增川，王好芳．基于NSGA2的水库多目标优化[J]．山东大学学报，2010，40(6)：124－128．

⑤ 尚荣华，胡朝旭，焦李成，等．多目标优化算法在多分类中的应用研究[J]．电子学报，2012，40(11)：2264－2269．

Srinivas 和 Deb 经过系统的研究得出了一种遗传算法，它是以 Pareto 为最优解集的运行工作模式。它具有优化目标个数任选，非劣最优解分布均匀，并允许存在多个不同的等价解的优点。

2000 年，Deb 等①学者经过研究对算法进行了改进，这种改进算法简称为 NSGA Ⅱ，它是一种基于精英策略的非支配集排序遗传算法。2002 年，Deb 等②学者对该算法原理进行了整理和系统阐释。

该算法主要包括以下几项特点：

(1) 非劣解快速分类

通过快速非劣解种群分类，将个体与其他个体进行比较分析，NSGA Ⅱ 运用该技术将计算运行时间大大缩短，提高了运算速度。

(2) 拥挤距离的计算

该算法建立了拥挤距离的概念，通过该方法使每个个体之间的距离保持均匀分布，从而避免了堆积现象的发生。如图 5.4 所示，在方框内的点 i 与同级别相邻两点 $i-1$，$i+1$ 间存在距离空间。

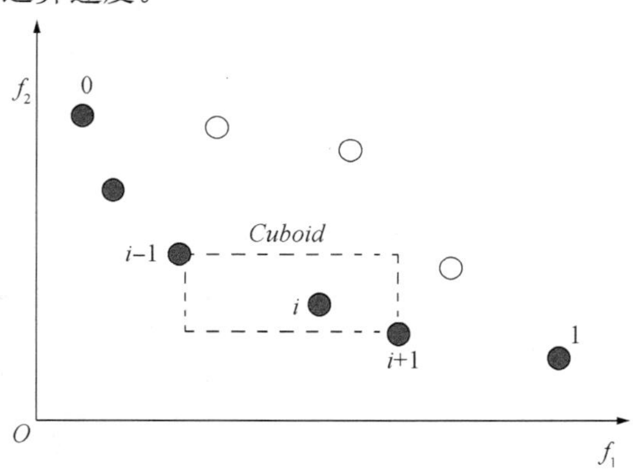

图 5.4 拥挤距离示意图

(图片来源：文献 **188**)

使用这一方法可自动调整小生境(小生境是将生物学物种与其生活的自然生态环境生存机理模式的概念引入到优化算法技术中的一种仿生技术手段，它在遗传算法中可表示为共享函数，用于帮助获得全局最优解)，使计算结果在目标空间比较均匀地散布，具有较好的鲁棒性。

拥挤距离表达式如下：

$$P[i]_{\text{distance}}=(P[i+1]\cdot f_1-P[i-1]\cdot f_1)+(P[i+1]\cdot f_2-P[i-1]\cdot f_2)$$

$$P[i]_{\text{distance}}=\sum_{k=1}^{r}(P[i+1]\cdot f_k-P[i-1]\cdot f_k)$$

(3) 选择运算

为了使解均匀分布，要对解进行选择运算，通过对个体间非劣等级的选取，使得高等级的点能够被得到，且使得解的区域向非劣区域均匀分布。

---

① Deb K, Agrawal S, Pratap A, et al. A fast elitist non-dominated sorting genetic algorithm for multi-objective optimization: NSGA-Ⅱ[J]. Lecture notes in computer science, 2000, 1917: 849 - 858.

② Deb K, Pratap A, Meyarivan T. A fast and elitist multiobjective genetic algorithm: NSGA-Ⅱ[J]. IEEE Transaction on Evolutionary Computation, 2002, 6(2): 182 - 197.

(4) 精英保留策略

首先,把子、父两代都统一成一个种群。其次,将种群按等级分成类别,将各个更替的拥挤距离计算出来。按等级高低进行排列,这样新父代种群被重新建立。然后进行选择、交叉和变异,以此类推新的子代种群就形成了。NSGA Ⅱ运行程序示意图如图 5.5 所示。

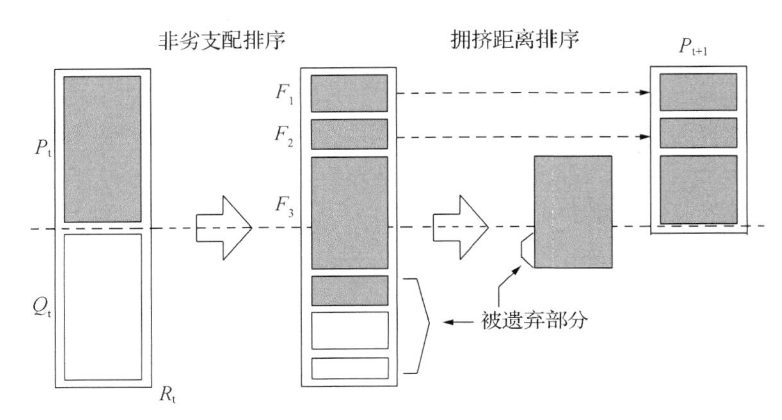

图 5.5 NSGA Ⅱ 运行程序

(图片来源:文献 188)

5.2 基于寿命期能耗与成本的 ZEB 多目标优化模型构建

5.2.1 基于实值编码的 NSGA Ⅱ 理论模型构建

1) 实值编码选取与交叉算子

在实际运行中,遗传算法需要把实际参数进行编码转换成计算机语言。通常二进制编码经常被研究者采用,然而在实际工程实践中所涉及的问题是复杂的,其中离散变量和连续变量较为复杂,所以二进制编码会有些局限。为了解决该项问题,一些学者研究引入了实值编码①②③④并将其应用于实际工程问题中,得到了较

① Deb K, Goyal M. Optimizing engineering designs using a combined genetic search[A]. Proc of the Seventh Int Conf on Genetic Algorithms, 1997: 521 - 528.

② Herrera F. Tackling real-coded genetic algorithms: operators and tools for behavioural analysis[J]. Artificial Intelligence Review, 1998, 12(4): 265 - 319.

③ 彭昭旺,杨洪柏,钟廷修. 实值编码遗传算法的行星齿轮传动优化[J]. 上海交通大学学报, 1999(7): 833 - 836.

④ 张东民,廖文和. 基于实值编码遗传算法的起重机伸缩臂结构优化[J]. 南京航空航天大学学报, 2004,36(2):185 - 189.

好的效果。

相对标准编码和二进制遗传算法，实值编码有如下优点：

(1) 相对二进制编码解的准确度与精确度得到了提高，在处理复杂工程问题上能够很好地发挥作用；

(2) 省去了编码和解码工作程序；

(3) 省去了多余代码问题；

(4) 一般算法往往会出现语义不充分，实值编码可以弥补这一问题。因此，实值编码更适合实际工程的数值优化问题。

为了能够更有效地反映工程问题的实际情况，科学、准确地解决复杂问题，本书将采用实值编码策略，并结合引入了 Michalcwicz 交叉算子①，公式如下所示：

$$\begin{cases} Y_1 = aX_1 + (1-a)X_2, \\ Y_2 = aX_2 + (1-a)X_1 \end{cases} \quad 0 \leqslant a \leqslant 1$$

2) 优化程序设计

针对求解复杂系统，需要对所研究对象构造求解该问题的程序步骤，建立遗传算法框架，具体步骤设计如下：

第一步：确定各系统决策变量及对应约束条件

根据研究对象特性，分析研究设计变量的范围、个数及取值范围。

第二步：建立优化模型，即确定目标函数及其数学描述

根据所要研究描述对象的特征，建立相应各个子系统的目标函数，再根据研究者的需要及重要级别确立主目标函数，协同分析各子目标函数间的耦合关系，建立最终多目标函数优化模型及其数学描述。

第三步：初始化参数

通过外部输入框进行参数输入，包括种群规模和最大代数，进行初始代码的生成以及目标函数的计算。

第四步：进行个体选择

从待选择个体中根据非劣等级和拥挤距离选择出一半的个体，在选择过程中，每次先从待选择的中间拿出两个随机个体，然后比较这两个个体的适应度，选择适应度小的，如果两个适应度一样，就选择拥挤距离大的，保证粒子的多样性。

第五步：遗传操作

首先将产生的随机数值与给定的交叉概率进行比较，如果小于给定的交叉概率就进行交叉，交叉时随机生成两个需要交叉的个体序号，引入 Michalcwicz 交叉

① Michalewicz Z, Janikow C Z, Krawczyk J B. A modified genetic algorithm for optimal control problems[J]. Computers & Mathematics with Applications, 1992, 23(12): 83 - 94.

算子，采用算数交叉的方法产生新个体后，进行最大最小范围限制，得到最终的新个体，进而计算两个新个体的目标函数值，并保存。

变异是针对某一个个体进行操作，首先产生需要变异的个体，其次对该个体进行附近点扰动生成新个体，再次对这个新个体大于或小于最大最小范围的重新产生，这样得到的新个体可以保证满足最大最小范围，并且可以体现多样性的特点。同理，进行目标函数计算和保存。

第六步：非劣排序，计算拥挤距离，保留精英

把产生的新个体和原有的父代个体放在一起进行非劣排序，然后进行更新选择，只保留要求规模的个体，进入该函数的个体比较多时，要比规模数值的大小，所以需从中选择出一定规模数值的个体，选择的方法根据适应度和拥挤距离。基本思想是先选择等级最高的，如果等级高的个体已经够规模了，那么从这些中间继续选择拥挤距离大的作为新个体；如果不够规模，那么就把当前最好的先保留，然后继续选择第二等级的；如果加上第二等级还不够，继续全部保存，然后看下个等级，以此类推，如果第二等级的加上后，就超出规模，那就应该把第二等级的拥挤间距按顺序排列起来。一般情况下，选择间距最大的一些个体和第一等级的所有个体放到一起作为新个体，使它们的规模和设置数值一样。

第七步：数据输出

检查是否循环结束，否则回到第四步开始新的循环过程，直到满足终止条件，最后开始输出数据。

具体运行程序设计框架如图 5.6 所示。

3）维数的选定问题

多目标问题同单目标问题存在着很大不同，单目标对决策方案优劣是基于一个目标进行评价的，在此条件下是能够得出方案优劣情况的，是一个有序的状态；而多目标是基于 n 个目标的一系列评价向量对方案的优劣情况进行评价，而这些向量是不能直接得出最优解的，是半有序状态，这就如同评价事物的好坏并不是绝对的，而要多角度、多方面分析比较之后方可得出客观评价的模式如出一辙。

对于建筑系统进行理论分析的维度空间总体可分为能量维、环境维、经济维、时间维、几何维、社会维等，每个维度内部存在着众多的变量因子，这些维度之间密切联系，由于目前计算机对于高维度问题，表达较为困难，故可根据研究需要对复杂问题进行降维处理。在多目标优化应用时，一般目标函数在 3 个或 3 个以上时称为高维多目标优化，高维多目标问题在当前的计算机中较难得到很好的实现，NSGA Ⅱ 对三维以下情况具有显著的功效，为此本书为了准确、科学、简明地阐述问题，根据主要研究对象，将建立二维目标函数问题，对其进行讨论。

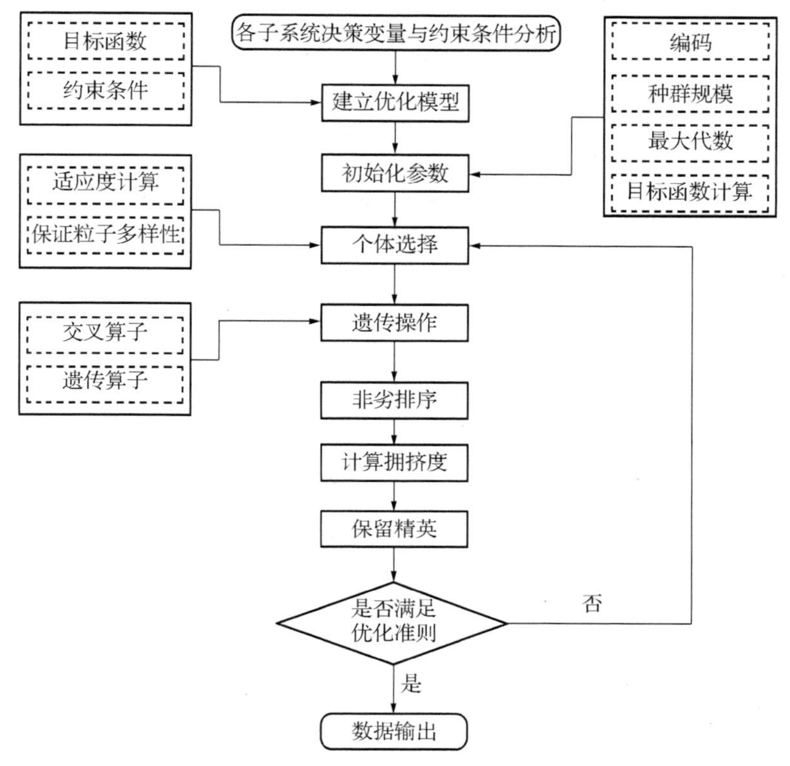

图 5.6　算法流程框架图

（图片来源：作者自绘）

4）ZEB 建筑多目标优化技术途径的构架

在对事件或系统进行多目标优化设计之前，为确保得出系统、科学、有效的结果，需要在前期对实现途径进行总体规划。故本书需要对 ZEB 建筑系统如何实现多目标优化技术途径问题的理想模式进行构架，对于多目标优化求解问题不仅要求得出非劣解集，而且还需在此基础上进行最优满意解的求得，方可完成最终任务。

能源（energy）、经济（economy）及生态（ecology）是对研究事件结果的最全面、最科学的评价，三者之间存在着彼此矛盾和相互制约的复杂关系，如何协调三者的关系一直以来是个难题，本书将从如何将三者整合到多目标优化技术实现过程的角度，对 ZEB 建筑的多目标优化设计问题进行研究，试图建立“能源—经济—生态”的 ZEB 建筑多目标优化技术（本书简称 EEE-ZEB-MOP）。具体构思框架详见图 5.7 所示。

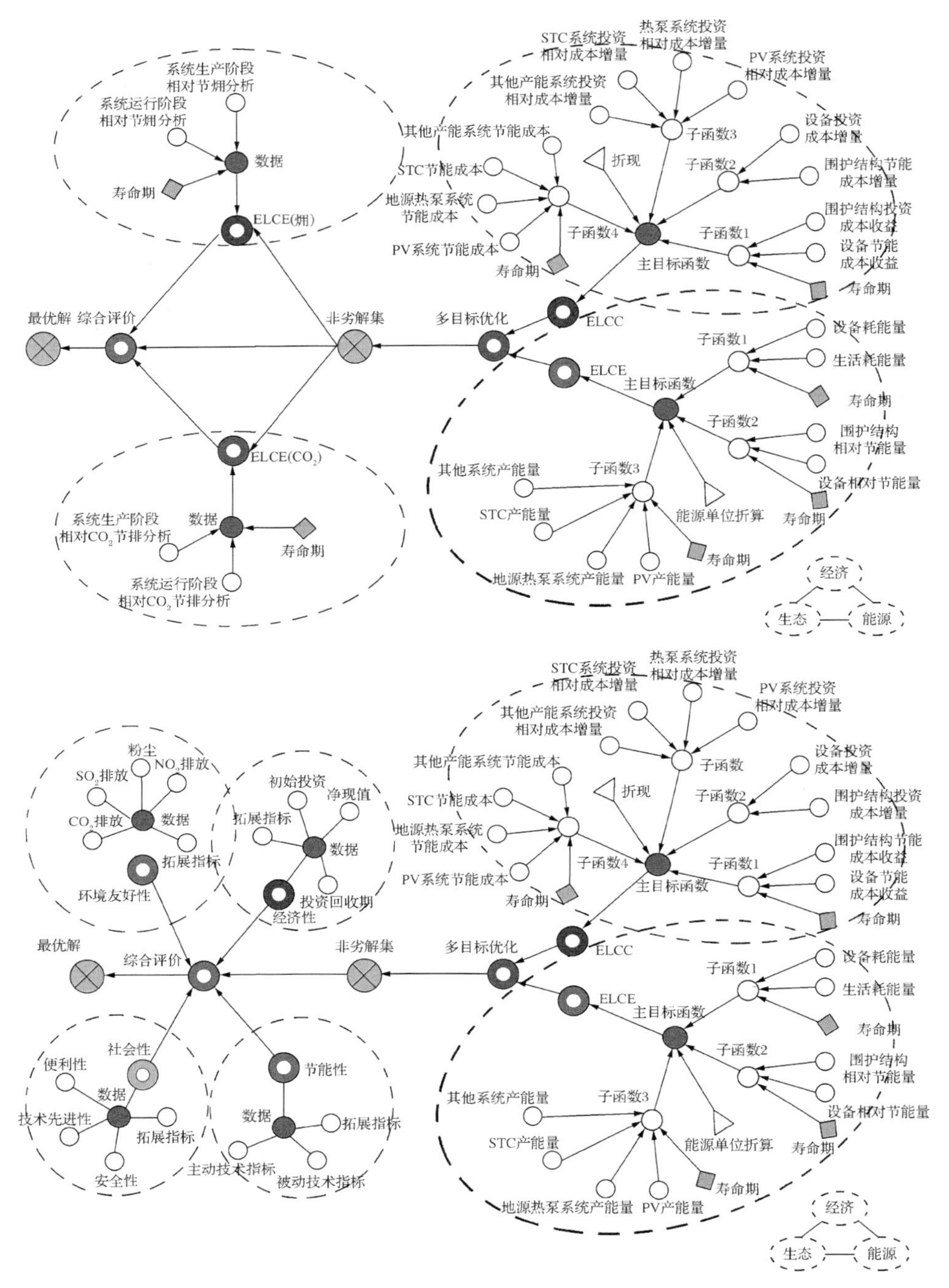

图 5.7 “EEE-ZEB-MOP”技术框架示意图

(图片来源:作者自绘)

5.2.2 基于寿命期能耗平衡的目标函数理论模型

影响建筑能耗的论域包括：建筑外环境（方位、间距）、体型、围护结构，建筑内部采暖、通风、照明、电气等众多影响耗能的因子。在外环境与体型关系因素确定的条件下，建筑围护结构系统与供能系统是主要影响寿命期成本与能耗的因素。为此，本书以围护结构和供能系统的能耗平衡为讨论重点，围护结构主要节能材料的特性决定节能效果和节能效益，并起到了至关重要的影响，太阳能光伏系统对太阳能 ZEB 建筑系统的供能效果为一个重要权衡因素，与其光伏发电量与光伏组件面积及选型密切相关。

太阳能 ZEB 建筑是以太阳能光热能源为主要研究对象，建筑的电力供应主要由 PV 和集热系统提供或结合场外能源网，从而满足供能系统的耗电（制热系统、制冷系统）、生活用电（家电、照明、热水等）平衡。

根据上述讨论的结果，为此可以将 ZEB 建筑典型年能量供耗平衡关系描述如下：

$$f(x)=Q_H/COP_H+Q_C/COP_C+E_\Delta-E_{PV}-Q_T \tag{5.1}$$

式中，Q_H 为制热系统耗能量，kWh；Q_C 为制冷系统耗能量；COP 为热泵机组供能效率；E_Δ 为其他系统供耗电量，kWh；E_{PV} 为光伏产电量，kWh；Q_T 为太阳能集热器产能量，kWh。

这里 Q_H、Q_C 主要取决于围护结构的传热耗热量指标、几何形态、方位、空气渗透耗热量指标、建筑物内部得热指标等元素；COP 主要取决于供能系统的出水温度、环境温度、冷凝器和换热器的温差、工质流动压降、电机和压缩机效率、热损系数等元素①；E_{PV} 主要取决于光伏系统总峰值功率，照面上的总辐射，为从方阵到逆变器的直流输入回路效率，逆变器效率及线路损耗等元素；E_Δ 取决于用户所使用的家电、照明等耗电量情况；Q_T 取决于平均太阳日照量、每日的日照小时数、集热器平均集热效率②。

5.2.3 基于寿命期节能收益成本的多目标理论模型的构建

根据 4.2 节推导的结果，由公式 $ELCC=ELCCE+ELCCD$ 关系，在设定寿命期内，节能增量投资成本与节能收益成本折现之间的差值越小越好，说明投资回报较佳，为此可得函数关系式：

$$\min Z(X)=Z_1(x)+Z_2(x)+Z_3(x)+Z_4(x) \tag{5.2}$$

---

① 陈则韶，江斌，史敏，等. 影响热泵 COP 的因素与节能途径分析[J]. 流体机械，2007，1(35)：68.

② 《太阳能供热采暖工程技术规范》(GB50495—2009).

式中，$Z_1(x)$为围护结构寿命期投资成本增量与节能成本收益差值；$Z_2(x)$为光伏系统寿命期投资成本增量与节能成本收益差值；$Z_3(x)$为地源热泵系统寿命期投资成本增量与节能成本收益差值；$Z_4(x)$为太阳能集热系统寿命期投资成本增量与节能成本收益差值。

5.2.4 关于变量取法问题

对设计变量 x 的取值可根据具体研究对象而选取，如代表传热系数、材料厚度、质量、面积等物理量，要遵循与所建立的 n 维目标函数所讨论变量的一致性为基本原则，如果需讨论相关其他论域，可先对某一论域讨论后，通过拟合关系、对应转换等方法向其论域转换，这样可以使得目标函数具有很好的外延性，如在分析能量平衡时，人们经常采用传热系数为衡量指标，但考虑到成本时，往往关注的是厚度、质量或面积等衡量指标，为此可根据具体需求选择变量论域，然后通过拟合关系，得出相应结论。

如前面所阐述的围护结构主材厚度与所对应围护结构的传热系数存在着数学关系，经过拟合可得出函数关系，如表 5.2 所示。

表 5.2　厚度值与围护结构传热系数函数关系

部位	厚度值(x)与围护结构传热系数(y)的函数关系
墙体 EPS	$y=28.72x-0.92$
屋面 EPS	$y=19.23x-0.90$
墙体 XPS	$y=21.60x-0.92$
屋面 XPS	$y=12.28x-0.83$

* 资料来源：作者自绘。

为此可以选择某一变量为研究对象，再根据结果，利用函数关系转化得出对应的其他研究对象的取值情况。

5.3 基于典型房 ZEB 建筑实现途径的多目标优化研究

5.3.1 基于典型房的能量平衡目标子函数构建

为了能够较为简便、清晰地阐述问题，下面选取围护结构保温层墙体和屋面的主材厚度、窗的传热系数、光伏系统的选型面积为主要参数变量，结合第 4 章 4.3 节所构建的统计数据集合，建立多目标决策模型，寻求技术与经济效果最优方案。对于变量的结果，后期可根据 5.4.3 阐述的原则进行拓展研究。

结合式(5.1)，设定 Q_H、Q_C 为典型房原能耗减去墙体、屋面、窗的各系统节能量的值，其中根据 4.3.1 节分析结果，一般生活用电量（不包括空调）E_{Δ} 为19.6－3.4＝16.2 kWh/(m² · a)，Q_T 集热器节电值为 3.2 kWh/(m² · a)；地源热泵冬季 *COP* 为 3.3～5.8 区间，夏季 *EER* 为 5～6.5 区间，[①]设定冬季取 4，夏季取 5；光伏面积由于倾角为 30°，在保证窗墙比为 0.3 的情况下及光伏组件系统最小匹配面积要求，故这里取 8～15.5 m²。综合第 4 章总结的各项具体关系式，可以得出总目标函数：

$$\min f(x)=f_1(x)/4+f_2(x)/5+f_3(x)-f_4(x)-f_5(x)<15$$

约束条件，分别取 x_1 为墙体节能主材厚度值，x_2 为屋面节能主材厚度值，x_3 为窗传热系数值，x_4 为光伏组件面积值。

对于太阳能 ZEB 建筑的能量平衡关系可以分为三种工况，以年为循环周期。第一种，当 $f(x)>0$ 时，此时可界定为 nZEB 建筑，参考德国被动房标准及 EPBD 的 nZEB 建筑基本原则的定义报告的阐述，可以得出近零能耗设定边界取值区间为 0～15 kWh/(m² · a)，即 15 kWh/(m² · a)为总值域的上限；第二种，当 $f(x)=0$ 时，为 NZEB 建筑的基本工况；第三种，当 $f(x)<0$ 时，为 AZEB 建筑的基本工况。

经核算，各子系统函数关系式如下：

(1) 采用 EPS 保温体系模式的典型年制热能耗函数关系：

$$f_1(x)=0.000\,24x_1^2-0.15x_1+0.000\,13x_2^2-0.088x_2+79.3-f_1(x_3)$$

(2) 采用 XPS 保温体系模式的典型年制热能耗函数关系：

$$f'_1(x)=0.000\,2x_1^2-0.12x_1+0.000\,12x_2^2-0.077x_2+70.3-f_1(x_3)$$

(3) 采用 EPS 保温体系模式的典型年制冷能耗函数关系：

$$f_2(x)=9.1\text{E}-07x_1^2-0.000\,61x_1+3.6\text{E}-05x_2^2-0.023x_2+20.05-f_2(x_3)$$

(4) 采用 XPS 保温体系模式的典型年制冷能耗函数关系：

$$f'_2(x)=2\text{E}-07x_1^2-0.000\,21x_1+3.2\text{E}-05x_2^2-0.02x_2+21.95-f_2(x_3)$$

(5) 年生活耗电量函数关系：

$$f_3(x)=16.2$$

(6) 采用 PLUTO200-Ada 系统模式的典型年总产能函数关系：

$$f_4(x)=(194.2x_4-35.85)/91$$

(7) 采用 STP200-18/Ub 系统模式的典型年总产能函数关系：

$$f'_4(x)=(164.8x_4+39.38)/91$$

(8) 采用集热器的典型年总产能函数关系：

$$f_5(x)=3.2$$

① 雷飞. 地源热泵空调系统运行建模研究及能效分析[D]. 武汉：华中科技大学，2011：47－49.

5.3.2 基于典型房的成本目标子函数构建

根据4.2节公式与4.3.2分析与总结，对于能源价格的确定，2013年国家发展和改革委员会颁布了1638号文件，文件中把我国太阳能资源等级分为三类，根据每个区域的情况分为1元/kWh、0.95元/kWh、0.9元/kWh。由于PVSYST软件已考虑气象参数和温度等因素的影响，但光伏组件随使用时间会逐年衰减的因素未给予充分考虑，为此对于长期成本核算而言，计算时需考虑进行逐年衰减因素下的有效发电量分析，根据文献①可知，折算公式如下：

$$E_{out}=E_0\eta_1\eta_2(1-n\eta_3) \tag{5.3}$$

式中，E_{out}为光伏系统运行年有效发电量，kWh/a；n为运行时间，年；E_0为典型年输出能量，kWh/a；η_1为系统平衡部件的效率，取0.96；η_2为系统组合效率，取0.98；η_3为组件效率年衰减率，取0.01。

一般情况下，较高的折现率用于寿命期较短的项目分析，较低的折现率用于寿命期较长的项目分析，折现率可以划分为名义折现率和实际折现率两种形式，在全寿命周期费用分析时应采用实际折现率，本书按通常情况5%设定，寿命期30年，查年金现值系数表$(P/A,i,n)$②，$P=15.373$。若考虑PV系统发电量衰减因素，可将两项合并考虑，动态折现关系如下：

$$q=0.96\times0.98\times\left[\frac{1}{(1+r)^n}\left(1-\frac{n}{100}\right)\right] \tag{5.4}$$

对各系统函数关系数学模型计算分析，可以得出各子系统寿命期相对节能收益成本函数关系式如下：

(1) 当采用EPS保温体系模式时：

$$Z_1(x)=0.32x_1^2+0.22x_2^2-175.27x_1-110.07x_2+f_c(x_3)-1\,329[f_1(x_3)+f_2(x_3)]+15\,800.5$$

(2) 当采用XPS保温体系模式时：

$$Z_1(x)=0.27x_1^2+0.2x_2^2-112.94x_1-84.47x_2+f_c(x_3)-1\,329[f_1(x_3)+f_2(x_3)]+55\,162.5$$

(3) 当采用PLUTO200-Ada系统模式时：(光伏每年不同的情况，考虑有衰减动态折现)

$$Z_2(x)=15\,409.4+1.44x_4$$

(4) 当采用STP200-18/Ub系统模式时：(光伏每年不同的情况，考虑有衰减动态折现)

---

① 梁佳. 建筑并网光伏系统生命周期环境影响研究[D]. 天津：天津大学，2012.

② 乐艳芬. 成本管理会计[M]. 第二版. 上海：复旦大学出版社，2010，2：451.

$$Z_2(x)=14\ 523.8-793x_4$$

（5）当采用 EPS 模式下的地源热泵系统时：

$$Z_3(x)=-0.226x_1^2-0.118x_2^2+141.2x_1+81x_2+937f_1(x_3)-63f_2(x_3)-61\ 256$$

（6）当采用 XPS 模式下的地源热泵系统时：

$$Z_3(x)=-0.188x_1^2-0.11x_2^2+112.52x_1+70.92x_2+937f_1(x_3)-63f_2(x_3)-51\ 805$$

（7）集热器的成本函数关系：

$$Z_4(x)=-1\ 476.62$$

5.3.3　各工况模式的多目标优化主函数模型构建

为了建立最终的主函数关系，以便进行多目标优化设计，需根据所选取的不同工况模式的优化问题，结合 5.3.1 和 5.3.2 节研究构建的子函数关系，经核算分析与总结整理，将各项子函数按照能量与成本权衡耦合关系进行核算，将上述建立的各学科间的子函数关系协同构建成相应的主函数。本书建立了四种工况模式函数关系，从最终各项主函数关系式可以得出如下结果：

ZEB 建筑多目标优化主函数关系的特征方程可以总结如式(5.5)所示情况：

$$f(x)=ax_1^2+bx_2^2+cx_3+dx_4+ex_1+fx_2+g \tag{5.5}$$

具体构建的二维目标主函数及约束条件的情况如表 5.3 所示。

表 5.3　目标函数与约束条件

目标函数与约束条件
工况一，EPS+PLUTO200-Ada 系统模式： $\min Z(X)=0.094x_1^2+0.102x_2^2-34.07x_1-29.07x_2-392f_1(x_3)-1\ 392f_2(x_3)+f_c(x_3)+1.44x_4-31\ 522.72$ $\min F_1(X)=6.06\text{E}-05x_1^2+5.63\text{E}-05x_2^2-0.038x_1-0.037x_2-0.25f_1(x_3)-0.66f_2(x_3)-2.13x_4+46.45<15$
工况二，EPS+STP200-18/Ub 系统模式： $\min Z(X)=0.094x_1^2+0.102x_2^2-34.07x_1-29.07x_2-392f_1(x_3)-1\ 392f_2(x_3)+f_c(x_3)-793x_4-32\ 408.32$ $\min F_2(X)=6.06\text{E}-05x_1^2+5.63\text{E}-05x_2^2-0.038x_1-0.037x_2-0.25f_1(x_3)-0.66f_2(x_3)-1.81x_4+45.63<15$
工况三，XPS+PLUTO200-Ada 系统模式： $\min Z(X)=0.082x_1^2+0.09x_2^2-0.42x_1-13.55x_2-392f_1(x_3)-1\ 392f_2(x_3)+f_c(x_3)+1.44x_4-32\ 709.72$ $\min F_3(X)=5.01\text{E}-05x_1^2-0.03x_1+5.11\text{E}-05x_2^2-0.032x_2-0.25f_1(x_3)-0.66f_2(x_3)-2.13x_4+45.46<15$
工况四，XPS+STP200-18/Ub 系统模式： $\min Z(X)=0.082x_1^2+0.09x_2^2-0.42x_1-13.55x_2-392f_1(x_3)-1\ 392f_2(x_3)+f_c(x_3)-793x_4-33\ 595.32$ $\min F_4(X)=5.01\text{E}-05x_1^2-0.03x_1+5.11\text{E}-05x_2^2-0.032x_2-0.25f_1(x_3)-0.66f_2(x_3)-1.81x_4+44.63<15$
约束条件： x_1、$x_2\in(70,350)$，$x_3=2.7$、1.95、1.5、0.8，$x_4\in(8,15.5)$ 令 $f_0(x-a)=\begin{cases}1, & x=a,\\ 0, & x\neq a\end{cases}$ $f_1(x_3)=65.7-[65.7f_0(x_3-2.7)+63.16f_0(x_3-1.95)+62.72f_0(x_3-1.5)+62.18f_0(x_3-0.8)]$ $f_2(x_3)=21.05-[21.05f_0(x_3-2.7)+20.59f_0(x_3-1.95)+19.38f_0(x_3-1.5)+17.82f_0(x_3-0.8)]$ $f_c(x_3)=0f_0(x_3-2.7)+562.44f_0(x_3-1.95)+693.24f_0(x_3-1.5)+1\ 765.8f_0(x_3-0.8)$

* 资料来源：作者自绘。

5.4 优化结果讨论

5.4.1 方法有效性验证

将所生成的各工况目标函数与约束条件编入 MATLAB 软件进行遗传求解。为了便于观察分析结果与设计，本书基于四种工况建立了一套可视化操作平台界面，如图 5.8 所示，通过该平台改变迭代次数、种群规模、工况模式及参数区间等参数进行多目标优化设计，并且通过界面可以观察每次运算后的各自变量的优化组合解集和解的分布情况，为研究提供可视化设计界面。

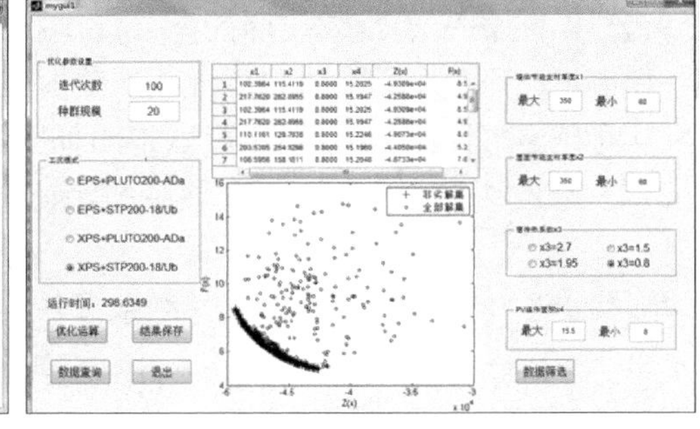

图 5.8 优化操作平台界面

（图片来源：作者自绘）

为了验证该方法的有效性，利用初始随机产生连续迭代方法交叉率 0.9，变异率 0.1，迭代次数 100，种群规模分别取 5、10、20、30 连续随机迭代。采用 CPU 为 AMD 1.80 GHz，内存为 RAM4G 的电脑进行测试。从运行结果的数据分析表明（如表 5.4 所示），Pareto 前端收敛性、宽广性、均匀分布性均很好，表现出很好的贴近性、均匀性和完整性，且满足解的多样性，同时运算效率较高，收敛速度快；通过初始随机迭代，优解开始不断进化改进，前端逼近性显著，很好地反映了遗传优化解的分布，证明了该方法对所讨论问题的有效性，并取得了很好的效果。同时也证明了通过归纳总结出的特征方程(5.5)模式，可以科学、有效地应用到 ZEB 建筑多目标优化问题上，是帮助研究者清晰、准确和便捷地分析问题和解决问题的有效途径。

表 5.4 各模式 Pareto 解情况

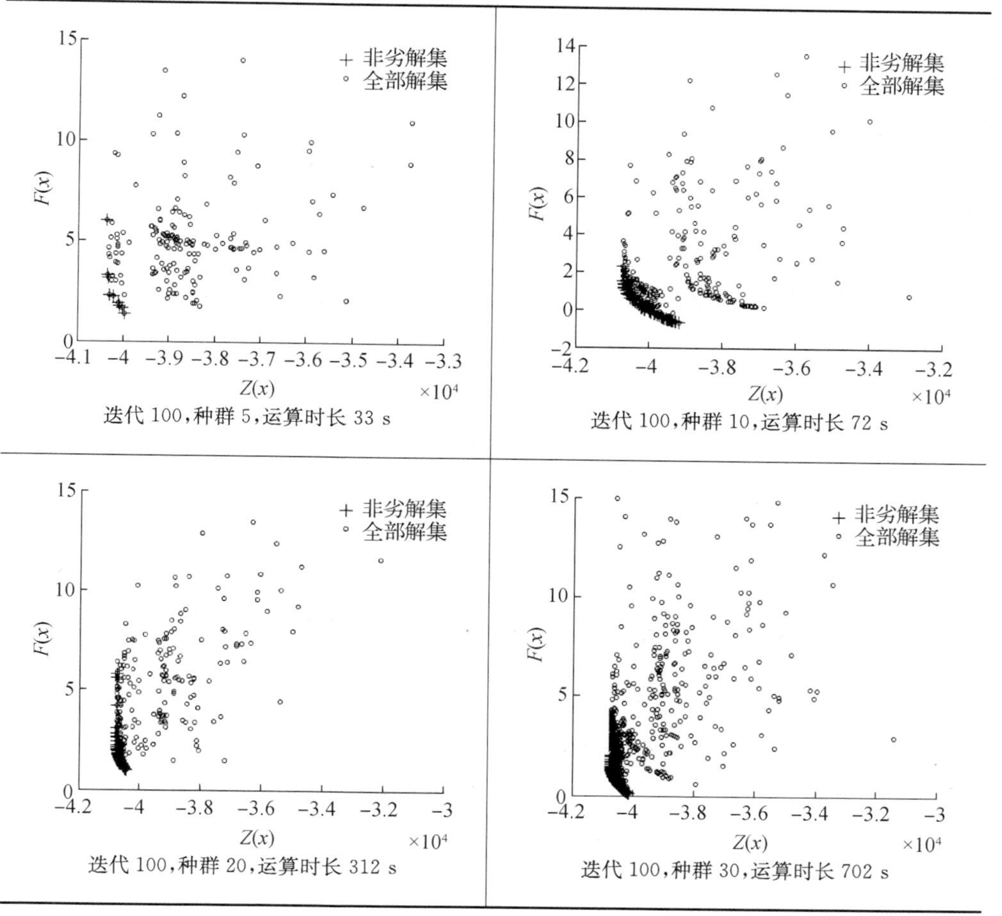

迭代 100，种群 5，运算时长 33 s

迭代 100，种群 10，运算时长 72 s

迭代 100，种群 20，运算时长 312 s

迭代 100，种群 30，运算时长 702 s

* 资料来源：作者自绘。

5.4.2 优化结果取值

为考量四种工况的非劣解分布情况，下面对四种工况优化随机产生的数据进行比较，优化参数设定：迭代次数为 100，种群为 50，交叉率为 0.9，变异率为 0.1。得出各 Pareto 解分布特征值如表 5.5、表 5.6 所示，各结果能量生产与消耗关系分析可参见图 5.9。优化解集数据可参见附录九。

表 5.5　MATLAB 优化 Pareto 解分布情况

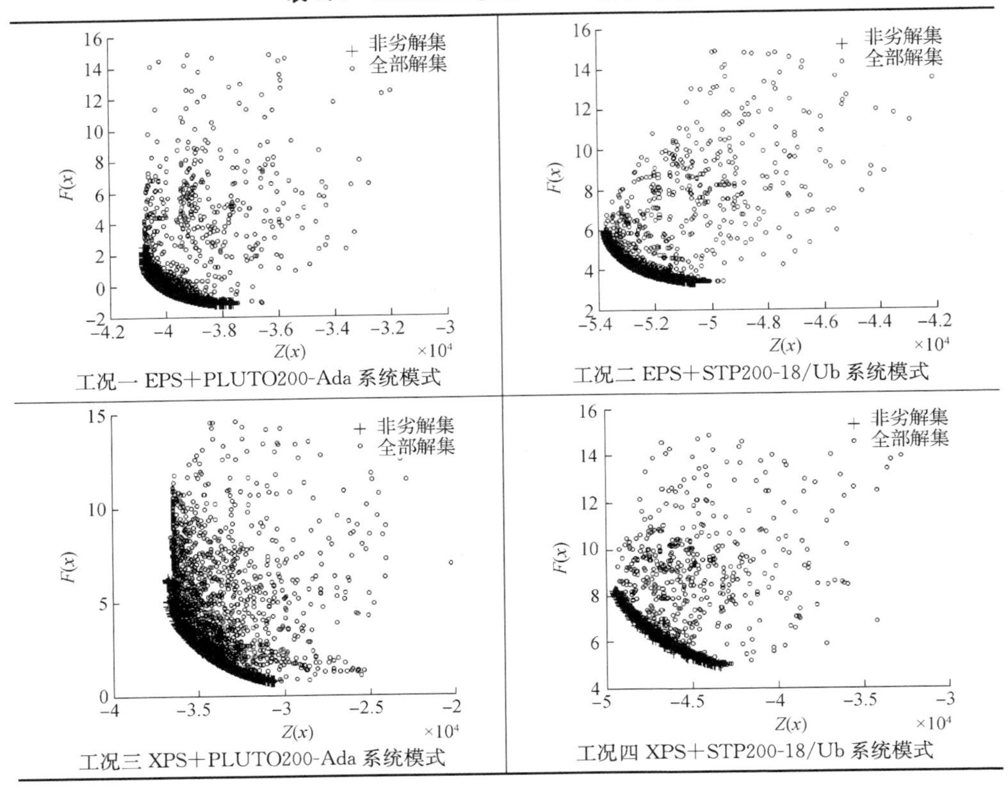

＊资料来源：作者自绘。

表 5.6　各工况能量—成本优化解集排列情况

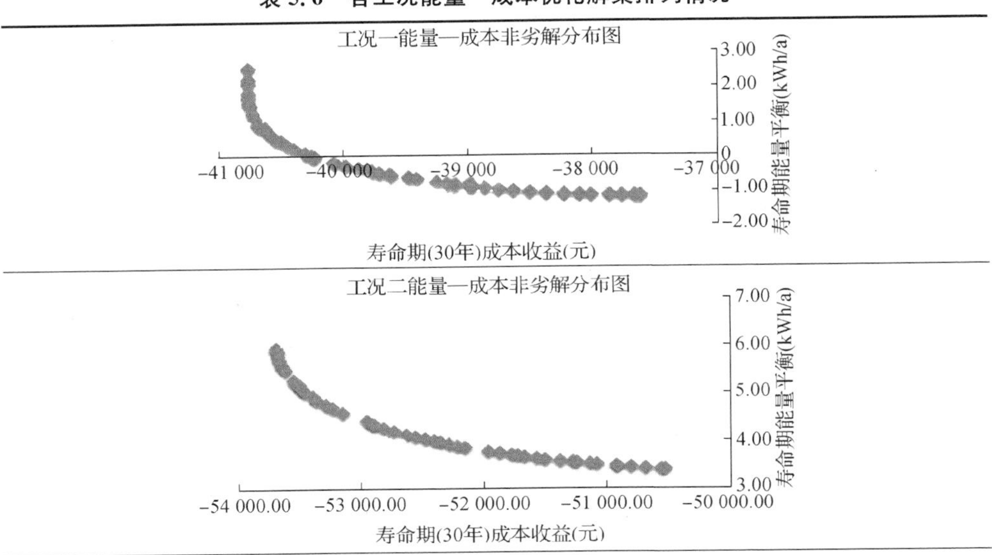

续表 5.6

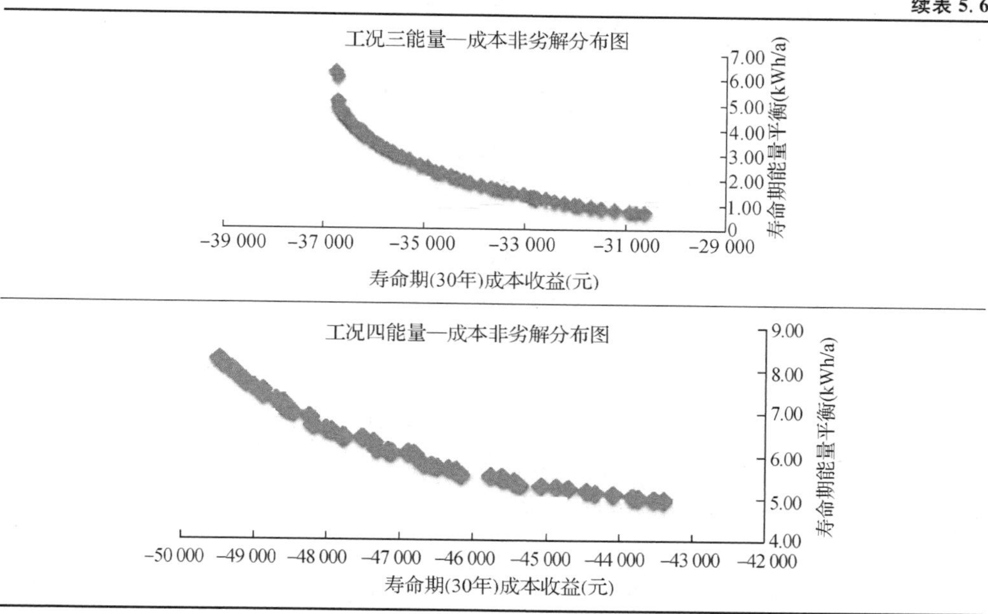

* 资料来源:作者自绘。

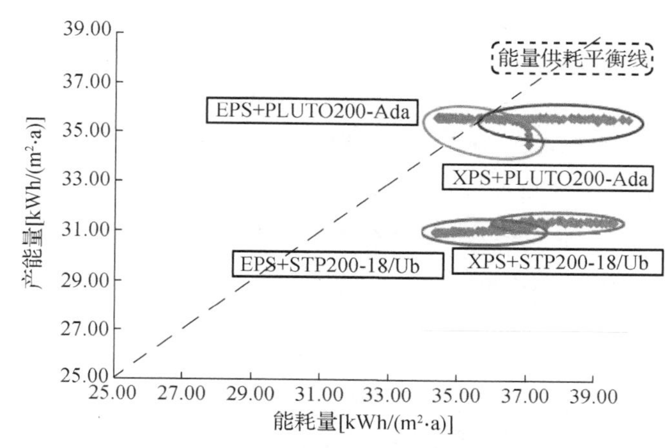

图 5.9 各工况优化结果数据能量产耗分布图

(图片来源:作者自绘)

从以上优化结果及上述图示可以得出,四种工况均能找到满足 ZEB 条件的匹配:

工况一,其非劣解取值特征,一部分解分布在 nZEB 区域,一部分分布在 NZEB 区域;$X_1 \in (188.69, 313.80)$,均值 239.19;$X_2 \in (143.99, 263.98)$,均值 212.14;$X_3 = 0.8$,均值 0.8,众数 0.8;$X_4 \in (14.88, 15.39)$,均值 15.34,众数

15.38;能量平衡值 $F(x)$ 最小值−1.13,最大值 2.56,均值 0.03;寿命期能量最大收益 40 764,最小收益 37 612,均值 39 632。

工况二,$X_1 \in (190.83, 278.66)$,均值 238.21;$X_2 \in (142.52, 288.32)$,均值 219.39;$X_3 = 0.8$,均值 0.8,众数 0.8;$X_4 \in (15.11, 15.19)$,均值 15.14;能量平衡值 $F(x)$ 最小值 3.4,最大值 5.95,均值 4.36;寿命期能量最大收益 53 715,最小收益 50 564,均值 52 483。

工况三,$X_1 \in (80.59, 237.21)$,均值 144.63;$X_2 \in (96.93, 230.68)$,均值 173.43;$X_3 = 0.8$,均值 0.8,众数 0.8;$X_4 \in (14.78, 15.41)$,均值 15.36;能量平衡值 $F(x)$ 最小值 0.73,最大值 6.26,均值 2.65;寿命期能量最大收益 36 768,最小收益 30 620,均值 34 415。

工况四,$X_1 \in (84.45, 228.48)$,均值 151.84;$X_2 \in (137.2, 245.5)$,均值 196.35;$X_3 = 0.8$,均值 0.8,众数 0.8;$X_4 \in (15.27, 15.40)$,均值 15.33;能量平衡值 $F(x)$ 最小值 4.97,最大值 8.23,均值 6.31;寿命期能量最大收益 49 493,最小收益 43 530,均值 46 968。

结果证明:成本与能耗、光伏面积、墙体主材、屋面主材成反比关系,四种工况中,窗的结果都为 0.8 的情况。结果验证了该优化方法能够很好地得到优化解 Pareto 解集,且解的分布连续、均匀。从生成的四种工况的 Pareto 解集及解空间中,均能寻找到 ZEB 建筑三种分类模式的优解组合,且非劣解大多分布在平衡临界点附近,充分表明了三种 ZEB 建筑组合模式的存在性;从图 5.9 可以发现,EPS 系列模式总体靠近平衡线的趋势好于 XPS 系列模式。可在实际中通过该程序的优化运行,从数据空间中选调数据,得到所需模式的决策值,为此也体现了该优化方法能够很好地帮助决策者选择优选方案。

5.4.3 最优方案的选取与解的应用

综合考量上述四种工况方案,可按不同角度进行偏好性研究。从优化 Pareto 解的结果中可以得出,四种工况在 30 年内取得的节能收益均大于 0,其中工况一的能耗平衡数值最理想,且节能收益成本均值为 39 632 元。如综合考虑经济性、能量平衡、市场性等方面,可以选定工况一 EPS 保温体系和单晶硅组合模式,决策者可以从中寻找所需要的具体决策值,观察和调用所需数据,如墙体主材 EPS 厚度取 226.27 mm(根据表 5.2 内容,传热系数为 0.196 W/(m^2 · K));屋面主材取 201.00 mm(0.218 W/(m^2 · K));窗传热系数为 0.8 W/(m^2 · K),三层 LOE(e2=e5=1),Clear 3 mm/13 mm 氩气;光伏组件面积为 15.39 m^2(折合功率 2.4 kWp);Pareto 解的典型房单位产电 0 kWh/(m^2 · a),寿命期节能成本收益为 40 229 元,可视为 NZEB 建筑模式。同理也可寻求其他值,以此详细权衡判断 nZEB 建筑、

NZEB 建筑和 AZEB 建筑的各项参数特性。

为了能够反映集合住宅模式，可在选定上述决策值的基础上，建立“九宫格”模型进行能耗分析，得出各户型的 ZEB 建筑能级模式和相应指标，以便做出准确的决策，并加以推广性研究，工作机理如图 5.10 所示。

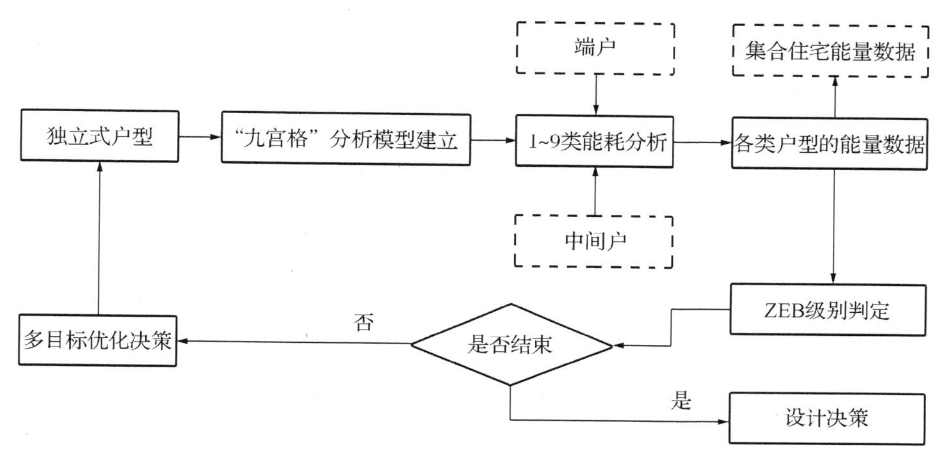

图 5.10　基于典型户型的集合住宅 ZEB 优化决策示意

（图片来源：作者自绘）

5.5　本章小结

本章提出了一种基于实值编码 NSGAⅡ的 ZEB 建筑多目标优化方法，并基于 ZEB 建筑能耗机制建立了寿命期能量平衡的目标子函数及基于寿命期节能收益成本的目标子函数，根据多学科耦合数学关系，建立了二维多目标主函数数学关系，并延续上一章的分析结果。通过创建优化方法对所选取的典型房进行多目标优化实践，结果表明该优化方法在优化求解中，能够很好地搜索到目标，并验证了该方法可以帮助决策者找到理想值，并能提供各种组合的 Pareto 解集，起到了数据调用库的作用，决策者可以根据不同要求和偏好性调用优化数据进行决策。

同时优化结果还表明，寒冷地区居住建筑实现三种 ZEB 建筑模式是可以在已设定的约束范围内得到实现的，可以通过开发多目标优化方法寻求 ZEB 建筑设计决策值，建立数据决策库，帮助设计者调用和研究；并可结合典型户型，应用“九宫格”分析策略，得出各类户型能量数据，权衡判断可实现 ZEB 建筑能级水平(nZEB、NZEB 或 AZEB)。本章具体理论研究框架脉络如图 5.11 所示。

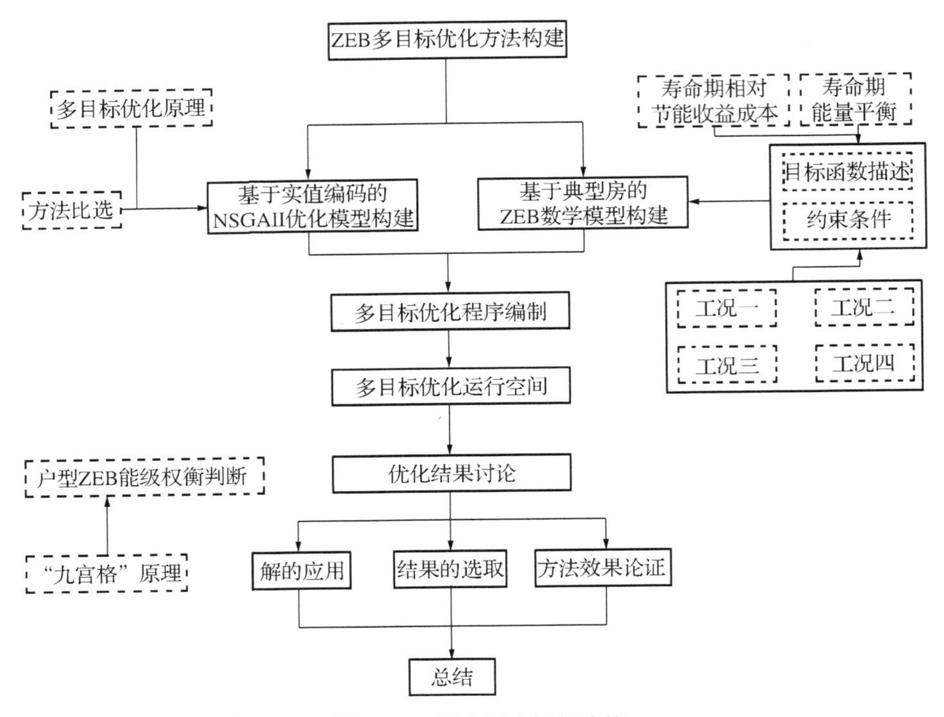

图 5.11　研究基本框架脉络

（图片来源：作者自绘）

6 零能耗建筑评价技术研究

6.1 ZEB 评价体系概述

6.1.1 国内外评价体系研究

目前,国内外对建筑系统评价研究思路的趋势是从单体生态研究走向整体生态研究,从单纯定性分析方法、单纯定量计算方法走向定性与定量相结合的综合性研究方法。我国针对 ZEB 建筑的评价方法还未形成,需要进一步探索。

我国目前的一些评估体系,往往会建立数量庞大的评价指标,如《中国绿色低碳住区技术评估手册》中评估项目有 368 项之多,这样往往导致在实际应用中的指导作用较弱。① 因此,在构建评价体系时应科学合理地控制指标项的数量。大多评价体系虽建立了措施和评分项,但总体侧重于原则性,缺少数据的积累和量化的依据,在评价体系的操作上产生了一定的困难。

国外对于 ZEB 建筑评价方法,主要有两种方式:一种是全方位可持续的评价模式,如美国的 SD 竞赛;另一种主要评价主动或被动技术所产生的能源供给的平衡与环境影响,如欧洲能源指导委员会的 ZEB 建筑项目评估方法。前者主要侧重在性能上,是针对竞赛建筑而提出的;后者侧重数量指标的平衡关系,注重个案数据积累,如图 6.1 所示。

综上所述,国内外在评价体系上都做了大量努力,取得了一定的成果,对 ZEB 建筑评价体系国外正处于开展初期,而我国还未具体展开。从国外的评价模式上看,欧美各有侧重。笔者建议对于 ZEB 建筑评价体系的建立首先要根据编制目的、评价方法和评价对象来明确建立评价体系,应在充分了解 ZEB 建筑内涵的基础上,来确定框架体系和各参评指标项,所选择的指标项的数量在不忽视微观层面的基础上,不宜过多、繁复,从而影响评价体系的可操作性,应借鉴国外一些成果经验,立足于国情,结合既有的政策、法规、规范、标准、细则等成果,构建适合我国现

① 赵强.城市健康生态社区评价体系整合研究[D].天津:天津大学,2012:160.

阶段发展状况的 ZEB 建筑评价指标体系。

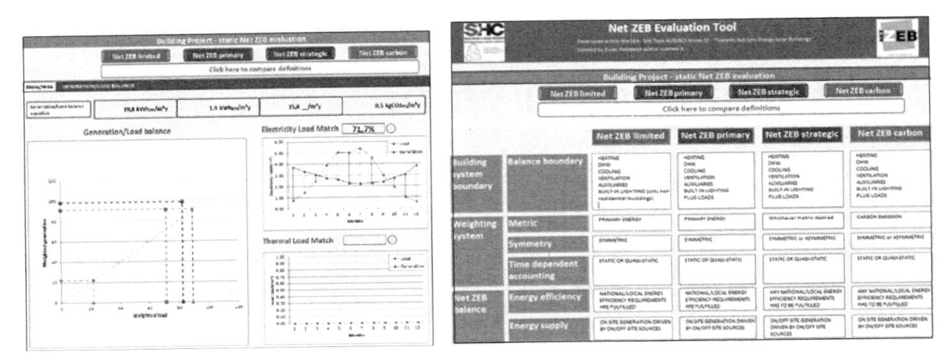

图 6.1　EPBD 的评估工具

(图片来源:EPBD 的 Net ZEB Evaluation Tool 软件)

6.1.2　评价方法的确定

评价方法发展到如今出现多种方式,如专家打分评价法,运筹学的层次分析、模糊评价法、数据包络分析法,新开发的方法有熵权法、人工神经网络法、灰色综合评价法,为了弥补这些方法的不足出现了混合模式,即将上述方法组合使用。目前常用的基本方法是熵权法、层次分析法、灰色关联分析法,由于人工神经网络不容易操作,所以经常在分析复杂事物时方可采用。评价方法比较如表 6.1 所示。

表 6.1　主要评价法的比较

方法	原理	优劣	适用性
层次分析法	复杂问题分层分解,用数学矩阵分析评价指标体系,提供决策依据	优:简洁、实用 劣:主观因素对结果的准确影响较大	定性、定量
熵权法	在没有专家权重的情况下,根据观测值间的差异度反映指标权重,进而评价指标体系中的被评对象	优:简洁、实用、客观、准确 劣:局部特定客观数据为主,缺少主观因素分析	定量
灰色关联法	研究事物或因素之间的关联性,对系统的发展态势进行量化比较	优:简洁、准确、客观、准确、主观因素影响小 劣:理想对象的选取与关联系数对结果有一定影响	定性、定量
人工神经网络法	模拟人脑的神经网络,建立学习模式,利用经验性积累,求出最佳解	优:可解决复杂大型系统评价、主观因素影响小 劣:运行较为复杂	定量

* 资料来源:作者自绘。

笔者认为当评价对象以一组客观数据为主时,可采用熵权法,它可以不受主观因素影响。当客观数据为定性与定量分析相结合时可采用灰色关联分析法。在评价一个项目时,可根据具体阶段采取相应的评价方法,以达到准确评判的目的。

6.2 评价方法模型的建立

6.2.1 熵权法理论模型

熵原来是热力学中的物理量，是表征物质系统状态的函数，后来逐渐扩展到物理化学领域，并逐渐被广泛应用在管理学中。测定平均信息量贡献程度的信息熵是广义熵概念的拓展，被定义为随机变量的不确定性量度。后来逐渐深化发展，出现了最大熵原理，基于最大熵原理的评价指标权重法就逐渐演变成熵权法。①②③下面采取一种基于理想点的熵权评价法，具体步骤如下：

1）假设 ZEB 建筑体系被评价方案有 m 个待评对象，其中有 n 项评价指标，为此可得到评价矩阵为 $\boldsymbol{X}=(x_{ij})_{m\times n}$，在矩阵中找到每项评价指标中不同方案的最满意项 x_{max} 及最不满意项 x_{min}。

2）对评价矩阵 $\boldsymbol{X}$ 进行归一化处理，可得到归一化矩阵 $\boldsymbol{B}$，$\boldsymbol{B}$ 的元素为：

$$b_{ij}=(x_{ij}-x_{min})/(x_{max}-x_{min})$$

或

$$(x_{max}-x_{ij})/(x_{max}-x_{min})$$

或

$$1-|x_{ij}-x_i|/\max|x_{ij}-x_i| \tag{6.1}$$

式中，x_{max} 为同一指标中不同方案指标参数的最满意值；x_{min} 为同一指标中不同方案指标参数的最不满意值。

3）按熵概念可以得到各指标的熵值为：

$$M=-\left(\sum_{i=1}^{m}f_{ij}\ln f_{ij}\right)/\ln m \quad (i=1,2,\cdots,m;j=1,2,\cdots,n) \tag{6.2}$$

式中 $f_{ij}=\dfrac{b_{ij}}{\sum\limits_{i=1}^{m}b_{ij}}$。

通常为了防止出现零值的问题，不有悖于熵的含义，使 $\ln f_{ij}$ 有意义，需修正 f_{ij}，为此可利用下式进行改进：

① 闫文周，顾连胜．熵权决策法在工程评标中的应用[J]．西安建筑科技大学学报（自然科学版），2004(01)：98－100．

② 张爽，谢剑，杨建江．基于熵值法的既有建筑加固方案评价指标权重确定方法[J]．工业建筑，2009(S1)：40－41．

③ 邱菀华．管理决策与应用熵学[M]．北京：机械工业出版社，2002．

$$f_{ij}=\frac{1+b_{ij}}{\sum_{i=1}^{m}(1+b_{ij})}$$

进而，第 j 个评价指标的熵权 w_j 可修正为

$$w_j=\frac{1-M_j}{n-\sum_{j=1}^{n}M_j}$$

为此可得到熵权矩阵为

$$\boldsymbol{W}=(w_j)_{l\times n}$$

4）复权指标矩阵 $\boldsymbol{C}$ 为

$$\boldsymbol{C}=(b_{ij})_{m\times l}\times(w_j)_{l\times n}=(c_{ij})_{m\times n} \tag{6.3}$$

5）理想点选取，选择 $\boldsymbol{C}$ 中各行的最优标准值为

$$p_j^*=(c_{ij}^*)\quad(i=1,2,\cdots,m;j=1,2,\cdots,n)$$

c_{ij}^* 为该系统内每列最优指标。

6）被评指标值与 p_j^* 的接近度为

$$T_i=1-\frac{\sum_{j=1}^{n}c_{ij}p_j^*}{\sum_{j=1}^{n}(p_j^*)^2} \tag{6.4}$$

式中，T_i 越小说明方案越优，且 $0<T_i<1$。

由上述熵权定义和函数关系可以得出熵权的一般性质：

(1) 当熵值为1时，熵权为0。这是指标未向决策提供信息，该指标可考虑取消；

(2) 熵值越小，熵权越大，说明该指标比较重要，反之，则不重要，且 $0\leqslant w_j\leqslant 1$，$\sum_{j=1}^{n}w_j=1$；

(3) 熵权不是表征决策中指标的重要性系数，而是描述各指标在竞争意义上相对激烈程度的系数。

6.2.2　灰色关联度方法的理论模型

1）ZEB 建筑评价理论框架构建

建筑节能系统有多种组合形式，如何科学合理地选择节能系统方案，已经成为评判建筑能耗优劣的一个重要问题。ZEB 系统的评价属于多目标决策问题，为达到科学评价的目的，应采用层次分析原理对系统加以研究分析，它是一种定性和定量相结合、系统化、层次化的分析方法，分层模型扩展性强，使被研究的问题层次清晰。但是层次分析法在解决多指标和多属性情况下会有局限性，故本书建立了混

合灰色关联多层次综合评价法，将其应用于各项 ZEB 建筑节能系统的优化选择上，从而对 ZEB 建筑供耗系统综合评价进行探讨研究。

纵观我国节能评价标准有两个并行指标体系，一个是规定性体系，一个是达标体系。前者要求必须满足一定的限值，后者则不强调规定具体围护结构性能参数标准限值，将总体采暖和制冷能耗作为评价指标，随着仿真模拟软件的不断发展与完善，后者的灵活与应变能力较好，可以满足不同工况的求解，设计出较为满意的方案，为此逐渐受到认可，两者的结合是当前研究该类问题的普遍方法。

在做系统评价时通常考虑的指标包括：政策性、技术性、经济性、社会性、资源性、实践性等，在选择指标时可根据具体情况进行增减。遵循原则应为全面性、简洁性、经济性、无二义性、客观性、适应性等。① 结合我国相关节能住宅规范，即《民用建筑节能设计标准（采暖居住建筑部分）》《采暖居住建筑节能检验标准》，选取其中的节能性评价指标、环保性评价指标。当前，对于 ZEB 建筑应受到一定的社会认可才能加以推广，故应将社会性作为评价指标。经济性同开发商与用户密切相关，是决定项目开发的收益与市场接受程度权衡利益的关键，因此经济性也是必不可少的评价指标。

综上所述，太阳能 ZEB 建筑系统的评价论域最基本的内容应包括节能性、环保性、经济性、社会性，就此展开综合层次分析评价，可采用三层评价体系组成的框架模式。第一层为基层，由各个具体的评价因素组成，其中包括了定量和定性指标，笔者认为可遵循开放性的原则，即在保证基本考核目标的基础上，可根据考察对象的不同条件进行增减。总体运行步骤为：由第一层次的评价因素相互组合构成了第二层的各分类指标；第三层各个方案的最终评判值由第二层因素决定；由于第二层着重考虑影响方案系统评价的各个主要方面，具有很好的外延性，即可随需要对第二层次进行扩展与修正。以此类推，逐渐实现最终评价结果。如图 6.2 所示。

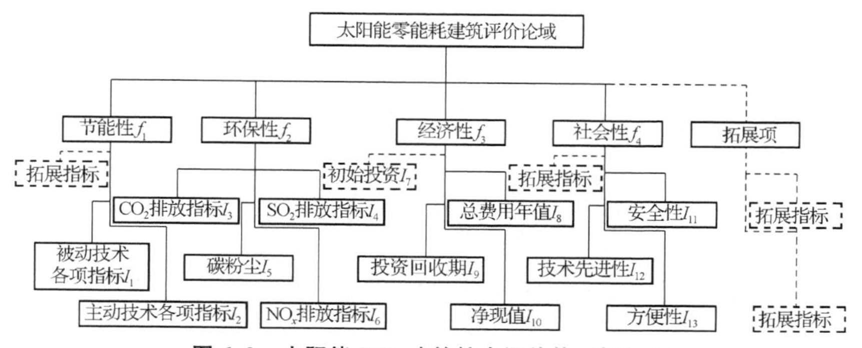

图 6.2　太阳能 ZEB 建筑综合评价体系框架图

（图片来源：作者自绘）

① 余雪杰. 管理系统工程[M]. 北京：人民邮电出版社，2009：82，205.

2）评价体系模型

评价系统模型的基本理论包括“黑箱”理论、“白箱”理论、“灰箱”理论及数理统计与分析。其中“黑箱”理论即为将系统当作未知的“黑箱”，通过实验求证的方法，得到系统运行规律，如本书在寻求多目标优化的目标函数过程中，拟合各变量的函数关系的过程。“白箱”理论即为将系统作为已知的“白箱”，通过输入变量引起系统状态改变，从而产生某种变化规律，如根据目标函数和约束条件，求出解集的过程。“灰箱”理论即为在系统中还存在着内部规律不十分清楚的部分，采用已知知识建模，然后结合实验对所建模型进行补充修正的方法。数理统计与分析针对“黑箱”，但不需进行实验而采用数理统计与分析，着重对预测模型的建立。综上所述，可以看出“灰箱”理论是将前两者结合的方法，具有较好的实用价值。

利用模糊逻辑的方法可以间接地将定性指标进行定量处理，而灰色综合评判法可以直接采用自身包含的白化信息减少误差。①② 故综合上述方法的优点，可以建立一种混合灰色关联多层次综合评价系统，帮助对各方案进行优选和评价。该方法在分层模型的框架下，采用灰色关联进行方案评价，并用模糊数学将定性指标定量化。

（1）评价模型的建立

① 根据策论域与评价指标集间的相互关系，建立第一层判断矩阵 $\boldsymbol{C}$，其中构成元素 $c_{ij}(i=1,2,3,\cdots,m;j=1,2,3,\cdots,n)$表示各评价指标的相对重要性数值。同理，可建立第二层评价矩阵。

② 计算最大特征值 $\lambda_{\max}$ 与其所对应的特征向量 $\boldsymbol{W}=\{W_1,W_2,\cdots,W_n\}$。如式(6.5)、式(6.6)所示。

根据方根法求解式(6.5)，所求特征向量经归一化处理即为各评价因素权重系数。

$$W_i = M_i/\left(\sum_{i=1}^{n} M_i\right) \tag{6.5}$$

式中，W_i 为特征向量中第 i 个权重元素；M_i 为判断矩阵各行元素乘积的 n 次方根值。

$$\lambda_{\max} = \sum_{i=1}^{n} \frac{AW_i}{nW_i} \tag{6.6}$$

式中，$\lambda_{\max}$为最大特征值；AW_i 为 $\boldsymbol{C}'\boldsymbol{W}$ 所得指标集 AW 的第 i 个分量；nW_i 为特征向量 $\boldsymbol{W}$ 的第 i 个分量。

---

① 胡召音. 灰色理论及其应用研究[J]. 武汉理工大学学报，2003，27(3)：405-407.

② 皇甫艺，吴静怡，王如竹，等. 冷热电联产 CCHP 综合评价模型的研究[J]. 工程物理学报，2005，26(6)：14.

③ 对以上权重分配的合理性进行检验，分别如式(6.7)、式(6.8)所示。

$$CI=(\lambda_{max}-n)/(n-1) \tag{6.7}$$

式中，CI 为一致性指标；λ_{max}为最大特征值；n 为阶数。

$$CR=CI/RI \tag{6.8}$$

式中，CR 为一致性比率；RI 为一致性指标。RI 的取值可通过查表得出，如表 6.2 所示。

表 6.2 平均随机一致性指标

矩阵阶数	1	2	3	4	5	6	7	8	9
RI	0	0	0.58	0.90	1.12	1.24	1.32	1.41	1.45

* 资料来源：AHP 文献。

当判断矩阵 $\boldsymbol{C}$ 的 $CR<0.1$ 或 $\lambda_{max}=n$，$CI=0$ 时，可得 $\boldsymbol{C}$ 具有满意的一致性，否则需调整 $\boldsymbol{C}$ 中元素，使其具有满意的一致性。

(2) 灰色多层次综合分析

对每个方案进行评价，首先需制定评判标准，而标准的制定，要确保其合理可行。最优指标集是进行各方案比较的基准，故选择各指标中的最优值作为最优指标集。

① 构建原始矩阵，确定最优指标集

设 $X_{ij}(i=1,2,\cdots,m;j=1,2,\cdots,n)$为所研究系统内第 j 个方案中第 i 个指标的原始数值，原始数据以矩阵表示为 $\boldsymbol{X}=(X_{ij})_{m\times n}$，即 $\boldsymbol{X}$ 为 m 行 n 列矩阵。

设 X_k 为第 i 个指标在各方案中的最优值，可得$(X_{kj}^*)^{\mathrm{T}}=\{X_{1j},X_{2j},\cdots,X_{ij}\}$ $(k=1,2,\cdots,i;j=1,2,\cdots,n)$为该系统内的最优指标。

② 指标集的标准化

因各评价指标的含义和目的各不相同，故需对各个指标进行无量纲化处理，如式(6.9)所示。

$$Y_{ij}=\frac{X_{ij}}{X_{0j}} \tag{6.9}$$

式中，$X_{0j}=\dfrac{1}{n+1}\sum_{i=1}^{n}X_{ij}$，$j=1,2,\cdots,n$。

③ 灰色关联系数的确定

根据灰色多层次系统理论，将经标准化的最优指标集 Y_k 作为参考数列，评价指标集 Y_{ij} 作为被比较数列，比较数列 Y_{ij} 对参考数列 Y_k 在指标 Y_k 上的关联系数 Z_{ij}，如式(6.10)所示。

$$Z_{ij}=\frac{\min_i\min_j|y_k-y_{ij}|+\rho\max_i\max_j|y_k-y_{ij}|}{|y_k-y_{ij}|+\rho\max_i\max_j|y_k-y_{ij}|} \tag{6.10}$$

式中，分辨系数 $\rho\in[0,1]$，一般取 0.5。

综合评价结果矩阵如式(6.11)所示。

$$\boldsymbol{R}=\boldsymbol{W}\times\boldsymbol{Z}^{\mathrm{T}} \tag{6.11}$$

式中，$\boldsymbol{R}$ 为方案综合评价结果矩阵；$\boldsymbol{Z}^{\mathrm{T}}$ 为各指标的关联系数矩阵；$\boldsymbol{W}$ 为评判指标的权重分配矩阵。

利用上述公式逐层建立评判矩阵，连续进行上述评判过程，即可得最终各方案的评判结果$\{R_1,R_2,\cdots,R_n\}$。

6.2.3 综合评价应用工作框架

综上所述，对 ZEB 建筑综合能源系统的评价可结合不同要求进行综合权衡评价，针对主客观需求采取相应的应对评价模式，评价方法应体现科学性，尽可能使用客观数据分析，避免主观因素过多导致的偏好性强的特征。为此本书将熵权法和混合灰色关联多层次综合评价方法运用到 ZEB 建筑综合能源系统的科学评价中，具体实施时，客观数据事件评价采用熵权法，对于主客观兼顾的事件可采用混合灰色关联多层次综合评价法。具体工作流程如图 6.3 所示。

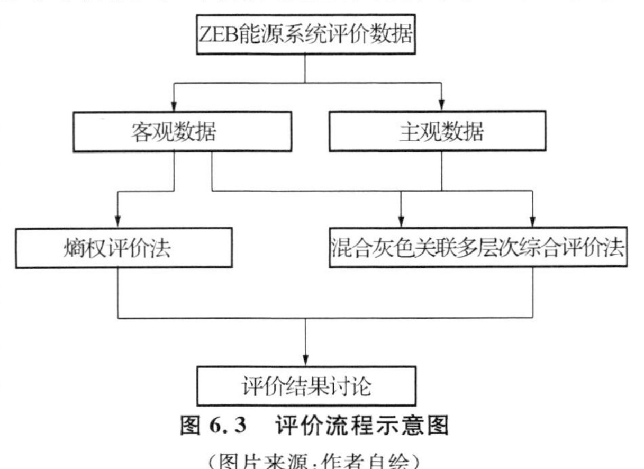

图 6.3　评价流程示意图

(图片来源：作者自绘)

6.3　ZEB 建筑能源供耗系统多目标优化方案的评价优选研究

对于多目标优化通常找到的是一群解集，很难找到最优解，为此如何找到既有一定精确度又有实际意义的满意解，如何在有效解中选择高度有效解，这些问题一直是个难点。一般会将多目标转化为单目标，在非劣解基础上，构造有效函数或加权平均值等方法对方案进行优选。还有利用模糊数学的相似优先比法和贴近度法以及综合评价法，灰色关联度法，模糊神经网络法等①。总体上应根据求解的特点来确定满意解的取值问题，对于各自研究对象需寻求解决问题的相关理论与方法。本节将延续上一章所得优化结果，对工况一的优化非劣结果进行满意度问题研究，构造满意解的求解方法，求取最优解。

---

① 耿玉磊，张翔. 多目标优化的求解方法与发展[J]. 机电技术，2005，27(B10)：105－108.

6.3.1　基于 Pareto 空间特征解㶲分析的改进熵权评价法

本节为了寻找一个满意解，将采用第 4 章提出的寿命期相对节㶲量分析理论，再结合熵权评价法，在非劣解集中寻找满意解。

具体步骤为：首先在解空间中选取 3 个具有代表性的特征解，然后利用 $ELCE_E$ 方法分析 3 个解方案的㶲量和 CO_2 排放量，最后利用熵权法对原指标结合㶲指标统一评价 3 个方案的优劣性，寻求所需满意解。方法工作机理详见图 6.4 所示。

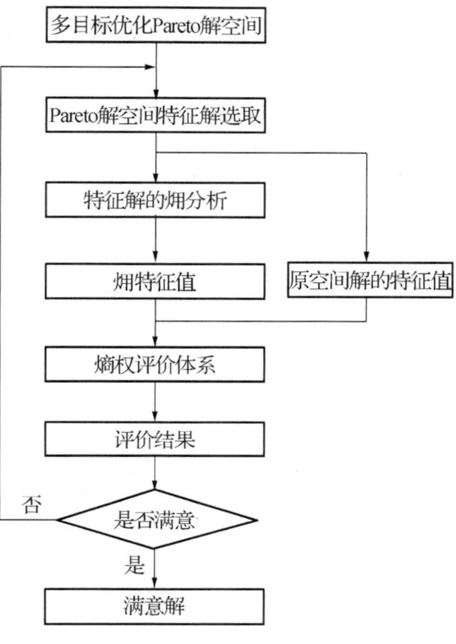

图 6.4　基于 Pareto 空间特征解㶲分析的熵权评价体系工作机理框架

（图片来源：作者自绘）

6.3.2　基于典型房的 Pareto 空间特征解的分析

为了能够获取代表性的空间特征解，以能量平衡值为依据对象，先进行数理统计排序，然后观察数量统计指标的特性，如众数、中值、均值、最大值、最小值之间的关系。工况一的数据分布情况表明，数据为近似连续均匀排列的曲线，如图 6.5 所示。不存在众数情况，均值为 0.03，由于数据分布较为均匀，无偏态分布，故取均值附近值为代表值，为此可选择能量平衡值最大值、均值、最小值的 3 个特征解为代表，具体参数如表 6.3 所示。

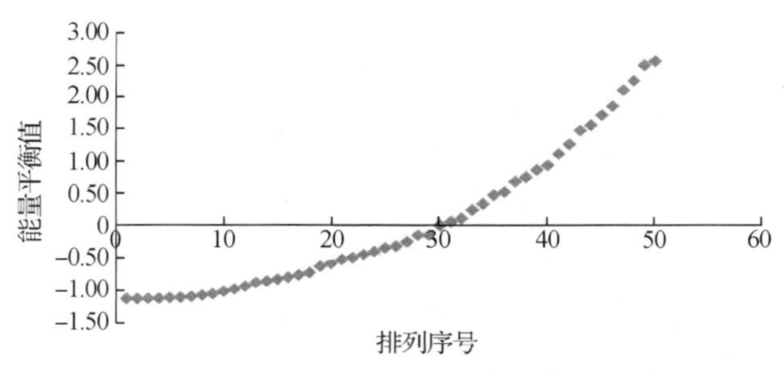

图 6.5　能量平衡值数据分布情况

（图片来源：作者自绘）

表 6.3　特征解的数据情况表

墙体主材厚度值	屋面主材厚度值	窗传热系数值	PV面积值	寿命期节能收益成本值	能量平衡值
X_1	X_2	X_3	X_4	$Z(x)$	$F(x)$
313.80	263.98	0.80	15.38	−37 612.00	−1.13
226.27	201.00	0.80	15.39	−40 229.00	0.00
188.69	143.99	0.80	14.88	−40 764.00	2.56

* 资料来源：作者自绘。

根据 4.3.1 节的分析结果及表 4.5 所列的 ELCE 与生产阶段耗能量各函数关系式，通过核算得出生产阶段相对含㶲量和运行阶段相对节㶲量，得出寿命期相对总节㶲量；根据表 4.1 数据和相对节能量分析，计算 CO_2 节排量，火力发电参考节约 1 kWh 电可节约 CO_2 为 0.997 kg①。从表 6.4 数据中可以发现光伏系统取值基本相同，故在分析时，其对整体评价影响较弱，故在分析时着重分析围护结构。

表 6.4　分析计算结果

项目	生产阶段相对节㶲量(kWh)	运行阶段相对节㶲量(kWh/a)	生产阶段 CO_2 节排量(kg)	运行阶段 CO_2 节排量(kg/a)
方案 1	−15 465.49	136.03	−13 399.10	2 429.03
方案 2	−8 046.22	116.09	−8 070.91	2 073.01
方案 3	−3 426.81	91.4	−4 753.00	1 622.42

* 资料来源：作者自绘。

从上表的计算结果结合寿命期 30 年的相对节㶲量分析，方案 1 为 −11 384.59 kWh，方案 2 为 −4 563.52 kWh，方案 3 为 −684.81 kWh；CO_2 相对节排量，方案 1 为 59 471.8 kg，方案 2 为 54 119.39 kg，方案 3 为 43 919.6 kg。

6.3.3　综合特征值的改进熵权评价

笔者发现在进行熵权分析时，当某些数值差距很小时，在实际考量中可以视为基本同等条件，特别是诸如建筑工程中，有些数据不需要由细微差异评判权重，而往往很微小的数值差异也会带来很大的决策偏差，从而使熵权法的应用受到了一定限制，有必要结合具体应用对其进行一定的改进。

本书案例中，各方案中光伏面积指标为 x_4，3 个方案面积差距很小，在实际中都为 2.2 kWp 的发电功率，应视为等同。而如按照所得数值与实际情况评价的结果却完全不同，结果对比如表 6.5 所示。为此基于 6.2.1 节建立的熵权法基本原理，需对熵权法进行改进，以求得较为准确的评价结果。

① 舟丹. 节约 1 度(kWh)电或 1 kg 煤到底减排了多少“二氧化碳”或“碳”[J]. 中外能源，2011，11：58.

表 6.5 两种情况计算指标对比

评价指标	x_1	x_2	x_3	x_4	x_5	x_6	x_7	x_8	优值接近度
按实际数值熵权值	0.133	0.132	0.000	0.200	0.139	0.133	0.131	0.132	方案 1>方案 2>方案 3
按等同条件熵权值	0.166	0.165	0.000	0.000	0.174	0.166	0.164	0.165	方案 1>方案 3>方案 2

*资料来源:作者自绘。

在对初始指标进行归一化时,根据相似原理对所评价同属性指标间进行相似度分析,令 $\alpha = x_{ij}/x_{im}$,这里 x_{ij} 为第 i 个评价指标集中的第 j 个指标,x_{im} 为与 x_{ij} 近似的指标,当 α 或 $1/\alpha \in (a,1)$ 时,$x_{ij} = x_{im}$;a 为两值等同条件系数,这里 a 可由实际经验设定,该方法可以解决因数值间微差导致与实际结果的偏差。

经过上述方法将指标修订,再把修订后的指标结合公式(6.1)进行计算,分析得出各方案的优值接近度。计算分析过程详见表 6.6。

表 6.6 熵权分析计算过程表

项目	评价指标								注释
	墙体EPS厚度值	屋面EPS厚度值	窗传热系数值	光伏面积值	寿命期节能收益成本值	能耗平衡值	寿命期节㶲量值	寿命期 CO_2 节排量值	
方案 1	313.8	263.98	0.8	15.38	−37 612	−1.13	−11 384.59	59 471.800	评价矩阵
方案 2	226.27	201	0.8	15.39	−40 229	0	−4 563.52	54 119.390	
方案 3	188.69	143.99	0.8	14.88	−40 764	2.56	−684.81	43 919.600	
评价属性	越小越好	越小越好	越小越好	越小越好	越小越好	越小越好	越大越好	越大越好	
方案 1	0	0	0	0.00	0	1	0	1	***B*** 归一化
方案 2	0.70	0.52	0.00	0.00	0.83	0.69	0.64	0.66	
方案 3	1.00	1.00	0.00	0.00	1.00	0.00	1.00	0.00	
方案 1	0.21	0.22	0.33	0.33	0.21	0.43	0.22	0.43	***F*** 熵值标
方案 2	0.36	0.34	0.33	0.33	0.38	0.36	0.35	0.36	
方案 3	0.43	0.44	0.33	0.33	0.41	0.21	0.43	0.21	
M	0.97	0.97	1.00	1.00	0.96	0.97	0.97	0.97	熵值标
W	0.166	0.165	0.000	0.000	0.174	0.166	0.164	0.165	熵权
方案 1	0.000	0.000	0.000	0.000	0.000	0.166	0.000	0.165	***C*** 复权指标矩阵
方案 2	0.116	0.086	0.000	0.000	0.145	0.115	0.105	0.108	
方案 3	0.166	0.165	0.000	0.000	0.174	0.000	0.164	0.000	
P^*	0.166	0.165	0.000	0.000	0.174	0.166	0.164	0.165	理想点
项目	方案 1	方案 2	方案 3						优值接近度
T_i	0.672	0.323	0.328						

*资料来源:作者自绘。

经上述分析得出,方案 2 的 T_i 为 0.323 最小,表明方案 2 的各项综合指标与理想值之间的距离较近,故综合评价结果方案 2 为首选,其次为方案 3、方案 1。

6.3.4 结果总结与验证

下面对案例的分析结果进行分析，验证典型房以月为单位的能量供应情况，将参数进行 DesignBuilder 仿真模拟分析，结合 4.3.1 节分析结果将热水及空调能耗按运行特点分摊，得到每月耗能量，用 PVsyst 仿真模拟光伏发电量，综合两项得出年能量匹配情况，如图 6.6 所示。

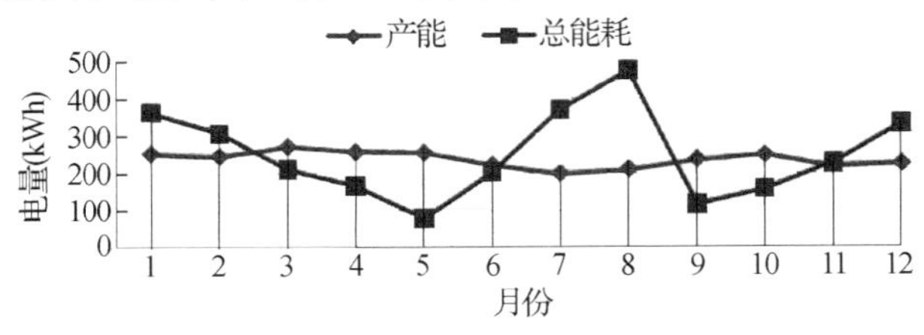

图 6.6 典型年独立户型 PV 产电与总耗电关系

（图片来源：作者自绘）

对 PV 面积值核算时，应折合成产品部件单元的组合面积，15.39 m^2 的面积实际安装 PV 组件为 11 组，合计 2.2 kWp。经核算典型户型年发电总量为 2 847.2 kWh，年耗能为 3 012.4 kWh，能量供小于求，平衡值为 1.82 kWh/(m^2 · a)，运行模式为 nZEB。同理可得出其他类型户型能量分布情况，如图 6.7 及表 6.7 所示。

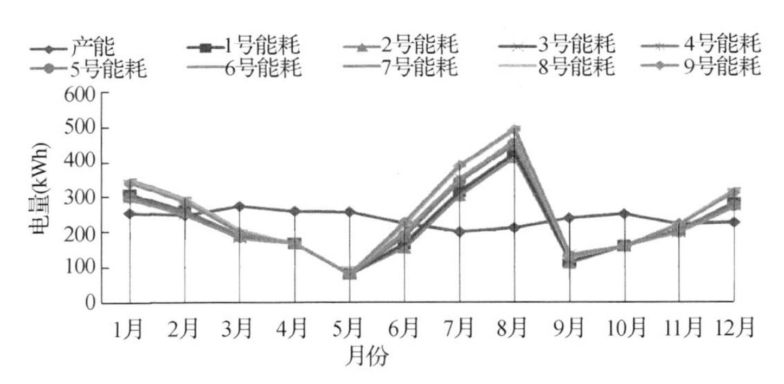

图 6.7 各类户型能量供耗趋势图

（图片来源：作者自绘）

表 6.7 各集合能量供耗情况表

1 号集合户型	2 号集合户型	3 号集合户型
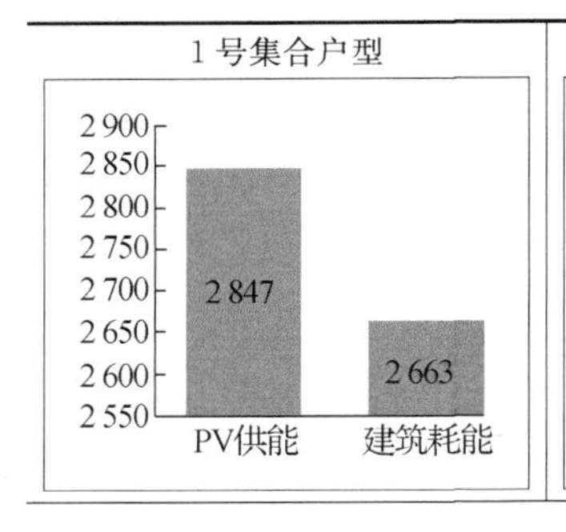	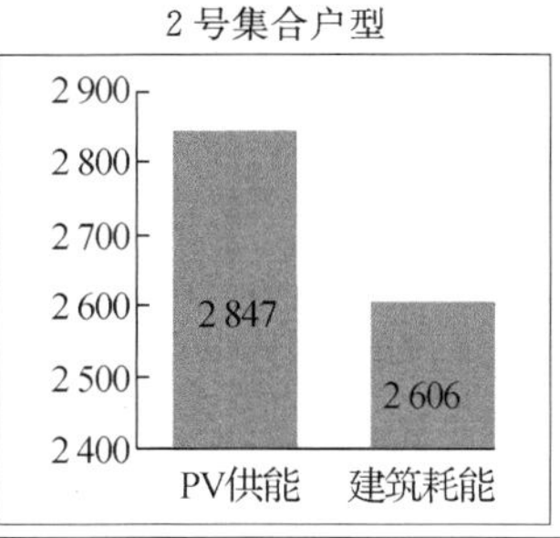	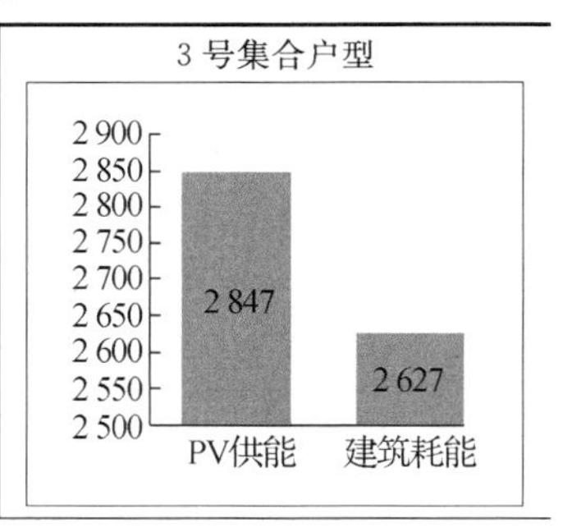

续表 6.7

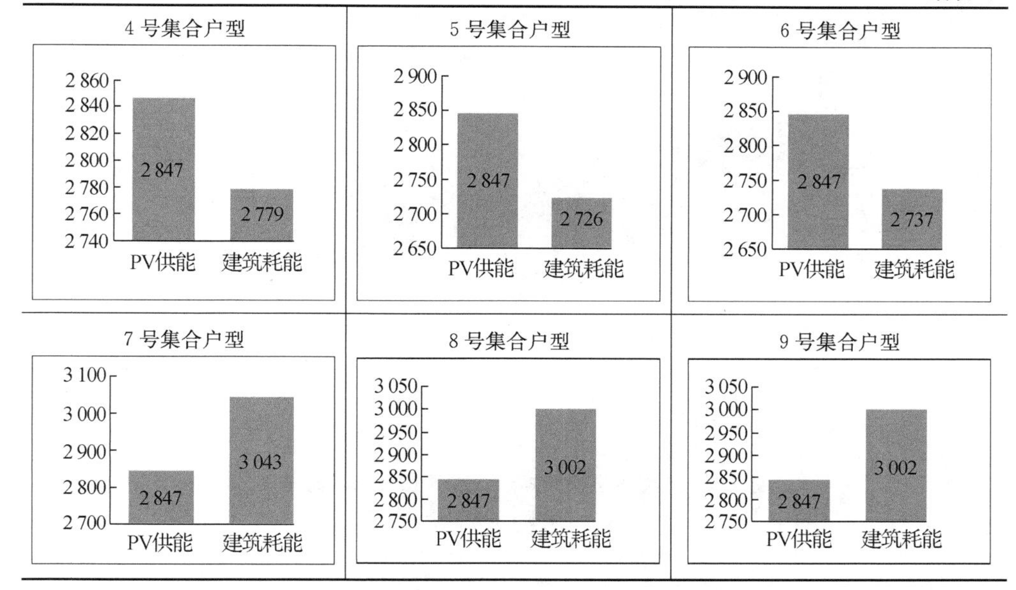

* 资料来源:作者自绘。

综上分析,可以得出如下结论,独立户型的能量供耗趋势与其他 9 类户型的情况基本相同,独立户型与 7、8、9 号户型从能量供耗关系上看,应为 nZEB 建筑模式,1～6 号户型为 NZEB 建筑模式。能源供给上,每年的 3～6 月、9～11 月能源供大于耗,为能源储备或对外供能模式;每年的 1 月、2 月、7 月、8 月、12 月能源供小于耗,为能源补给或供给模式;能量需求最大发生在 7～8 月期间,最少发生在 5 月期间。

由于前面分析能量供耗关系时,PV 组件的发电量情况的选取为典型年情况,为了能更真实地反映实际情况,需考虑按逐年动态情况,根据 5.3.2 节中的逐年衰减因素下的有效发电量分析,经核算户型逐年能量供耗动态分析情况如图 6.8 所示。

在该能量供耗模式下,1、2、3 号户型可在运行的前两年实现 NZEB 建筑模式;4、5、6 号户型可在运行的第一年实现 NZEB 建筑模式。总体上 9 类户型若按寿命期 30 年核算最不利情况值年需电量 1 141 kWh 即为 12.5 kWh/(m^2 · a)低于国际 nZEB 标准 15 kWh/(m^2 · a),满足 nZEB 建筑模式要求。

6.4 本章小结

本章总结当前评价体系存在的问题,剖析了国外对 ZEB 建筑所采取的评价模式,对比当前各评价方法的特性,并基于主客观评价特性建立了 ZEB 建筑综合评价方法,对评价体系进行了详细的构建和改进。以上一章的分析结果为例展开了综

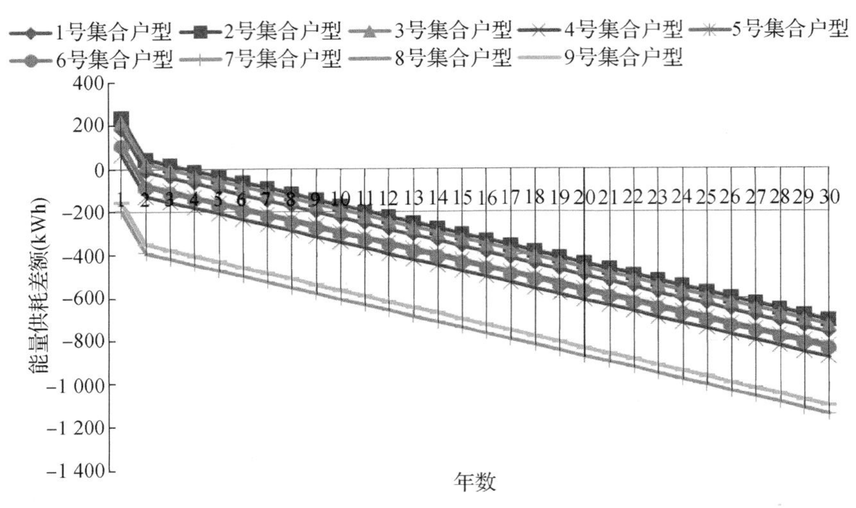

图 6.8　各类户型寿命期运行能量供耗情况趋势图

(图片来源:作者自绘)

合评价体系的实际应用研究,并对分析结果进行了讨论,证明建立的综合评价系统是全面、科学地解决实际方案的有效途径。经过分析总结,利用“九宫格”方法得出了一组京津寒冷地区 ZEB 居住建筑的最佳节能系统组合模式、运行工况参数数据及能流基本运行关系。本章具体理论研究框架脉络如图 6.9 所示。

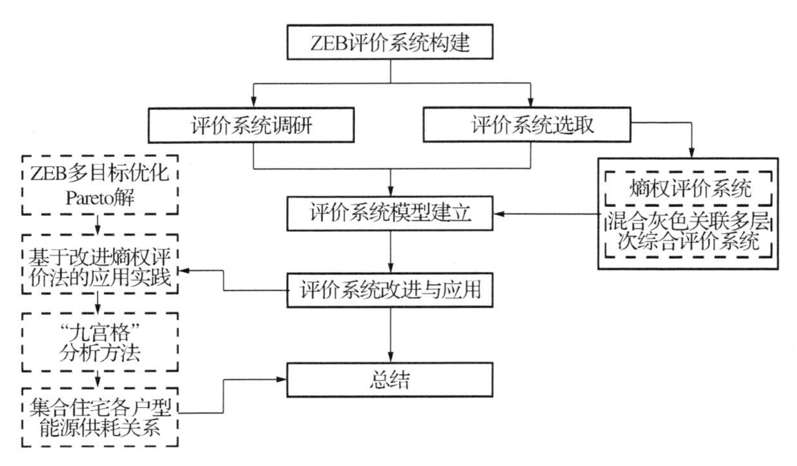

图 6.9　研究基本框架脉络

(图片来源:作者自绘)

7　零能耗太阳能居住建筑实验室建设研究

7.1　实验室综合能源系统设计

7.1.1　ZEB 实验室建设概述

为了能够系统地研究零能耗太阳能建筑系统运行机理，对一处 ZEB 实验监测室进行案例实证。该实验室为一个独立式小体量 ZEB 住宅模式，坐落在天津大学校园内，建筑正南北朝向。该实验室建设过程主要包括建筑设计、能源系统设计、施工建造三个主要部分。实验室主要建设系统包括建筑节能综合测控系统、室内卫浴装备系统、地源热泵系统、室内暖通系统、光伏电池、室内装修、家电设备以及能量管理系统。

实验室研究主要内容：分析研究采用太阳能和地源热能等综合节能技术系统，监测为建筑提供全年采暖、空调制冷和全年生活热水、用电等的能源消耗；建立能源供耗平衡关系，寻求各耦合模式能源效率，优化能源利用，建立零能耗建筑运行模式，监测建筑能源匹配情况；采取自动化智能系统的设计，研究零能耗智能太阳能建筑体系，为使系统高效集约及智能化，需要进行相关自动控制系统的设计，从而使主、被动节能系统发挥更大潜力，可最大限度地利用太阳能、地热能等多能源系统，更好地发挥功效；通过对供能系统间的耦合关系进行科学的评价，解决太阳能在建筑利用中存在的非稳定因素问题，构建既经济又实用的零能耗太阳能一体化智能建筑稳定模式。最终实现以节能、产能、蓄能为基本理念设计零能耗建筑，并加以推广，为建筑节能发展和绿色建筑迈向零能耗之路提供有力支撑。

7.1.2　多目标优化设计

1）建筑基本概况

建筑设计以 2010 年度太阳能十项全能竞赛为原型，建筑面积为 74 m^2，建筑有效高度为 3.3 m。建筑户型空间含有起居室、书房、卧室、厨房、门厅、餐厅、中庭、设备间、卫生间等，为“九宫格”平面设计模式。建筑平面如图 7.1 所示。

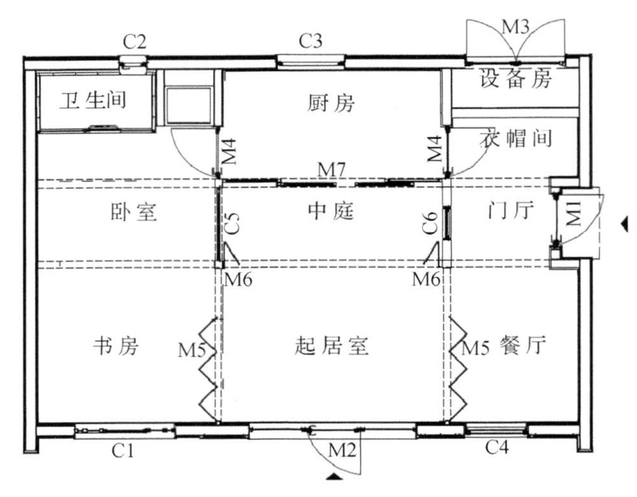

图 7.1 实验室平面图

(图片来源:作者自绘)

2) 多目标优化设计

为了能够得到经济与能源匹配最佳的方案,对围护结构的墙体、屋面主材的选取、窗型、PV 光伏面积进行多目标优化设计。

围护结构采用 SIP 板体系,取值范围最大厚度设为 220 mm,即各项指标设定为 0.2 W/(m^2 · K)(参考德国 2014 年节能标准及厂家的产品参数),墙体室外挂 16 mm 厚日吉华装饰板,屋顶防水层 4 mm 厚,内部石膏装饰板 6 mm 厚;窗采用中空玻璃;PV 采用 PLUTO200-Ada,安装位置设定在屋顶,为了美观平屋顶部分的水平倾角为 2°;供能系统设定为地源热泵系统。核算结果如表 7.1~表 7.3 所示。

表 7.1 各系统工况数学模型统计表

部位	运行阶段能耗数学模型				约束条件
	材料工况	能耗方程	原能耗值	ELCE 方程	
墙体	EPS 制热	$y=0.000\,34x^2-0.21x+96$	84.81	$y=-0.000\,34x^2+0.21x-11.19$	$x\in(64,220)$
	EPS 制冷	$y=2.3\text{E}-05x^2-0.014x+53$	52.44	$y=-2.3\text{E}-05x^2+0.014x-0.56$	
屋面	EPS 制热	$y=0.000\,11x^2-0.077x+91$	84.81	$y=-0.000\,11x^2+0.077x-6.19$	$x\in(100,220)$
	EPS 制冷	$y=2.2\text{E}-05x^2-0.015x+54$	52.44	$y=-2.2\text{E}-05x^2+0.015x-1.56$	
窗	玻璃制热	$f_0(x-a)=\begin{cases}1, & x=a,\\0, & x\neq a\end{cases}$ $f(x)=84.81f_0(x-2.7)+81.26f_0(x-1.95)+79.86f_0(x-1.5)+70.04f_0(x-0.8)$	84.81	$f_0(x-a)=\begin{cases}1, & x=a,\\0, & x\neq a\end{cases}$ $f(x)=84.81-[84.81f_0(x-2.7)+81.26f_0(x-1.95)+79.86f_0(x-1.5)+70.04f_0(x-0.8)]$	x=2.7,1.95,1.5,0.8
	玻璃制冷	$f_0(x-a)=\begin{cases}1, & x=a,\\0, & x\neq a\end{cases}$ $f(x)=52.44f_0(x-2.7)+51.56f_0(x-1.95)+50.060(x-1.5)+44.80f_0(x-0.8)$	52.4	$f_0(x-a)=\begin{cases}1, & x=a,\\0, & x\neq a\end{cases}$ $f(x)=52.44-[52.44f_0(x-2.7)+51.56f_0(x-1.95)+50.060(x-1.5)+44.80f_0(x-0.8)]$	

* 资料来源:作者自绘。

表 7.2 各系统工况成本 ELCC 数学模型统计表

部位	项目	数学模型	约束条件
墙体	EPS	$y=25.53x-1\ 634$	$x\in(64,220)$
屋面	EPS	$y=19.41x-1\ 941$	$x\in(100,220)$
窗	玻璃	$f_0(x-a)=\begin{cases}1, & x=a,\\ 0, & x\neq a\end{cases}$ $f_c(x)=0f_0(x-2.7)+639.41f_0(x-1.95)+788.11f_0(x-1.5)+2\ 007.5f_0(x-0.8)$	$x=2.7, 1.95, 1.5, 0.8$

* 资料来源：作者自绘。

表 7.3 PV 与地源热泵供能系统数学模型统计表

系统	数学模型	y	x
单晶硅 PLUTO200-Ada 组件	$y=191.2x-114.3$	发电量	面积
地源热泵系统	$y=0.4x+0.6$	投资比	能耗比

* 资料来源：作者自绘。

由于该实验室设备运行与生活用电主要参照理想状态，家电参照竞赛模式核算设计值（详见附录十），生活用电为全电力模式，故这里取 40.5 kWh/(m^2 · a)（即为 3 000 kWh/74 m^2），其他计算参数参考 5.3 节内容。

能量平衡目标函数

$$F(x)=0.000\ 1x_1^2+4.2\text{E}-05x_2^2-0.06x_1-0.03x_2-2.58x_4-0.25f_1(x_3)-0.66f_2(x_3)+103.6<15$$

成本目标函数

$$Z(x)=0.019x_1^2+0.019x_2^2-51.76x_1-18.6x_2-282.29f_1(x_3)-1\ 047.6f_2(x_3)+f_c(x_3)+1.44x_4-39\ 148$$

约束条件：

$$x_1\in(64,220), x_2\in(100,220), x_3=2.7、1.95、1.5、0.8, x_4\in(8,30)$$

且

$$f_0(x-a)=\begin{cases}1, & x=a,\\ 0, & x\neq a\end{cases}$$

$$f_c(x_3)=0f_0(x-2.7)+639.41f_0(x-1.95)+788.11f_0(x-1.5)+2\ 007.5f_0(x-0.8)$$

$$f_1(x_3)=84.81-[84.81f_0(x-2.7)+81.26f_0(x-1.95)+79.86f_0(x-1.5)+70.04f_0(x-0.8)]$$

$$f_2(x_3)=52.44-[52.44f_0(x-2.7)+51.56f_0(x-1.95)+50.060(x-1.5)+44.80f_0(x-0.8)]$$

最终的计算结果结合厂家实际生产规格要求，可采用的建筑围护结构为：屋面、墙体、地面均采用210 mm厚SIP板结构体系，窗(门)为木框玻璃三层3 mm厚LOW-E中空玻璃系统，传热系数0.8，光伏组件面积取30 m^2。建筑围护结构热工设计指标如表7.4所示，多目标设计结果数据参见附录十一。

表7.4 围护结构热工计算参数表

名称	构造做法	传热系数K [W/(m^2·K)]	传热面积(m^2)
外墙	1. 16 mm厚日吉华外装饰板，导热系数0.21 W/(m·K) 2. 210 mm厚SIP板，导热系数0.039 W/(m·K) 3. 6 mm石膏板	0.2	南向20.04
			北向31.37
			东向21.24
			西向23.34
外窗(门)	5 mm+v+5 mm(Low-E)+9Ar+5 mm double hollow wall glass	0.8	南向11.65
			北向1.12
			东向2.1
			西向0
屋顶	1. 4 mm防水层	0.2	73
	2. 210 mm厚SIP板0.039 W/(m·K)		
	3. 6 mm厚石膏板0.33 W/(m·K)		
地面	周边用SIP板板状保温0.039 W/(m·K)，地面热辐射保温层结构层6 mm厚复合木地板0.05 W/(m·K)	周边0.093	55
		非周边0.093	18

*资料来源：作者自绘。

7.1.3 多能源系统设计

1) 多能源系统集成的优选与评价

能源系统设计，由于为一个实验性建筑，为此应尽可能利用更多的能源系统集成，观测其能效问题。对所选系统进行核算和方案优选后方可进行下一步建设。为了能够更加科学有效地进行能源系统选取与设计，除地源热泵系统外，还选取了空气源热泵系统，并结合不同的末端工况，集成组合了三个方案进行优选评价，根据第6章6.2.2节内容，利用所建立的混合灰色关联多层次综合评价方法进行方案优选。

三种方案的具体系统组成如下：

方案1：太阳能+多联机空调系统，即冷热源采用风冷热泵机组，每台机组连接数台相同或不同型号的直接蒸发式室内末端机组，简称为空气源热泵系统(ASHP)。

方案2：太阳能+地源热泵+风机盘管空调系统，即冷热源为单螺杆式冷热水热泵机组，室内末端为风机盘管，简称为常规地源热泵系统(SGSHPS)。

方案3：太阳能+地源热泵+冷/温双槽水蓄能+风机盘管空调系统。

评价优选过程中，分别选取太阳能利用效率、经济性、社会性和节能性四方面进行研究，能源方面采用 Equest 软件对三种空调系统进行仿真模拟，仿真模拟分析数据参见附录十二，经过核算，各系统全年能耗情况如表 7.5 所示。

表 7.5 各系统运行下建筑全年能耗情况表

项目	空气源热泵	地源热泵 (24 h)	地源热泵 (工作日)	地源热泵 加水蓄能
制冷(kWh)	1 874.3	696.0	632.5	632.5
供热(kWh)	1 513.4	668.8	626.8	626.8
风机(kWh)	2 062.5	1 538.3	418	418
水泵(kWh)	98.4	2 702.8	1 962.8	971.4
热泵补充能耗(kWh)	177.6	0	0	0
用电设备(kWh)	2 643.8	2 643.8	2 638.5	2 638.5
照明(kWh)	302.5	302.5	320.5	320.5
全年总能耗(kWh)	8 672.5	8 552.2	6 599.1	5 607.7

* 资料来源:作者自绘。

经数据分析整理，选取空气源热泵、地源热泵(工作日)、地源热泵加水蓄能，结合 6.2.2 节建立的评价原理，对原评价参数进行计算分析，如表 7.6 所示。

表 7.6 原评价参数表

评价项目	评价指标	方案 1	方案 2	方案 3	特性
太阳能利用效率	光伏组件电池/m^2	41.00	31.00	26.00	↓
	投资/万元	17.60	14.00	12.00	↓
	投资回收期/a	20.00	21.20	21.40	↓
设备经济性	初始投资/万元	1.30	3.30	3.80	↓
	投资回收期/a	4.80	8.90	10.27	↓
设备社会性	技术先进性	0.80	0.80	0.80	↑
	安全性	0.80	0.80	0.80	↑
	稳定性	0.7	0.8	0.9	↑
	维护方便性	0.90	0.80	0.70	↑
设备节能性	制冷工况/kWh	1 874.3	632.5	632.5	↓
	供热工况/kWh	1 513.4	626.8	626.8	↓
	风机/kWh	2 062.5	418.0	418.0	↓
	水泵/kWh	98.4	1 962.8	971.4	↓
	热泵补充能耗/kWh	177.6	0	0	↓

注：↑为正指标，即该指标越大越好；↓为逆指标，即该指标越小越好。

* 资料来源:作者自绘。

故可选出最优指标集：

$X^{*T}=\{26,12,20,1.3,4.8,0.8,0.8,0.9,0.9,632.5,626.8,418,98.4,0\}$

综合评价过程如表 7.7 所示。

表 7.7　综合评价计算参数表

评价层级	评价指标	权重	方案 1	方案 2	方案 3
太阳能利用效率	光伏电池	0.311	0.333	0.600	1.000
	投资	0.196	0.333	0.583	1.000
	投资回收期	0.493	1.000	0.368	0.333
	评价结果	0.275	0.662	0.482	0.671
设备经济性	初投资	0.500	1.000	0.385	0.333
	投资回收期	0.500	1.000	0.400	0.333
	评价结果	0.124	1.000	0.392	0.333
设备社会性	技术先进性	0.286	1.000	1.000	1.000
	安全性	0.203	1.000	1.000	1.000
	维护方便性	0.170	1.000	0.500	0.333
	稳定性	0.341	0.333	0.667	1.000
	评价结果	0.123	0.773	0.801	0.886
设备节能性	制冷	0.335	0.333	1.000	1.000
	供热	0.305	0.333	1.000	1.000
	风机	0.129	0.333	1.000	1.000
	水泵	0.108	1.000	0.333	0.516
	热泵补充能耗	0.124	0.333	1.000	1.000
	评价结果	0.476	0.405	0.928	0.948
最终综合评价结果(值越大越好)			0.623	0.675	0.917

* 资料来源:作者自绘。

评价模型结果表明,在太阳能利用效率方面,方案 3>方案 1>方案 2;设备的经济性方面,方案 1>方案 2>方案 3;在设备的社会性方面,方案 3>方案 2>方案 1;在设备的节能性方面,方案 3>方案 2>方案 1。由第三层综合评价结果可知,方案 3 为最优,其次为方案 2 和方案 1,这主要是因为方案 3 的综合效益较好,各项指标无明显缺陷存在,太阳能利用效率、社会性及节能性都为优选,尽管设备初投资成本较高,但在后期运营费用会得到很大节省,能够更好地达到零能耗建筑需要,故其综合评价结果分值为 0.917,为最优值。

从优化评价方案的结果可看出,用电设备和照明的年耗电量为 2 971 kWh,与基本设备耗电情况 3 000 kWh 基本吻合。如果选择方案 2(地源热泵系统工作日运行模式),则建筑全年总耗电量为6 600 kWh,方案3为5 607.7 kWh。太阳能光伏设置按尽可能取得更多电量原则并结合了多目标优化设计PV组件面积30 m^2的结果,最终采用三种安装模式,平屋顶21块PLUTO200-Ada光伏板,尺寸1 580 mm×808 mm;坡屋顶9块PLUTO200-Ada光伏板,尺寸1 580 mm×808 mm;女儿墙24块小型STP200-18/Ub光伏板,尺寸285 mm×865 mm;最终年发电量约为7 045 kWh,满足建筑年耗电量需要。经Equest和PVsyst模拟,月能量供耗关系如图7.2所示。

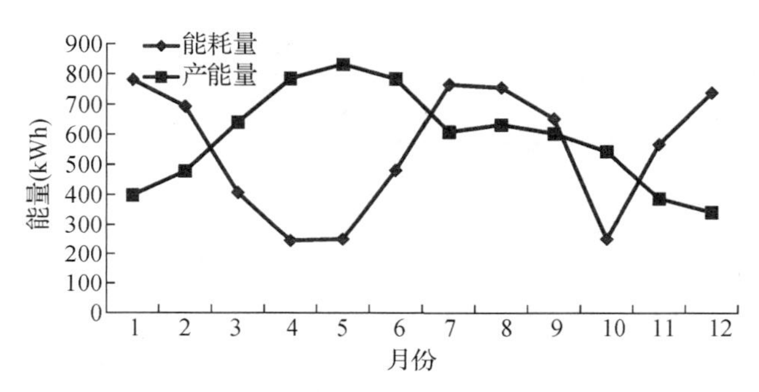

图7.2 建筑月能量供耗关系图

(图片来源:作者自绘)

2) PV系统

光伏电池分为单晶硅和多晶硅,屋顶的平坡面与斜坡面为单晶硅,型号PLUTO200-Ada;护栏和女儿墙为多晶硅,型号STP200-18/Ub。PV储能电池为日立LL1500-W24组储能电池。为了能够取得更多的发电量,将屋顶和护栏都安置了光伏电池。具体设备性能统计如表7.8,图7.3所示。

表7.8 光伏安置设备基本性能统计表

部位	串并关系	峰值电压/V	峰值电流/A	开路电压/V	短路电流/A	单片功率/W	数量/片	总功率/W	逆变器功率/W
平屋顶	7串3并	268.8	15.6	322.7	16.5	200	21	4 200	5 000
坡屋顶	9串1并	345.6	5.21	414.9	5.5	500	9	1 800	3 000
女儿墙	24串1并	288	2.51	360	2.65	30	24	720	3 000
南侧护栏	14串2并	420	2.6	512.4	2.84	37	28	1 036	3 000
东侧护栏	14串3并	420	3.75	512.4	4.26	37	42	1 554	5 000

* 资料来源:作者自绘。

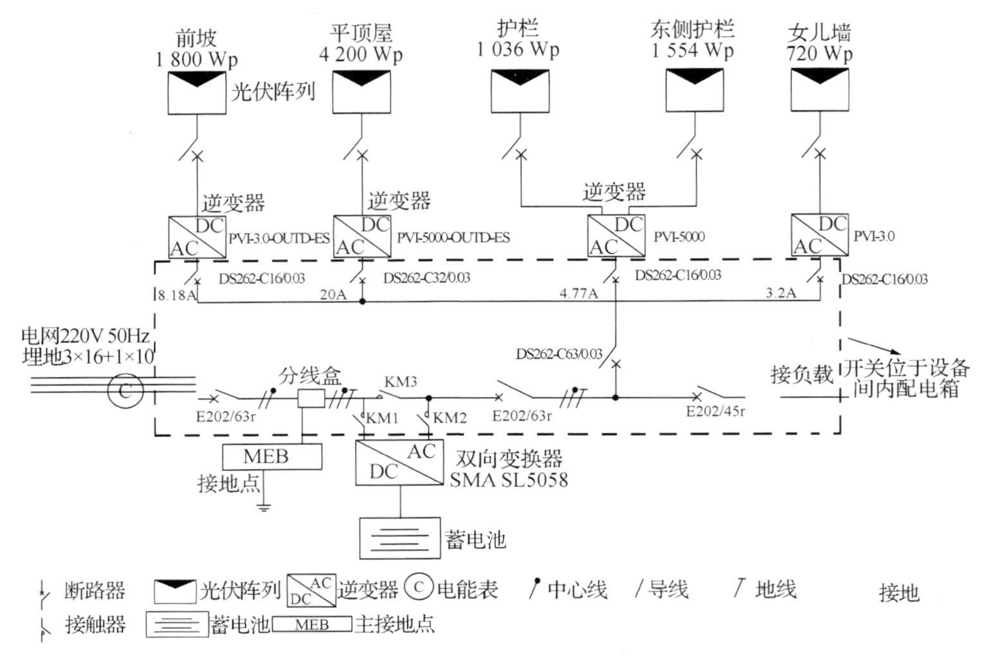

图 7.3　光伏板系统安装示意图

（图片来源：作者自绘）

3）相变地采暖系统

为了能够充分减少能耗，实验室后期采取了低温地板辐射系统结合相变材料技术，利用相变材料的自调节能力，改善室内热环境。相变材料选取了北京正凯宏业科技有限公司的 ESM-23 相变材料，相变温度点 23 ℃，即在环境温度偏离 23 ℃时，此相变材料能够很好地利用其储热放热的功能，维持温度在 23 ℃左右。产品技术参数：相变潜热值为 185～210 kJ/kg，密度为 1.56 g/cm^3，工作上限温度为 85 ℃，固态比热容 49.95 kJ/(kg·℃)，液态比热容 98 kJ/(kg·℃)。基本性能检测情况如图 7.4 所示。

热能理论核算分析：按照太阳能热泵方式结合地源水温，相变蓄暖所需的建筑室内温度每平方米大约需要 ESM-23 储能相变材料 5～6 kg，其储能密度为每平方米1 000～1 100 kJ 的能量，相当于 0.33 度电，也就是 100 平方米的建筑，需储能相变材料 500～600 kg，相当于储能密度为 33 度电的电能。其中，相变储能材料释放出热量的过程，跟周围的环境温度和导热材料有很密切的关系，例如，1 kg 的 ESM-23 储能相变材料，在 0 ℃的环境中，释放热能的时间是（固化时间）10～15 min，在50 ℃的环境中，吸收热能的时间是 15～20 min。考虑环境和包装等的问题，温差相同情况下吸热与放出热能的时间相当。如夏季，昼夜温差使得相变储

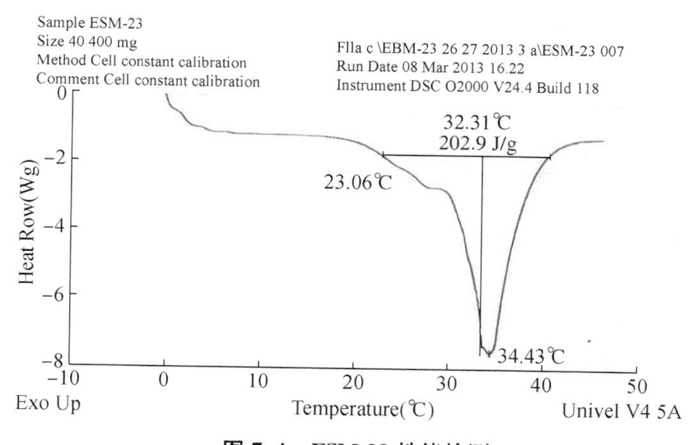

图 7.4　ESM-23 性能检测

（图片来源：厂家检测报告）

能材料进行一个完整的固液变化循环，白天室内温度较高，如 35 ℃，相变材料吸热，如按每 100 m^2 吸热量为 33 度电，在 35 ℃环境中吸热时间为 6 h，从而使室内温度低于室外温度；夜晚温度低，相变储能材料把白天的储热量释放出来，室内温度为 15 ℃时，放热时间为 6～8 h，放热过程使得室内温度保持在 23 ℃左右。

将相变材料安置在辐射管之间，储能相变材料使用矩形不锈钢管包装，规格为：100 mm×25 mm，管子长度为 1 m，壁厚 0.6 mm，使用设计年限 50 年，热源温度不宜大于 60 ℃。相变储能材料与地板采暖构造示意图如图 7.5 所示。

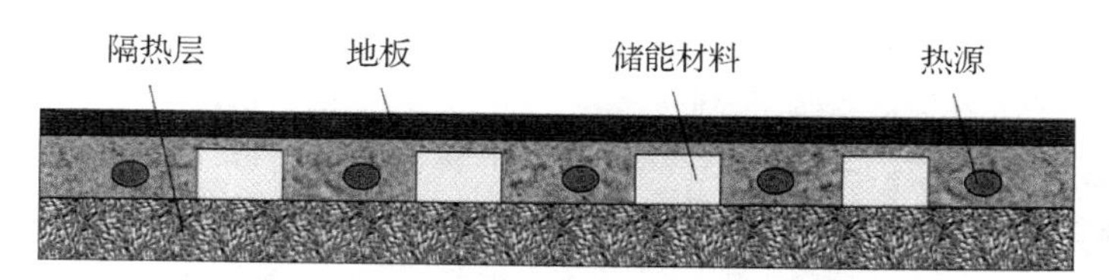

图 7.5　相变储能材料的采暖构造示意图

（图片来源：厂家资料）

为了验证相变材料的功效，对其进行了实验测试对比验证，实验测试仪为 SCQ-01a 温度采集记录器，量程范围：−30 ℃～50 ℃；测量准确度：≤0.5 ℃；采样周期：10 s 至 24 h(任选)；存储容量：16 000 条数据。测试验证样本为 2013 年和 2014 年，时间测试区间为 10 月 25 日～11 月 27 日，实验测试点间隔设定为 1 h。测试结果详见附录十四，如图 7.6 所示。

从测试前后对比结果数据中可以发现，在未使用相变材料工况下每天室内的温度波幅较大，每天室内的温度波幅为 5～6 ℃，总体室内温度在 8～22 ℃区间，总

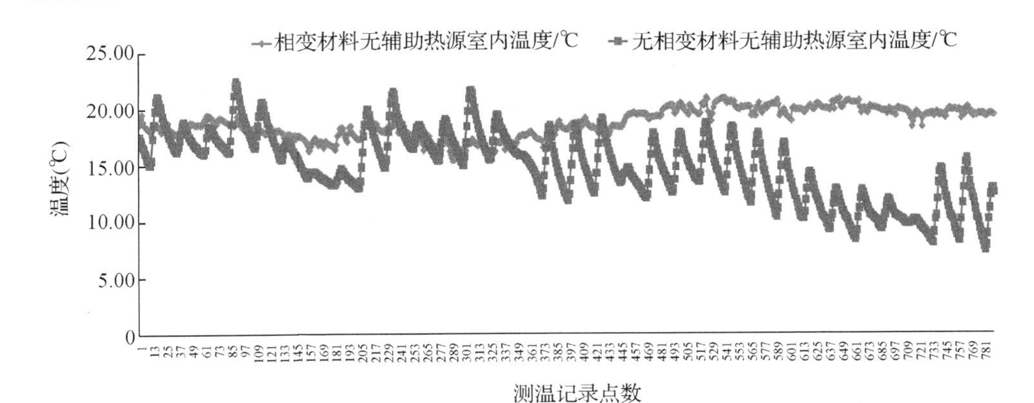

图 7.6 相变材料前后室内温度对比分析图

（图片来源：作者自绘）

体室内平均温度为 14.8 ℃；在使用相变材料工况下每天室内的温度波幅很小，每天温度波幅控制在 1 ℃左右，总体室内温度基本控制在 16～21 ℃区间，室内平均温度为 18.6 ℃。上述结果表明 ESM-23 储能相变材料对改善室内温度起到了很好的作用，能达到预期效果。

4）太阳能集热器

太阳能集热器选用无水箱 PCM 太阳能集热器，型号 ZN-1070-2 100 W，该集热器采用高性能 PCM 相变储能材料，以 PCM 相变储能材料替代水进行储热。它可以替代笨重水箱，且耐热防冻、安全可靠，系统简单、水温恒定，首次实现太阳能热水器的无水箱化，有利于建筑元素化、建筑一体化。实验室利用该系统夏季提供生活热水，冬季切入地源侧辅助制热。

5）地源热泵系统

地源热泵系统是冬夏季室内热舒适的主要保障系统，根据前面的分析结果，以多能源系统实验为目的。整体系统工况设计：夏季工况，热泵机组提供冷水输送给末端的风机盘管、毛细管用于室内制冷，生活热水由太阳能集热器提供；冬季工况，热泵机组结合太阳能集水箱提供热水输送给末端设备风机盘管和相变低温地板辐射系统用于室内制热，生活热水由太阳能集热器提供。系统集成设计如图 7.7 所示。

地源热泵系统设计的重点应为地埋管式换热器，埋管长度设计同每个工程情况有着密切的关系。实验室采用地源热泵系统满足各房间夏季供冷、冬季供暖的需求。夏季室内送风采用卧式暗装风机盘管，冬季采用地板辐射采暖。经核算，建筑夏季最不利时段的总冷负荷指标为 3 463 W，冬季最不利时段的总热负荷指标为 1 851 W。

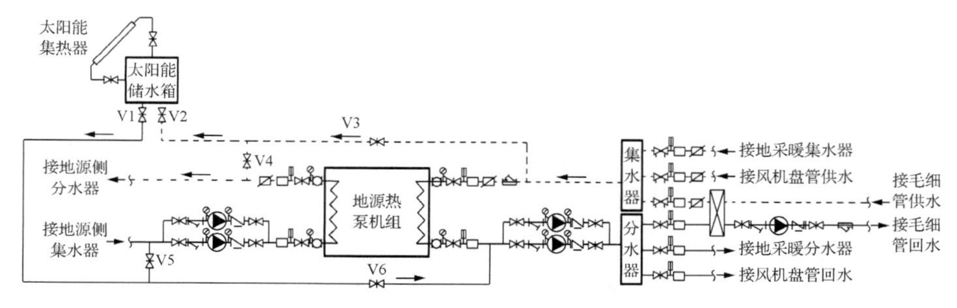

图 7.7　空调系统集成设计图

（图片来源：作者自绘）

具体设计步骤如下：

（1）埋管最大换热量计算

$$Q'=Q\cdot(1+1/COP)$$

实验房的各负荷指标：夏季 Q 为 3 463 W，冬季 Q 为 1 851 W。$COP_{夏}$ 取 4，$COP_{冬}$ 取 3。经过核算夏季排热 4 328 W，冬季吸热 1 234 W。

（2）埋管管长

参考同类项目的工程经验取值，单位孔深排热量设定为 56 W/m，单位孔深吸热量按 34 W/m。（单位换热量可根据该项目岩土热响应测试后的实际情况调整）

按排热量计算地埋管的长度，计算公式如下：

$$L_1=Q'_1/W_1$$

式中，L_1 为竖井总深度，m；W_1 为单位孔深排热量，W/m。

因此，经核算 L_1 为 77 m。

按吸热量计算地埋管的长度，计算公式如下：

$$L_2=Q'_2/W_2$$

式中，L_2 为竖井总深度，m；W_2 为单位孔深吸热量，W/m。

因此，L_2 为 37 m。

依照最不利情况取值原则，采用按排热量计算结果作为埋管长度，但是考虑工程的地质条件及实际运行时竖井的交替使用，建议竖井深度为 100 m，竖井数目为 2 口。

（3）埋管井距、埋管材料、连接方式

为了使埋管达到换热目的，同时达到实验目的，井距采用 5 m，管径为 120 mm～150 mm，采用 DE25 的双 U 型管 HDPE100。

7.2 实验监测系统设计

7.2.1 地源热泵监测系统

本项目构建了动态监测系统，目的是能够及时、准确地获取地温、流量等动态监测数据，掌握地温场变化，评价地埋管能效，为地埋管开发利用提供基础数据和技术依据。

(1) 监测孔布设

本次共布置 6 眼监测孔(见图 7.8)，包括 2 眼 100 m 参与换热监测孔，4 眼地温影响监测孔，孔深 40 m。

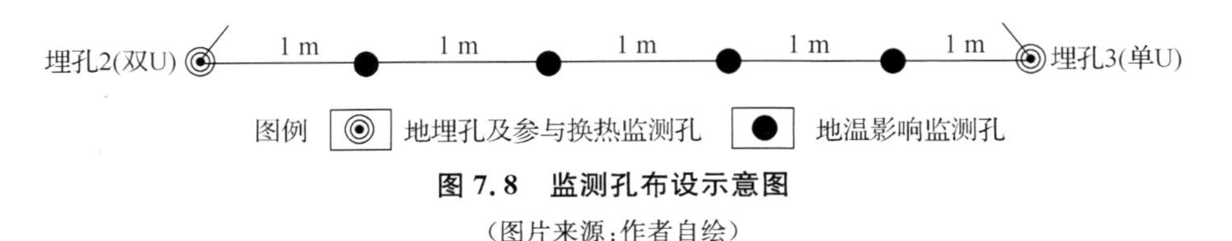

图 7.8 监测孔布设示意图

(图片来源:作者自绘)

(2) 测温点布设

不同地层结构、恒温层处均要布设测温点，沿监测孔或埋管换热孔垂向深度向下每间隔 10 m 布设至少 1 个测温点，本次 100 m 参与换热孔监测线 14 个测点(5 m、10 m、15 m、20 m、25 m、30 m、35 m、40 m、50 m、60 m、70 m、80 m、90 m、100 m)，40 m 地温影响监测线 8 个测点(5 m、10 m、15 m、20 m、25 m、30 m、35 m、40 m)，如图 7.9 所示。

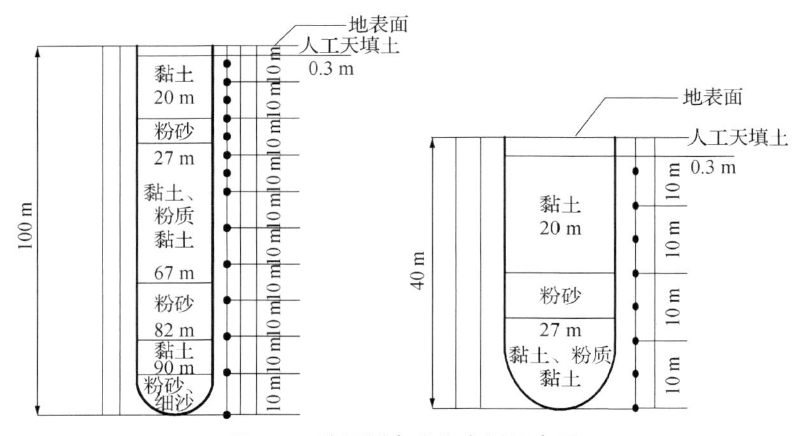

图 7.9 地温测点垂向布置示意图

(图片来源:作者自绘)

（3）监测孔施工

监测孔先下入直径 50 mm 镀锌管套管，然后在套管中下入测线，套管露出地表，以便于测线更换和水平连接。水平线与监测线连接，依靠地埋管水平连接最终并入泵房，至泵房的水平线用 50 mm PVC 塑料管护套。

7.2.2 建筑综合测控构建

1）测控内容

该 ZEB 建筑具体测控内容主要包括室外环境测控、室内环境测控、围护结构测控、可再生能源能效检测四个部分。室外环境测控包括：温湿度、风速、风向、气压、太阳辐射；室内环境测控包括：PMV 指标（包含温湿度、气流微风速、黑球温度、湿球温度）、噪声、CO_2；外围护结构测控包括：内外表面温度及热流分布；可再生能源能效检测包括：光伏发电效率检测、室内设备用电监测、地源热泵工况及能效监测。

2）测控设备资料

整个测控系统可以实现同步进行采集和控制的效果，并且所有测控系统都集中在一个统一的测控软件平台上。数据的存储和处理都同步运行，可实现不同形式的数据传输（有线或无线）。同时，软件平台具有互联网查看数据的功能，并可实现远程查收实时数据的功能。各个测控点采用了单元集成形式，如室外环境、室内环境等测控系统都可集成在一个主机里。具体主要分为以下几项内容：

（1）测控软件

该软件系统建立在北京世纪建通环境技术有限公司自主研发的物联网系统基础上，它可以根据用户实际需求专门开发。主要功能是可以为使用者提供自定义项目的解决方案。系统的网络服务平台还可向使用者提供对相关项目的远程监控，包括数据查询和硬件系统的远程操控等功能，使用者可以在任何时间和地点了解项目的运行情况。整个测控系统是典型的物联网形式，使用功能强大的 SQLServer 数据库，满足使用者的大数据量的需求，具有较强的防护安全性及数据自动修复功能。

本系统支持对多个项目同时进行测评，系统还可以自动采集并保存数据，可以根据时间、项目名称等条件查询数据并绘制趋势图，同样也可以导出数据和趋势图，在满足测试条件以后，系统会自动进行数据计算，将计算结果以标准的报告形式展现给使用者。系统的网络服务平台能实现异地、远程测控功能。在任何地方，利用测控终端软件可登录网络，连接服务器，可查看实时数据、历史数据以及测评结果等。如，查询数据趋势：选择要查看数据的项目和查询时间段，单击显示趋势按钮便可以显示出该时间段内系统采集数据的趋势图；能效计算：选择要计算的数据的项目和查询时间段，单击能效计算按钮系统便可以计算出能效测评的结果并生成相应的报告。

系统的设计应用平台可以根据使用者的实际需求为其自定义项目生成解决方案，包括与采集设备的连接，基于标准的 Modbus 通信协议，不限制采集设备种类和数量。为使用者提供有线或无线两种通信方式。提供手动或自动两种控制方式，使用者可以随时控制系统运行，也可以通过相应的设置使系统智能化，根据当前环境自动完成相应操作。在外观上使用者可以根据喜欢的风格对项目的界面和数据的显示进行设计，系统将为使用者随时保存页面设计。基于强大的 SQLServer 数据库，保证使用者对于采集数据的存储空间和安全性的需要。系统的网络服务平台同样为使用者提供对于项目的远程监控和数据查询等功能。测控软件界面示意图如图 7.10 所示。

图 7.10　测控软件界面示意图

（图片来源：合作单位提供）

(2) 室内外环境测试设备

本测试室内单元采用壁挂式安装，高度集成各种室内环境传感器。可测试、计算和显示重要的参数和热指数指标，如 PMV 等有限值预警功能。本方案标准配置有温湿度、风速、黑球温度、湿球温度、CO_2、噪声，可依据需求扩展其他物理量的传感器。室外测试单元采用高度集成，安装结构灵活，整体建筑物的外观效果不受影响。基本配置有温湿度、气压、风速、风向、太阳辐射等，也可依据需求增加其他环境物理量的测试。测控设备如图 7.11 所示。

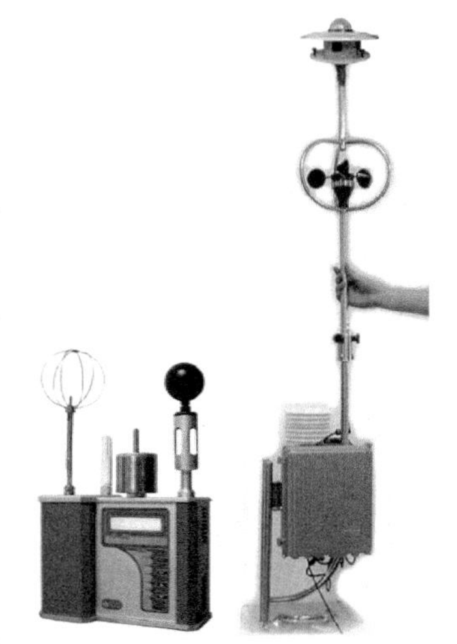

图 7.11　室内外环境测控设备

（图片来源：合作单位提供）

(3) 可再生能源设备系统测试单元

本测试单元综合测试太阳能光伏、太阳能集热、地源热泵等系统的运行参数和工况，并参考相关标准进行能效计算和分析。可测试的参数有电压、电流、累计电量、流量、温度、辐射、风速等。

3）测控方案的实施

本测控系统，实现了综合全面测试的目的，采用了分布布点、集中采集的模式，在设备间布置了综合采集机箱，通过综合采集机箱可以实现对各个运行状态的实时监控。

目前，根据所完成的实验项目，监测内容主要分为室内外环境单元监控、太阳能热水系统单元监控、地源热泵系统单元监控、太阳能光伏系统单元监控、围护结构系统单元监控等五个实验监测界面，监测者可以随时随地查看当前数据情况，观测实时系统运转状态。现场实地监测情况如表 7.9 所示。

表 7.9　现场监控主机箱监测情况

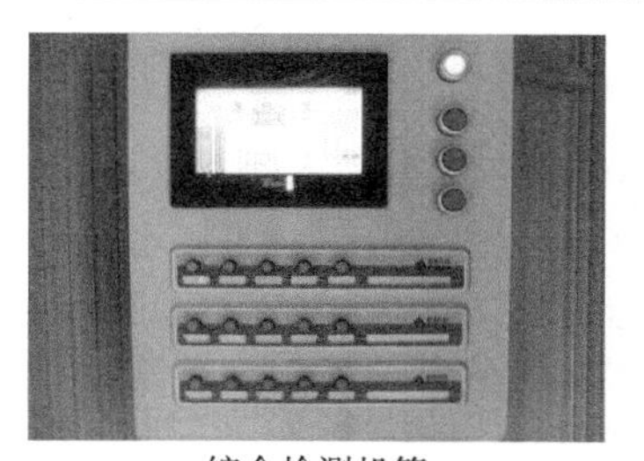

综合检测机箱

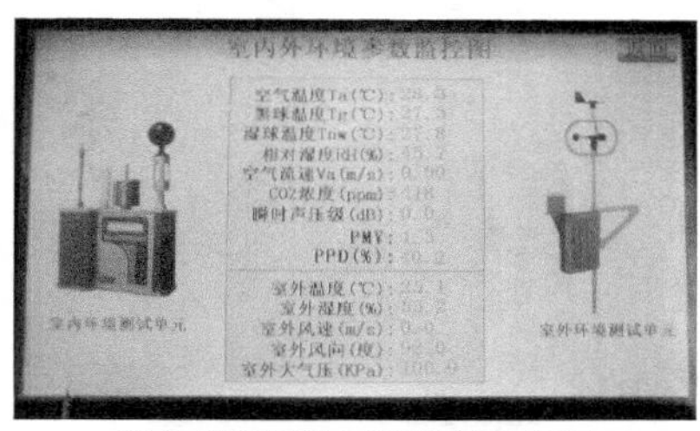

室内外环境单元监控显示界面

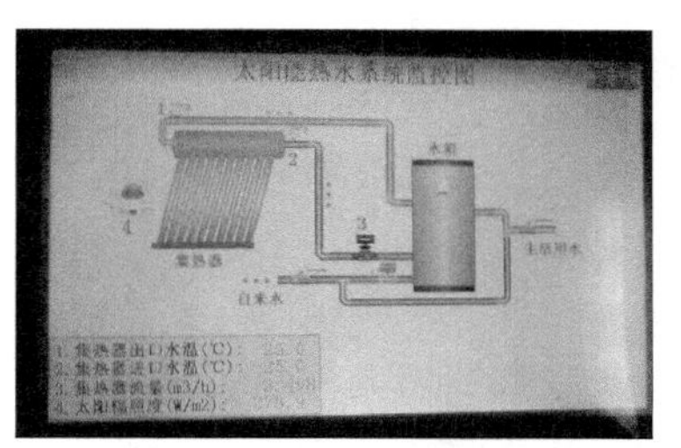

太阳能热水系统单元监控显示界面

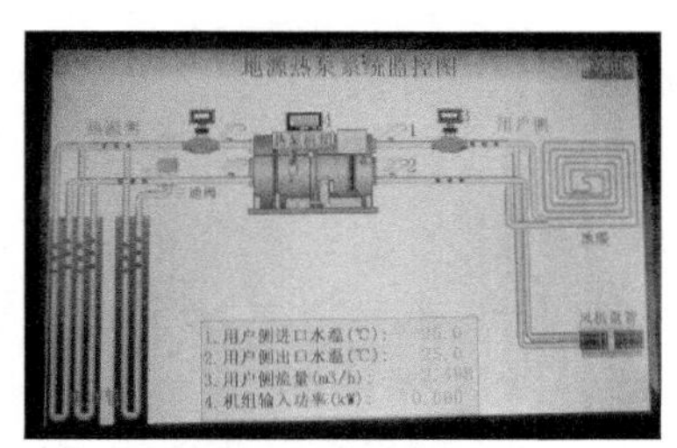

地源热泵系统单元监控显示界面

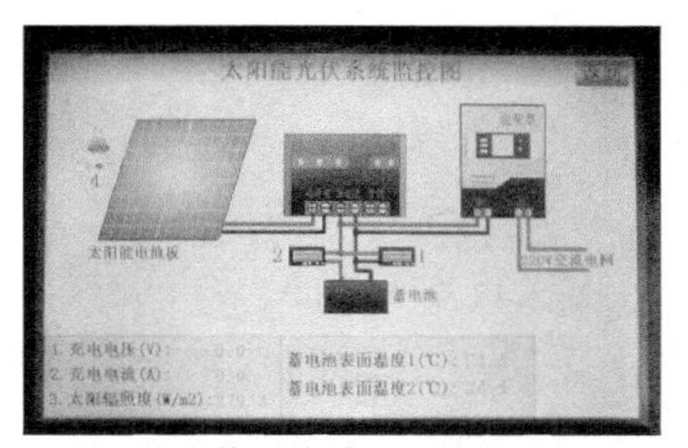

太阳能光伏系统单元监控显示界面

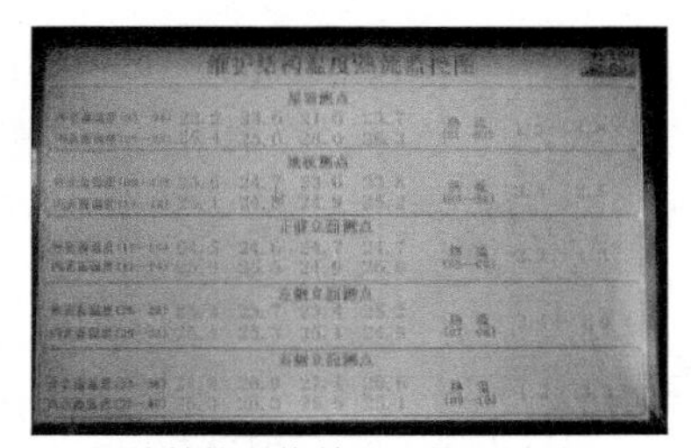

围护结构系统单元监控显示界面

＊资料来源：作者自绘。

监控系统的通信系统设计主要包括的数据通信有 485、无线等配置，依据实际需求进行相应匹配。可再生能源部分按现场实际情况安装，依据科研项目的具体需求，如可能会涉及多点温湿度、多点照度等测试，该软件具有一定的扩展功能，可任意增设测点数量。室内环境测试系统在安设时，需要避免自然光直射的问题，故需选取合适的位置进行安置，实验室内部包含有 PC 机，通过它可实时存储和查看动态数据，监测数据可存储于现场的 PC 电脑中。测控系统设计示意图如图 7.12 所示。

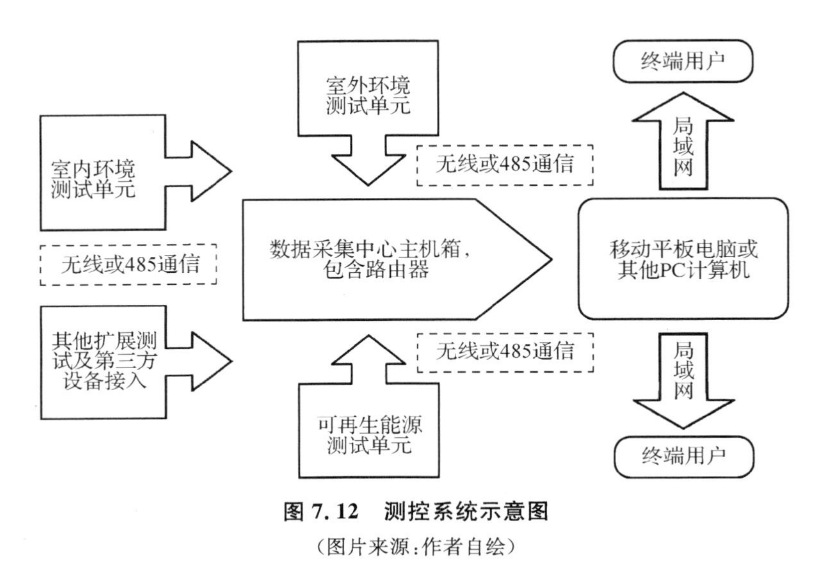

图 7.12　测控系统示意图

（图片来源：作者自绘）

7.3　实验室建造与运行

该实验室经过三年多连续不断的设计与建造，直至目前，该实验室各项建设内容基本完成，实验室的各监控系统正处于调试阶段、各供能系统也处于试运转和调整阶段，实验室后期的智能化系统也正处于初步设计和前期研发阶段。

总结这些年的建造历程，ZEB 建筑实验室所涉及的学科和专业具有多样与复杂的特点，所涉及的各种系统的决策关系到多属性、多目标决策的问题，它虽然体量小、结构简单，但是却囊括了当前国际上先进的建筑技术与相关学科领域，对于它的建设需要通过各专业、各学科之间的协同合作，需采用先进的技术手段和设计决策方法，并通过对方案的不断完善和调整，方可顺利完成，达到预期效果。

实验室施工建造涉及较为多样的工程项目，具体内容包括：建筑主体工程、设备房主体工程、光伏系统安装工程、地源井施工工程、风盘与毛细管安装工程、相变低温地板辐射、室内装饰工程、家具与家电、测控系统、智能控制系统等主要项目工程。

为了能够清晰地了解建造程序与隐蔽工程记录，笔者对实验室施工建造的各个过程进行了详细的跟踪巡查，对施工场景进行了详细的记录，主要施工项目现场实景记录如表 7.10 所示。

表 7.10　实验室主要项目隐蔽工程与建造场景记录

 围护结构安装	 光伏支架安装	 屋顶光伏安装
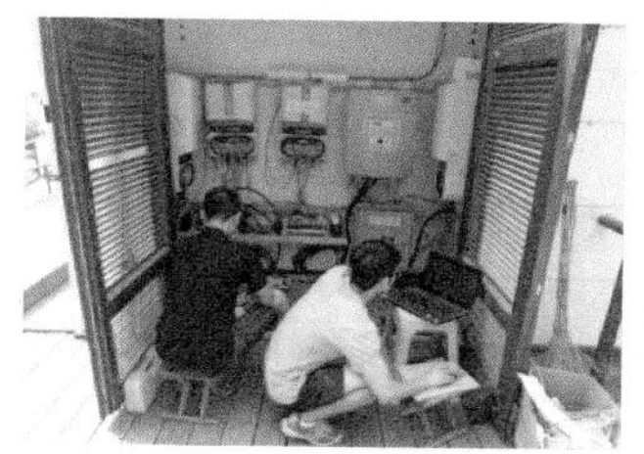 光伏系统逆变器调试	 日立储能电池	 屋顶水箱
 相变地采暖系统	 毛细管系统	 风机盘管系统
 地源井打井施工	 地埋管、测试管施工	 地源侧测试系统

续表 7.10

 南向与东向护栏光伏	 PCM 太阳能集热器	 光照监测仪
 室外环境监控仪	 室内环境监控仪	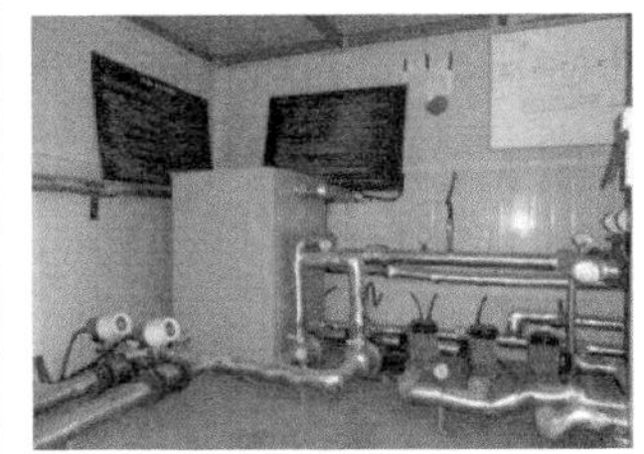 机房地源热泵机组

* 资料来源:作者自绘。

由运行阶段抽查记录结果表明,热泵系统运行平稳,室内温度控制良好,光伏发电系统运转正常,组件匹配合理。监控系统,除能源系统监控外,围护结构温度测试监控系统与室内外环境参数监控运转正常。

7.4 本章小结

本章详细阐述了零能耗太阳能居住建筑实验室设计与建设过程,利用多目标优化对实验室主体项目进行优化设计,再根据具体的多系统集成方案进行优选评价与核算,再到施工建造,目的是提供一套科学的、可行的 ZEB 建筑实验监控建设方法和工作流程。实践证明 ZEB 建筑实验监控平台应考虑多能源系统耦合关系来研究实现 ZEB 建筑模式的运行机理,并根据发现需要逐步增设实验项目,在系统设计时充分考虑可持续能源的利用效率,设备的经济性、社会性和节能性等定性与定量因素的基础上,进行综合评价优选,采用了 6.2.2 节建立的混合灰色关联多层次综合评价方法对该 ZEB 建筑多能源系统进行了评价优选,并根据所选方案付诸实际工程建设,实践证明该方法可以做出有效的科学决策。

8 总结与展望

8.1 总结

该书研究了寒冷地区太阳能零能耗居住建筑多目标优化问题，解决了一些多目标优化在零能耗建筑设计应用方面的关键技术问题，拓展了多目标、多学科优化在零能耗建筑领域的应用。在研究过程中相继采用的科学理论包括：相似理论、寿命期分析理论、多目标优化理论、分析理论、综合评价方法等；研究采用的工作方法手段包括：数理统计、计算机仿真模拟、实测、调研走访、数据拟合等；主旨是通过综合性研究过程，提出一套零能耗太阳能居住建筑多目标优化设计方法，为零能耗建筑的设计、评价、开发和运营等相关领域提供理论基础和技术保障。笔者的具体研究工作和结论主要分为以下几个部分：

(1) 发现相似理论可以很好地应用到建筑物理模型简化构建技术中，能够帮助研究者建立较为理想、准确的典型理论简化模型

为了能够实现研究对象的多目标优化，需构建一套科学的分析理论和技术方法。为此，本书首先建立了一个科学、准确的典型分析模型，其目的是用以帮助实现问题的实证性研究和具体的描述。通过将相似理论分析方法引入建筑物理简化模型构建过程，结合数理统计方法和综合评价法进行过程分析和方案的优选，最终提出了一种建筑物理节能分析典型模型构建方法。

(2) 提出了"九宫格"简化模型分析方法

针对城市集合住宅户型立面物理环境基本特点，提出了"九宫格"简化模型分析方法，并提取九种户型的共性，建立独立户型。利用其独立户型为多目标研究对象，推出其基本分析结果，再推导出"九宫格"户型零能耗匹配模式，实践证明该方法具有一定的普适性与典型意义，能够较为微观、详细、准确地分析出各户型能流情况与 ZEB 建筑匹配模式。

(3) 总结了国际上零能耗居住建筑实践案例，归纳出了零能耗建筑实现技术途径和围护结构相关传热系数阈值及零能耗建筑运行三种典型类型

经过对国内外高能效建筑热工特性进行归纳总结，初步得出京津采暖地区围

护结构热工限值情况：墙体阈值范围应在 0.5～0.1 W/(m^2 · K)，节能主材可选 70～350 mm 厚的 EPS 或 XPS；屋顶 0.32～0.1 W/(m^2 · K)，节能主材 70～300 mm 厚的 EPS 或 XPS；门窗 1.78～0.8 W/(m^2 · K)，节能主材二玻 LOW-E 窗或三玻高性能窗；楼地面当量传热系数周边 0.08～0.06 W/(m^2 · K)，非周边 0.04～0.03 W/(m^2 · K)，节能主材 70～350 mm 厚的 EPS 或 XPS。建筑体型不应做过多凸凹为宜。并经过对国外零能耗建筑能量供耗平衡类型构建了 nZEB、NZEB、AZEB 三种典型运行分析模式。

(4) 提出了针对 ZEB 模式下的寿命期能量与成本分析方法

总结分析当前能量与成本分析理论与方法，针对 ZEB 建筑建立了一套寿命期能量分析方法与节能收益成本分析方法；并在寿命能量分析方法中结合了㶲分析理论，使得该方法能更科学、全面地进行建筑能量分析；为了较为客观地表达实现 ZEB 的成本分析问题，成本分析采用围护结构的寿命期节能收益成本($ELCC_E$)与供能系统的寿命期节能收益成本($ELCC_D$)两项为权衡的评价方法；基于所建立的分析方法，针对所建立的典型模型，选定 4 个关键性的典型性能参数(墙体节能主材厚度、屋面节能主材厚度、窗的传热系数、PV 组件有效面积)，通过数理统计拟合出各性能参数所描述的各学科耦合关系的目标子函数，建立了相关的数据分析库。

(5) 提出了针对 ZEB 建筑模式下的多目标优化设计方法

通过研究多目标优化的各种方法，最终建立了一套基于实值编码的 NSGA Ⅱ 多目标优化方法，构架了能源、经济、生态三者有机结合的"EEE-ZEB-MOP"技术框架。进行了实现 ZEB 建筑四种工况的非劣求解，并得到基于典型户型达到 ZEB 建筑的围护结构性能参数与 PV 组件有效面积所建立的多学科耦合关系目标主函数。优化结果表明前端具有贴近性、均匀性和完整性的特征，满足解的多样性，同时运算效率较高，实现了多目标优化方法在 ZEB 建筑设计优化中的有效应用，最终获得了各工况下 50 种满足零能耗不同匹配模式的数据库，可为研究或工程实践提供相应参考。

(6) 提出了针对 ZEB 建筑模式下的综合评价方法

建立了一套基于 Pareto 空间特征解㶲分析的改进熵权评价法，其对于 ZEB 建筑优化解的最优决策问题方面，是一种更科学全面的决策方法。为了能够更为全面、灵活地评价 ZEB 建筑各情况的分析研究与决策，提出了一种混合灰色关联多层次综合评价法，并将其应用到系统中包含定性与定量指标相结合的综合评价与优选问题上，使评价方法能够发展更大的外延空间，发挥更好的决策效果。将上述方法应用到典型模型 Pareto 优化解的最优解求解问题上，得出最优解的匹配：墙体主材 EPS 厚度 226 mm、屋面主材 EPS 厚度 201 mm、窗采用三玻 LOE 中空氩气玻璃传热系数 0.8 W/(m^2 · K)、PV 组件面积 15.39 m^2。

(7) 提出了针对京津寒冷地区 ZEB 建筑模式下的各类户型能量供耗特性

将所得到的最优解结合本书的“九宫格”方法，得到了集合住宅 9 种典型户型零能耗匹配模式。最终基于该典型户型模式的边界条件，总结出独立户型的能量供耗趋势与其他 9 类户型的情况基本相同，独立户型与 7、8、9 号户型从能量供耗关系上，应为 nZEB 建筑模式，1～6 号户型为 NZEB 建筑模式。能源供给上，每年的 3～6 月、9～11 月能源供大于耗，为能源储备或可对外供能模式；每年的 1 月、2 月、7 月、8 月、12 月能源供小于耗，为能源补给或供给模式；能量需求最大发生在 7、8 月，最小发生在 5 月。并得出了基于光伏组件衰减的各类户型逐年动态供耗情况特点。

(8) 提供了个案研究，并将理论与实践有机结合

最后进行了实验室建设和多目标优化的实践研究，以实验室为案例将多目标优化方法和混合灰色关联多层次综合评价系统应用于实验室设计及多能源系统设计之中，对实验室监测系统的运行机理进行了详细的阐述，最后对实验室建造与运行情况进行了具体的描述。

8.2 对今后研究工作的展望

该书对多目标优化设计方法在零能耗太阳能居住建筑方面的应用进行了初步探索，解决了一些关键技术问题，获得了一定的研究成果，但仍有以下的工作需要进一步展开：

(1) 本研究对象着重考虑能源和经济两个方面，并对其展开优化研究，属二维多目标问题，对于高维模式以及协同优化有待下一步研究；对于多目标优化平台的某些因素还需在后期中进行增补和完善，这些工作还有待今后不断改进。

(2) 本研究建立的能源模型、成本模型有待进一步完善，为了研究问题的简化，设置有关条件及所考虑的因素未免有些局限，有些微观问题有待今后进一步完善。

(3) 本研究提出的多目标优化方法在其他不同类别、不同气候区建筑零能耗领域的应用与实践工作还有待进一步发展与研究。

参考文献

[1] 布罗章斯基.㶲方法及其应用[M]. 王加璇，译. 北京：中国电力出版社，1996：210－230.

[2] 钱伯章. 节能减排——可持续发展的必由之路[M]. 北京：科学出版社，2008.

[3] IEA. Modernising Building Energy Codes to Secure our Global Energy Future[M]. IEA Publications，2013.

[4] IEA SHC Task40/ECBCS Annex 52，Towards Net Zero Energy Solar Buildings. http：//task40. iea-shc. org/2013.（last accessed 08/02/2013）.

[5] The Directive 2010/31/EU of the European Parliament and of the Council of 19 May 2010 on the energy performance of buildings. Official Journal of the European Union，53，2010.

[6] Andreas Hermelink，Sven Schimschar，Thomas Boermans，et al. Towards nearly zero-energy buildings：Definition of common principles under the EPBD. Ecofys 2012 by order of：European Commission，2013(2)：85－117.

[7] 莫争春. 可再生能源与零能耗建筑[J]. 世界环境，2009(4)：33.

[8] U. S. Department of Energy. Building Technologies Program，Planned Program Activities for 2008—2012[EB/OL]. [2013-06-01]. http：//appsl. eere. energy. goV/buildings/publications/pdfs/corporate/myp08complete. pdf.

[9] United States Congress. Energy Independence and Security Act of 2007. http://en. wikipedia. org/wiki/Energy_Independence_and_Security_Act_of_2007.

[10] http：//energy. gov/management/downloads/microsoft-powerpoint-06-crawley-drive-net-zero-energy-commercial-buildings

[11] Bill Dunster，史岚岚，郑晓燕. 走向零能耗[M]. 北京：中国建筑工业出版社，2008：2.

[12] Jones M. Zero Carbon by 2011：Delivering Sustainable Affordable Homes in Wales[C]//PLEA 2008-25th conference on passive and low energy architecture，PLEA 2008，2008：460.

[13] 张神树，高辉. 德国低/零能耗建筑实例解析[M]. 北京：中国建筑工业出

版社,2007:5 - 6,122.

[14] 运行监测协调局. 日本公布零能耗建筑(ZEB)研究报告书[R]. 北京:中华人民共和国工业和信息化部,2009-12-21.

[15] Locher W. The influence of electrical heating on the development of building techniques[J]. Elektrizitaetsverwertung,1976,12(51):344 - 351.

[16] Esbensen T V, Korsgaard V. Dimensioning of the Solar Heating System in the Zero Energy House in Denmark[J]. Solar Energy, 1977, 12: 195 - 199.

[17] Dattel Ctibor. Construction and Heat Balance of the Solar House in Nul-Energi-Hus (House with Zero Energy)[J]. Elektrizitaetsverwertung, 1977, 7(66): 415 - 418.

[18] Kurnitski J, Allard F, Braham D, et al. How to Define Nearly Net Zero Energy Buildings nZEB: REHVA proposal for uniformed national implementation of EPBD recast[J]. REHVA Journal, 2011, 48(3): 6 - 12.

[19] http://www.rehva.eu/publications-and-resources/hvac-journal/2013/032013/technical-definition-for-nearly-zero-energy-buildings/

[20] Voss K, Sartori I, Lollini R. Nearly-zero, Net zero and Plus Energy Buildings[J]. REHVA Journal,2012(12): 23 - 27.

[21] Oliveira Panão M J N, Rebelo M P, Camelo S M L. How low should be the energy required by a nearly Zero-Energy Building? The load/generation energy balance of Mediterranean housing[J]. Energy and Buildings, 2013(61): 161 - 171.

[22] European Parliament. Report on the proposal for a directive of the European Parliament and of the Council on the energy performance of buildings (recast) (COM(2008)0780-C6-0413/2008-2008/0223(COD)), 2009.

[23] Berndt E. From technocracy to net energy analysis: engineers, economists, and recurring energy theories of value[M]. in: A. Scott (Ed.), Progress in Natural Resource Economics, Clarendon, Oxford, 1983.

[24] Christensen C, Stoltenberg B, Barker G. An optimization methodology for zero net energy buildings[C]//ASME 2003 International Solar Energy Conference. American Society of Mechanical Engineers, 2003: 93 - 100.

[25] Mertz G A, Raffio G S, Kissock K, et al. Conceptual design of net zero energy campus residence[C]//ASME 2005 International Solar Energy Conference. American Society of Mechanical Engineers, 2005: 123 - 131.

[26] Charron R, Athienitis A. An international review of low and zero

energy home initiatives[C]//ISES Solar World Congress, 2005.

[27] Musall E, Weiss T, Voss K, et al. Net zero energy solar buildings: an overview and analysis on worldwide building projects, in: Eurosun Conference 2010[J]. Graz, 2010: 9.

[28] Voss K, Musall E, Lichtme M. From low-energy to Net Zero-Energy Buildings: status and perspectives[J]. Journal of Green Building, 2011, 6(1): 46 - 57.

[29] Lenoir A, Garde F, Wurtz E. Zero Energy Buildings in France: Overview and Feedback in: ASHRAE Annual Conference 2011[J]. ASHRAE, Montreal, 2011: 13.

[30] Sartori I, Napolitano A, Voss K. Net zero energy buildings: A consistent definition framework[J]. Energy and Buildings, 2012, 48: 220 - 232.

[31] Lund H, Marszal A, Heiselberg P. Zero energy buildings and mismatch compensation factors[J]. Energy and Buildings, 2011, 43(7): 1646 - 1654.

[32] Marszala A J, Heiselberga P, Bourrelleb J S, et al. Zero Energy Building—review of definitions and calculation methodologies[J]. Energy and Buildings, 2011(43): 971 - 979.

[33] Marszal A J, Heiselberg P, Jensen R L, et al. On-site or off-site renewable energy supply systems Life cycle cost analysis of a net zero energy building in Denmark[J]. Renew Energy,2012,44(8) :154 - 165.

[34] Hu H, Augenbroe G. A stochastic model based energy management system for off-grid solar houses[J]. Building and Environment, 2012(50): 90 - 103.

[35] Kilkis S. A new metric for net-zero carbon buildings[C]//ASME 2007 Energy Sustainability Conference. American Society of Mechanical Engineers, 2007: 219 - 224.

[36] Torcellini P, Pless S, Deru M, et al. Zero energy buildings: a critical look at the definition[J]. National Renewable Energy Laboratory and Department of Energy, US, 2006.

[37] Hernandez P, Kenny P. From net energy to zero energy buildings: Defining life cycle zero energy buildings (LC-ZEB)[J]. Energy and Buildings, 2010, 42(6): 815 - 821.

[38] 王如竹，翟晓强. 绿色建筑能源系统[M]. 上海：上海交通大学出版社，2013:262.

[39] 住房和城乡建设部科技发展促进中心. 中国建筑节能发展报告(2014)——既有建筑节能改造[M]. 北京：中国建筑工业出版社，2014:16 - 18.

[40] 张时聪，徐伟，姜益强，等.“零能耗建筑”定义发展历程及内涵研究[J].建筑科学，2013，29(010)：114－120.

[41] 计永毅，郭霞.国外零能耗建筑的发展状况分析[J].建筑经济，2013(5)：88－92.

[42] 夏菁，黄作栋.英国贝丁顿零能耗发展项目[J].世界建筑，2006(8)：76－79.

[43] 周小玲.低碳社区典范：零能耗的贝丁顿社区[J].世界科学，2010(4)：017.

[44] 张延军，胡忠君，王世辉，等.地源热泵在零能耗建筑中的应用[J].地温资源与地源热泵技术应用论文集(第三集)，2009.

[45] 杨向群.零能耗太阳能住宅原型设计与技术策略研究[D].天津：天津大学，2011.

[46] 房涛.天津地区零能耗住宅设计研究[D].天津：天津大学，2012.

[47] 叶晓莉，端木琳，齐杰.零能耗建筑中太阳能的应用[J].太阳能学报，2012(1).

[48] Mertz G A，Raffio G S，Kissock K. Cost optimization of net-zero energy house[C]// ASME 2007 Energy Sustainability Conference. American Society of Mechanical Engineers，2007：477－487.

[49] Hens H，Verbeeck G，De Meulenaer V，et al. Low energy and low pollution buildings：What do the optimal choices look like [C].（2008）IAQ Conference. http：// www. scopus. com/inward/record. url eid = 2-s2. 0-84874135201&partnerID=40&md5=989902da5f16d1a3776de6aeb48519dd.

[50] Marszal A J，Heiselberg P. Life cycle cost analysis of a multi-storey residential net zero energy building in Denmark[J]. Energy，2011，36(9)：5600－5609.

[51] Marszal A J，Nrgaard J，Heiselberg P，et al. Investigations of a Cost-Optimal Zero Energy Balance：A study case of a multifamily Net ZEB in Denmark [J]. PLEA 2012 Lima Peru-Opportunities，Limits & Needs，2012.

[52] Marszal A J，Heiselberg P，Lund Jensen R，et al. On-site or off-site renewable energy supply options Life cycle cost analysis of a Net Zero Energy Building in Denmark[J]. Renewable Energy，2012(44)：154－165.

[53] Hamdy M，Hasan A，Siren K. A multi-stage optimization method for cost-optimal and nearly-zero-energy building solutions in line with the EPBD-recast 2010 [J]. Energy and Buildings，2013(56)：189－203.

[54] Kurnitski J，Saari A，Kalamees T，et al. Cost optimal and nearly zero energy performance requirements for buildings in Estonia[J]. Estonian Journal of

Engineering，2013，19(3)：183－202.

[55] Pikas E，Thalfeldt M，Kurnitski J. Cost optimal and nearly zero energy building solutions for office buildings[J]. Energy and Buildings，2014(74)：30－42.

[56] Christensen C，Horowitz S，Givler T，et al. BEopt：Software for Identifying Optimal Building Designs on the Path to Zero Net Energy；Preprint [R]. National Renewable Energy Lab.，Golden，CO (US)，2005.

[57] Norton P，Christensen C. A cold-climate case study for affordable zero energy homes[C]//Solar 2006 Conference，Denver，Colorado，2006：9－13.

[58] Horowitz S，Christensen C，Anderson R. Searching for the Optimal Mix of Solar and Efficiency in Zero Net Energy Buildings[J]. National Renewable Energy Laboratory，2008.

[59] Charron R，Athienitis A. Design and optimization of net zero energy solar homes[J]. TRANSACTIONS-AMERICAN SOCIETY OF HEATING REFRIGERATING AND AIR CONDITIONING ENGINEERS，2006，112(2)：285.

[60] Charron R，Athienitis A. The use of genetic algorithms for a net-zero energy solar home design optimisation tool[C]//Proceedings of PLEA 2006 (Conference on Passive and Low Energy Architecture)，Geneva，Switzerland，2006.

[61] Bucking S，Athienitis A，Zmeureanu R，et al. Design optimization methodology for a near net zero energy demonstration home[C]//Proceeding of EuroSun. 2010.

[62] Bucking S，Zmeureanu R，Athienitis A. An information driven hybrid evolutionary algorithm for optimal design of a Net Zero Energy House[J]. Solar Energy，2013(96)：128－139.

[63] Bucking S，Athienitis A，Zmeureanu R. Optimization of net-zero energy solar communities：effect of uncertainty due to occupant factors[EB/OL]. [2013-06-01]. http：// archive. iea-shc，org/publications/downloads/DB-TP6-Bucking-2011-08% 20. pdf.

[64] Bucking S，Athienitis A，Zmeureanu R. Multi-Objective Optimal Design of a Near Net Zero Energy Solar House[J]. ASHRAE Transactions，2014，120(1).

[65] Demattè S，Grillo M C，Messina A，et al. BENIMPACT Suite：A Tool for ZEB Performance Assessment[C]//Conference Proceedings of ZEMCH. 2012.

[66] Carlucci S，Pagliano L，Zangheri P. Optimization by discomfort minimization

for designing a comfortable net zero energy building in the Mediterranean climate[J]. Advanced Materials Research, 2013, 689: 44 - 48.

[67] Attia S, Hamdy M, Obrien W, et al. Assessing gaps and needs for integrating building performance optimization tools in net zero energy buildings design[J]. Energy and Buildings, 2013, 60: 110 - 124.

[68] Baglivo C, Congedo P M, Fazio A, et al. Multi-objective optimization analysis for high efficiency external walls of zero energy buildings (ZEB) in the Mediterranean climate[J]. Energy and Buildings, 2014(84): 483 - 492.

[69] Stadler M, Groissb ck M, Cardoso G, et al. Optimizing Distributed Energy Resources and building retrofits with the strategic DER-CAModel[J]. Applied Energy, 2014(132): 557 - 567.

[70] Milo A, Gazta aga H, Etxeberria-Otadui I, Bacha S, Rodríguez P. Optimal economic exploitation of hydrogen based grid-friendly zero energy buildings. Renewable Energy, 2011, 36(1): 197 - 205.

[71] Renau J, Domenech L, García V, et al. A proposal of nearly Zero Energy Building (nZEB) electrical power generator for optimal temporary generation-consumption correlation[J]. Energy and Buildings, 2014.

[72] Zheng K, Cho Y K, Zhuang Z, et al. Optimization of the Hybrid Energy Harvest Systems Sizing for Net-Zero Site-Energy Houses[J]. Journal of Architectural Engineering, 2012, 19(3): 174 - 178.

[73] Ferrara M, Fabrizio E, Virgone J, et al. A simulation-based optimization method for cost-optimal analysis of nearly Zero Energy Buildings[J]. Energy and Buildings, 2014(84): 442 - 457.

[74] 张国东. 促进地源热泵在建筑中应用的经济激励机制研究[D]. 哈尔滨:哈尔滨工业大学,2008.

[75] 吴晓寒. 地源热泵与太阳能集热器联合供暖系统研究及仿真分析[D]. 长春:吉林大学,2008.

[76] 杨建平. 太阳能居住建筑采暖系统优化决策及市场化推广研究[D]. 西安:西安建筑科技大学,2010.

[77] Dattel, Ctibor. Construction and Heat Balance of the Solar House in Nul-Energi-Hus (House with Zero Energy)[J]. Elektrotechnicky Obzor, 1977, 7(66): 415 - 418.

[78] Srinivasan R S, Campbell D P, Braham W W, et al. Energy balance framework for net zero energy buildings[C]//Proceedings of the Winter Simulation

Conference. Winter Simulation Conference, 2011: 3365 - 3377.

[79] Hernandez P, Kenny P. From net energy to zero energy buildings: Defining life cycle zero energy buildings (LC-ZEB)[J]. Energy and Buildings, 2012, 42(6): 815 - 821.

[80] Bourrelle J S, Andresen I, Gustavsen A. Energy payback: An attributional and environmentally focused approach to energy balance in net zero energy buildings [J]. Energy and Buildings, 2013, 65: 84 - 92.

[81] 龙恩深. 建筑能耗基因理论与建筑节能实践[M]. 北京:科学出版社,2009.

[82] 赵军,马洪亭,李德英. 既有建筑功能系统节能分析与优化技术[M]. 北京:中国建筑工业出版社,2011.

[83] 周燕. 建筑供暖与制冷能量系统㶲分析及应用研究[D]. 长沙:湖南大学,2012.

[84] 李吉康. 建筑室内环境建模、控制与优化及能耗预测[C]. 杭州:浙江大学,2013.

[85] 杨玉兰. 居住建筑节能评价与建筑能效标识研究[D]. 重庆:重庆大学,2009.

[86] LEGEP. Homepage LEGEP-Software, http://www.legep.de (accessed 27.03.14).

[87] Kaufmann P. GaBi Build-It; PE International: Leinfelden-Echterdingen, Germany, 2010.

[88] SBS Building Sustainability, Homepage SBS-onlinetool-Software, https://www.sbs-onlinetool.com (accessed 27.03.14)

[89] Goedkoop M, Oele M. SimaPro 6 Introduction to LCA with SimaPro; PRe Consultants:Amersfoort, The Netherlands, 2004.

[90] NIST (National Institute of Standards and Technology). Building for Environmental and Economic Sustainability (BEES) 4.0; Building and Fire Research Laboratory, NIST: Boulder, CO,USA, 2007.

[91] Athena EcoCalculator; ASMI (Athena Sustainable Materials Institute): Ottawa, Canada, 2012; Available online: http://www.athenasmi.org/our-software-data/ecocalculator/ (accessed on 6 February 2013).

[92] Thiers S, Peuportier B. Energy and environmental assessment of two high energy performance residential buildings[J]. Build Environ, 2012(51): 276 - 284.

[93] Baetens R, De Coninck R, Van Roy J, et al. Assessing electrical bottlenecks

at feeder level for residential net zero-energy buildings by integrated system simulation [J]. Applied Energy，2012，8(96)：74－83.

[94] Cassandra L Thiel，Nicole Campion，Amy E Landis，et al. A Materials Life Cycle Assessment of a Net-Zero Energy Building[J]. Energy，2013(6)：1125－1141.

[95] Birgit Risholt，Berit Time，Anne Grete Hestnes. Sustainability assessment of nearly zero energy renovation of dwellings based on energy，economy and home quality indicators[J]. Energy and Buildings，2013，5(60)：217－224.

[96] Weienberger，Markus，Jensch，et al. The convergence of life cycle assessment and nearly zero-energy buildings：The case of Germany[J]. Energy and Buildings，2014(76)：551－557.

[97] 陈岩松. 住宅建筑节能评价方法[D]. 上海：同济大学，2003.

[98] 傅秀章. 夏热冬冷地区住宅节能设计与能耗评价研究[D]. 南京：东南大学，2004.

[99] 江亿，张晓亮，魏庆芃. 建立中国住宅能耗标识体系[J]. 中国住宅设施，2005(6)：10－13.

[100] 尹波. 建筑能效标识管理研究[D]. 天津：天津大学，2006.

[101] 杨红霞. 建筑节能评价体系的探讨与研究[J]. 暖通空调，2006，36(9)：42－44.

[102] 来延肖，王卫卫，尹文浩. 运用模糊综合评判法对建筑节能进行综合评价[J]. 四川建筑，2007，27(4)：25－27.

[103] 陈淑琴. 基于统计学理论的城市住宅建筑能耗特征分析与节能评价[D]. 长沙：湖南大学，2008.

[104] 杨玉兰. 居住建筑节能评价与建筑能效标识研究[D]. 重庆：重庆大学，2009.

[105] 吴成东，丛娜，孙常春. 基于混沌神经网络的建筑节能综合评价[J]. 沈阳建筑大学学报(自然科学版)，2010，1(26)：188－191.

[106] 李晓俊. 基于能耗模拟的建筑节能整合设计方法研究[D]. 天津：天津大学，2013.

[107] 李海燕. 面向复杂系统的多学科协同优化方法研究[M]. 沈阳：东北大学出版社，2013.

[108] 焦李成，尚荣华，等. 多目标优化免疫算法、理论和应用[M]. 北京：科学出版社，2010.

[109] Pareto V. Course Economic Politique[M]. Lausanne：Rouge，1896.

[110] Von Neumann J，Morgenstern O. Theory of Games and Economic

Behavior [M]. Princeton:Princeton University Press, 1944.

[111] Koopmans T C. Activity Analysis of Production and Allocation[M]. New York: Wiley, 1952.

[112] Kuhn H W, Tucker A W. Nonlinear programming: Proceedings of 2nd Berkeley Symposium on Mathematical Statistics and Probability, Berkeley, 1952[M]. Los Angeles: University of California Press, 1952.

[113] Sobieszczanski-Sobieski J. A linear decomposition method for large optimization problems[J]. Blueprint for development, 1982.

[114] Sobieszczanski-Sobieski J. Optimization by decomposition: a step from hierarchic to non-hierarchic systems[J]. NASA STI/Recon Technical Report N, 1989(89): 25149.

[115] Sobieszczanski-Sobieski J. Sensitivity of complex, internally coupled systems[J]. AIAA journal, 1990, 28(1): 153 - 160.

[116] Zadeh P M, Toropov V V, Wood A S. Metamodel-based collaborative optimization framework[J]. Structural and Multidisciplinary Optimization, 2009, 38(2): 103 - 115.

[117] Li M, Azarm S. Multiobjective collaborative robust optimization with interval uncertainty and interdisciplinary uncertainty propagation[J]. Journal of mechanical design, 2008, 130(8): 081402.

[118] Xun D, Wenming Z, Lingsheng T. Collaborative Optimization of Wheel Hub Reducer Based on Reliability Theory[C]//Measuring Technology and Mechatronics Automation, 2009. ICMTMA'09. International Conference on. IEEE, 2009(2): 771 - 774.

[119] Huang H Z, Tao Y, Liu Y. Multidisciplinary collaborative optimization using fuzzy satisfaction degree and fuzzy sufficiency degree model[J]. Soft Computing, 2008, 12(10): 995 - 1005.

[120] 叶秉如. 多目标水库和水库规划中的几个问题[J]. 华东水院学报,1957(01):26 - 33.

[121] 陈光亚. 关于多目标规划的逼近问题[J]. 自然杂志,1978(06): 341 - 342.

[122] 陈光亚. 多目标最优化问题有效点的性质及标量化[J]. 应用数学学报,1979(03):251 - 256.

[123] 纪卓尚,李树范. 用多目标最优化方法确定矿砂船主尺度[J]. 大连工学院学报,1980(04):129 - 139.

[124] 王刚，徐永圻，等. 采区设计最优化问题的初步探讨[J]. 煤炭科学技术，1981(07):8-13.

[125] 刘文胜，白文林，汪家芸. 应用多目标数学规划优选空对空导弹总体主要参数的方法[J]. 北京航天航空学院学报，1982(02):137-147.

[126] 顾基发，顾俊方. 轮式车辆悬挂系统参数的多目标决策[J]. 兵工学报，1982(01):30-37.

[127] 张鐘俊，张启人. 国家经济的分散控制和多目标决策——方法论的评介[J]. 系统工程，1983(01):21-36.

[128] 张根保. 机床主传动系统双目标优化设计[J]. 重庆大学学报(自然科学版)，1984(04):37-45.

[129] 李刚，陈新华，等. 考虑结构自振周期约束的抗震结构的多目标多级优化设计[J]. 太原工业大学学报，1996，27(03):30-35.

[130] 袁永博，阮宏博，王星凯. 基于遗传算法的项目工期成本质量综合优化[J]. 四川建筑科学研究，2008(03):227-230.

[131] 王丰. 相似理论及其在传热学中的应用[M]. 北京：高等教育出版社，1990.

[132] M B 基尔皮契夫. 相似理论[M]. 北京：科学出版社，1955.

[133] 邹滋祥. 相似理论在叶轮机械模型研究中的应用[M]. 北京：科学出版社，1984.

[134] 胡冬奎，王平. 相似理论及其在机械工程中的应用[J]. 现代制造工程，2009(11):9-11.

[135] 周美立. 相似学[M]. 北京：中国科学技术出版社，1993.

[136] 周美立. 相似工程学[M]. 北京：机械工业出版社，1998.

[137] 周美立. 相似系统和谐-生存发展之道[M]. 北京：科学出版社，2013.

[138]〔宋〕文莹. 玉壶清话(第二卷)[M]. 杭州：浙江出版集团数字传媒有限公司，2013.

[139] 胡世德. 北京地区建筑层数的发展分析[J]. 建筑技术，2004(9):706-707.

[140] 王立雄. 建筑节能[M]. 北京：中国建筑工业出版社，2004.

[141] 赵军，马洪亭，李德英. 既有建筑功能系统节能分析与优化技术[M]. 北京：中国建筑工业出版社，2011.

[142] 李兆坚，江亿. 我国城镇住宅夏季空调能耗状况分析[J]. 暖通空调，2009(05):82-88.

[143] 清华大学建筑节能研究中心. 中国建筑节能年度发展研究报告 2013[M]. 北京：中国建筑工业出版社，2013.

[144] 张海滨.寒冷地区居住建筑体型设计参数与建筑节能的定量关系研究[D].天津:天津大学,2012.

[145] 彭梦月.欧洲超低能耗建筑和被动房标准体系[J].建设科技,2014:43-47.

[146] 德国能源署,中华人民共和国住房和城乡建设部科技与产业化发展中心.中德合作高能效建筑实施手册[Z].2014:11.

[147] http://eur-lex.europa.eu/LexUriServ/LexUriServ.do uri=OJ:L:2010:153:0013:0035:EN:PD.

[148] Chen S Y, Chu C Y, Cheng M J, et al. The Autonomous House: A Bio-Hydrogen Based Energy Self-Sufficient Approach[J]. Public Health, 2009(6): 1515-1529.

[149] Torcellini P, Pless S, Deru M. Zero Energy Buildings: A Critical Look at the Definition[J]. in: ACEEE Summer Study, Pacific Grove, California, 2006.

[150] European Parliament and Council of the EU, Directive 2010/31/EC of the European Parliament and of the Council of 19 May 2010 on the energy performance of buildings (recast), Official Journal of the European Union L153/13 (53) (2010).

[151] Kurnitski J, Allard F, Braham D, How to define nearly net zero energy buildings nZEB, REHVA Journal, 2011, 48(3): 6-12.

[152] Sartori I, Napolitano A, Voss K. Net zero energy buildings: a consistent definition framework[J]. Energy and Buildings, 2011, 48(1): 220-232.

[153] Bourrelle J S, Andresen I, Gustavsen A. Energy payback: An attributional and environmentally focused approach to energy balance in net zero energy buildings[J]. Energy and Buildings, 2013(65): 84-92.

[154] Ramesha T, Prakash R, Shukla K K. Life cycle energy analysis of buildings: an overview[J]. Energy and Buildings, 2010, 42(10): 1592-1600.

[155] Cole R J, Kernan P C. Life-cycle energy use in office buildings[J]. Building and Environment, 1996, 31(4): 307-317.

[156] Gustavsson L, Joelsson A. Life cycle primary energy analysis of residential buildings[J]. Energy and Buildings, 2010(42): 210-220.

[157] Adalberth K. Energy use during the life cycle of single-unit dwellings: examples[J]. Building and Environment, 1997, 32(4): 321-329.

[158] Adalberth K. Energy use in four multi-family houses during their life cycle[J]. International Journal of Low Energy and Sustainable Buildings, 1999

(1)：1－20.

[159] Treloar G，Fay R，Love P E D，et al. Analysing the life-cycle energy of an Australian residential building and its householders[J]. Building Research & Information，2000，28(3)：184－195.

[160] Marszal A J，Heiselberg P. Life cycle cost analysis of a multi-storey residential Net Zero Energy Building in Denmark[J]. Energy，2011，36(9)：5600－5609.

[161] Booz Allen，Hamilton Ine. 美国系统工程管理[M]. 王若松，章国栋，阮镰，等，译. 北京：北京航空航天大学出版社，1991.

[162] EN15459，2010. EN 15459：Energy performance of buildings economic evaluation procedure for energy systems in buildings. http://www.buildup.eu/sites/default/files/content/P160_EN_CENSE_EN_15459.pdf

[163] 国家发改委，建设部. 建设项目经济评价方法与参数[M]. 第3版. 北京：中国计划出版社，2006.

[164] Comaklí K，Yüksel B. Optimum insulation thickness of external walls for energy saving[J]. Applied Thermal Engineering，2003，23(10)：474－475.

[165] 王恩茂. 基于全寿命周期费用的节能住宅投资决策研究[D]. 西安：西安建筑科技大学，2008.

[166] 薛志锋，刘晓华，付林，等. 一种评价能源利用方式的新方法[J]. 太阳能学报，2006，27(4)：350.

[167] 北京市地方标准《公共建筑节能评价标准》(DB11/T 1198—2015).

[168] 周燕，龚光彩. 基于分析和生命周期评价的既有建筑围护结构节能改造[J]. 科技导报，2010，28(23)：99－103.

[169] 黄志甲. 建筑物能量系统生命周期评价模型与案例研究[D]. 上海：同济大学，2003.

[170] 徐占发. 建筑节能常用数据速查手册[M]. 北京：中国建材工业出版社，2006.

[171] 梁佳. 建筑并网光伏系统生命周期环境影响研究[D]. 天津：天津大学，2012.

[172] 原鲲，等. 全真空管太阳能热水器的全寿命周期能量环境效益分析[J]. 太阳能学报，2009，2(32)：266－269.

[173] 赵军，马洪亭，等. 既有建筑供能系统节能分析与优化技术[M]. 北京：中国建筑工业出版社，2011.

[174] 张长兴. 土壤源热泵系统全寿命周期[D]. 西安：西安建筑科技大

学,2009.

[175] 徐伟. 中国地源热泵发展研究报告 2013[M]. 北京:中国建筑工业出版社,2013.

[176] 天津大学. 农村小型地源热泵供暖供冷工程技术规程(CECS313:2012)[S]. 北京:中国计划出版社,2012.

[177] 区正源. 土壤源热泵空调系统设计与施工指南[M]. 北京:机械工业出版社,2010.

[178] 宋长友,刘祥枝. EPS 板和 XPS 板薄抹灰外保温系统综合对比分析[J]. 建筑节能,2014(1):33.

[179] 张长兴. 土壤源热泵系统全寿命周期[D]. 西安:西安建筑科技大学,2009:5,78-138.

[180] 徐苗苗,周建民. 发泡聚苯乙烯保温板全寿命周期评价[J]. 新型建筑材料,2015(2):75.

[181] 吴晓寒. 地源热泵与太阳能集热器联合供暖系统研究及仿真分析[D]. 长春:吉林大学,2008:6.

[182] 公茂果,焦李成,杨咚咚,等. 进化多目标优化算法研究[J]. 软件学报,2009(02):271-289.

[183] 郑向伟,刘弘. 多目标进化算法研究进展[J]. 计算机科学,2007(07):187-192.

[184] 蓝艇,刘士荣,顾幸生. 基于进化算法的多目标优化方法[J]. 控制与决策,2006(06):601-604.

[185] 崔逊学. 多目标进化算法及其应用[M]. 北京:国防工业出版社,2006:48-64.

[186] 贠汝安,董增川,王好芳. 基于 NSGA2 的水库多目标优化[J]. 山东大学学报,2010,40(6):124-128.

[187] 尚荣华,胡朝旭,焦李成,等. 多目标优化算法在多分类中的应用研究[J]. 电子学报,2012,40(11):2264-2269.

[188] Deb K, Agrawal S, Pratap A, et al. A fast elitist non-dominated sorting genetic algorithm for multi-objective optimization: NSGA-Ⅱ[J]. Lecture notes in computer science, 2000(1917): 849-858.

[189] Deb K, Pratap A, Meyarivan T. A fast and elitist multiobjective genetic algorithm: NSGA-Ⅱ[J]. IEEE Transaction on Evolutionary Computation, 2002, 6(2): 182-197.

[190] Deb K, Goyal M. Optiming engineering designs using a combined genetic

search[A]. Proc of the Seventh Int Conf on Genetic Algorithms, 1997: 521 - 528.

[191] Herrera F. Tackling real-coded genetic algorithms: operators and tools for behavioural analysis[J]. Artificial Intelligence Review, 1998, 12(4): 265 - 319.

[192] 彭昭旺,杨洪柏,钟廷修. 实值编码遗传算法的行星齿轮传动优化[J]. 上海交通大学学报, 1999(7): 833 - 836.

[193] 张东民,廖文和. 基于实值编码遗传算法的起重机伸缩臂结构优化[J]. 南京航空航天大学学报,2004,36(2):185 - 189.

[194] Michalewicz Z, Janikow C Z, Krawczyk J B. A modified genetic algorithm for optimal control problems[J]. Computers & Mathematics with Applications, 1992, 23(12): 83 - 94.

[195] 陈则韶,江斌,史敏,等. 影响热泵 COP 的因素与节能途径分析[J]. 流体机械,2007,1(35):68.

[196] 中华人民共和国住房和城乡建设部. 中华人民共和国国家质量监督检验检疫总局.《太阳能供热采暖工程技术规范》(GB 50495—2009).

[197] 雷飞. 地源热泵空调系统运行建模研究及能效分析[D]. 武汉:华中科技大学,2011:47 - 49.

[198] 乐艳芬. 成本管理会计[M]. 第 2 版. 上海:复旦大学出版社,2010.

[199] 赵强. 城市健康生态社区评价体系整合研究[D]. 天津:天津大学,2012:160.

[200] 闫文周,顾连胜. 熵权决策法在工程评标中的应用[J]. 西安建筑科技大学学报(自然科学版),2004(01):98 - 100.

[201] 张爽,谢剑,杨建江. 基于熵值法的既有建筑加固方案评价指标权重确定方法[J]. 工业建筑,2009(S1):40 - 41.

[202] 邱菀华. 管理决策与应用熵学[M]. 北京:机械工业出版社,2002.

[203] 余雪杰. 管理系统工程[M]. 北京:人民邮电出版社,2009.

[204] 胡召音. 灰色理论及其应用研究[J]. 武汉理工大学学报,2003,27(3):405 - 407.

[205] 皇甫艺,吴静怡,王如竹,等. 冷热电联产 CCHP 综合评价模型的研究[J]. 工程物理学报,2005,26(6):14.

[206] 耿玉磊,张翔. 多目标优化的求解方法与发展[J]. 机电技术,2005,27(B10):105 - 108.

[207] 舟丹. 节约 1 度(kWh)电或 1 kg 煤到底减排了多少“二氧化碳”或“碳”[J]. 中外能源,2011(11):58.

附录一:户型样本调研统计表

编号	户型	单元简化面宽(m)	单元简化进深(m)	单户建筑套面积(m^2)	单元标准层平面图
1	一梯二户	15	11.7	91.46	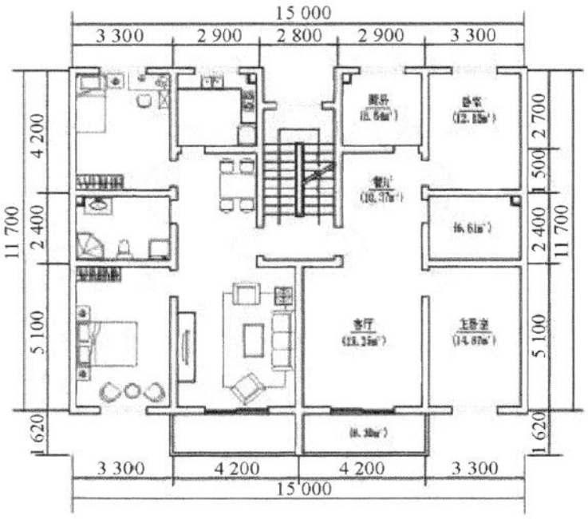
2	一梯二户	15	11.65	86.65	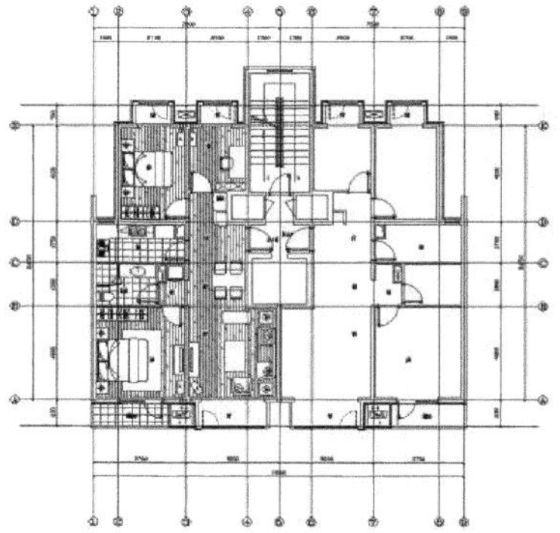
3	一梯二户	15	13.2	89.56	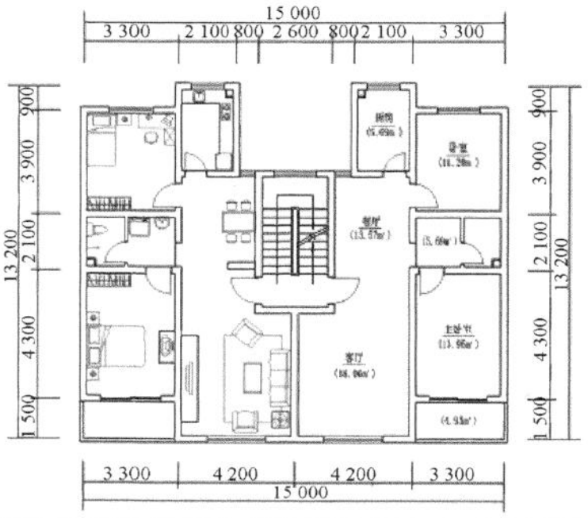

编号	户型	单元简化面宽(m)	单元简化进深(m)	单户建筑套面积(m^2)	单元标准层平面图
4	一梯二户	16.4	9.3	72.88	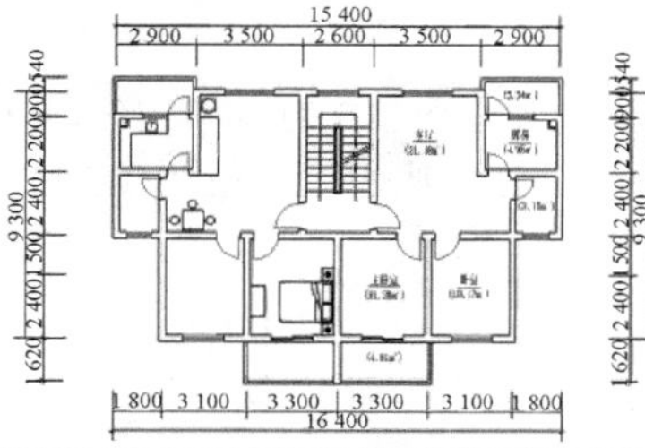 15 400 2 900 3 500 2 600 3 500 2 900 9 300 540 900 2 200 2 400 1 500 2 400 620 1 800 3 100 3 300 3 300 3 100 1 800 16 400
5	一梯二户	16.2	9.6	75.22	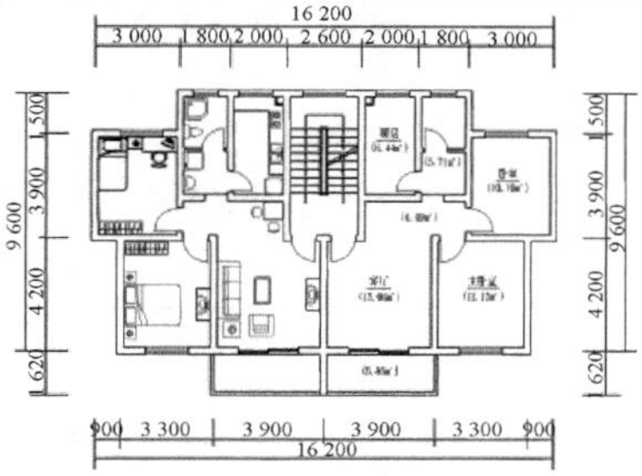 16 200 3 000 1 800 2 000 2 600 2 000 1 800 3 000 9 600 1 500 3 900 4 200 620 900 3 300 3 900 3 900 3 300 900 16 200
6	一梯二户	15.2	11.7	88.71	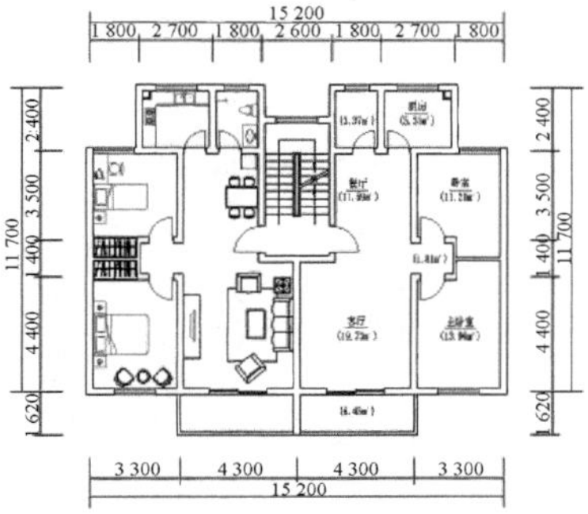 15 200 1 800 2 700 1 800 2 600 1 800 2 700 1 800 11 700 2 400 3 500 1 400 4 400 620 3 300 4 300 4 300 3 300 15 200
7	一梯二户	15	12.3	89.23	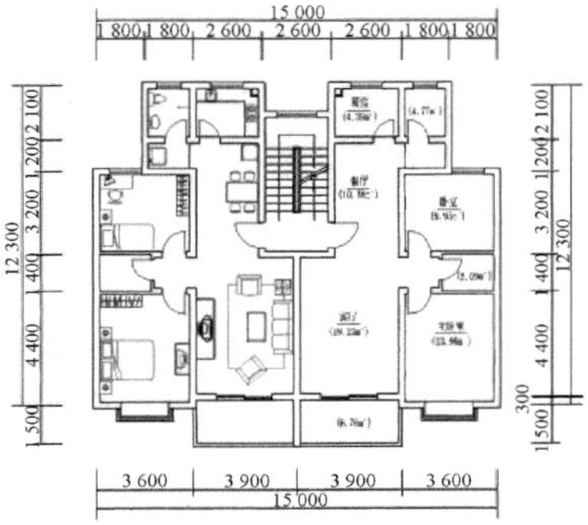 15 000 1 800 1 800 2 600 2 600 2 600 1 800 1 800 12 300 2 100 1 200 3 200 1 400 4 400 1 500 300 3 600 3 900 3 900 3 600 15 000
8	一梯二户	16.4	11.4	92.49	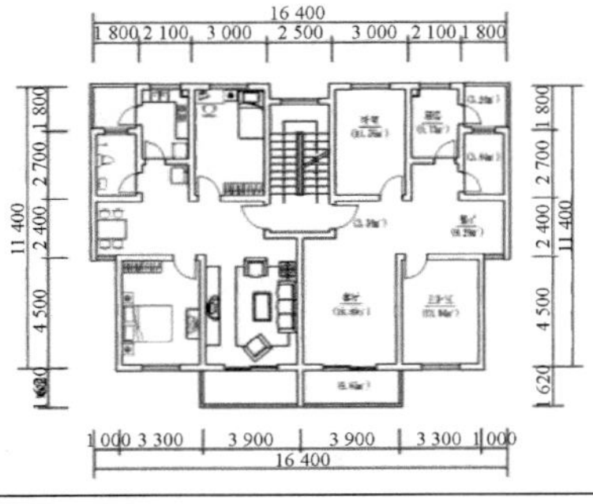 16 400 1 800 2 100 3 000 2 500 3 000 2 100 1 800 11 400 1 800 2 700 2 400 4 500 620 1 000 3 300 3 900 3 900 3 300 1 000 16 400

续表

编号	户型	单元简化面宽(m)	单元简化进深(m)	单户建筑套面积(m^2)	单元标准层平面图
9	一梯二户	13.8	11.7	79.84	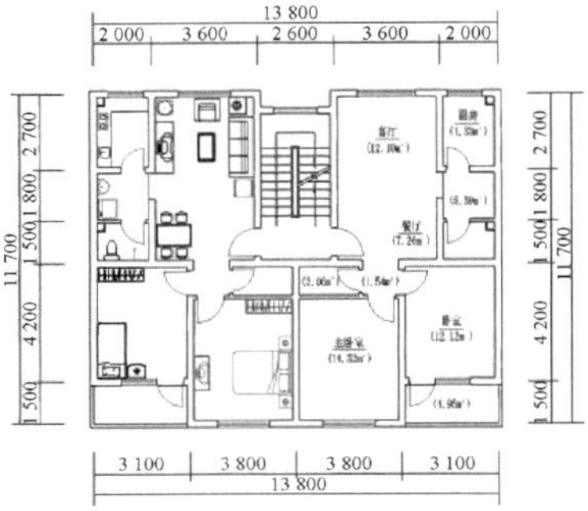
10	一梯二户	15.6	11.4	89.86	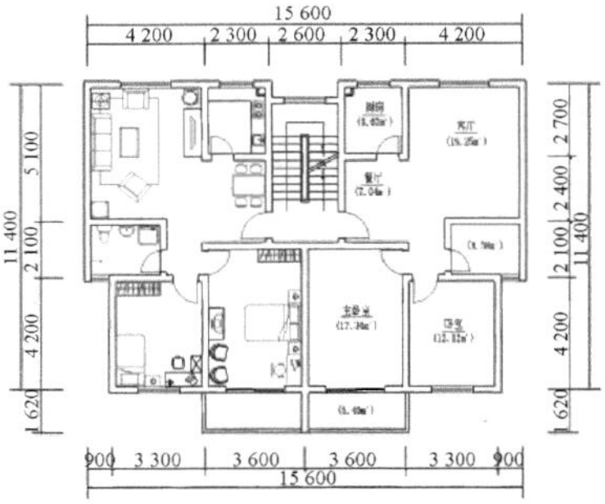
11	一梯二户	13.8	12.9	84.20	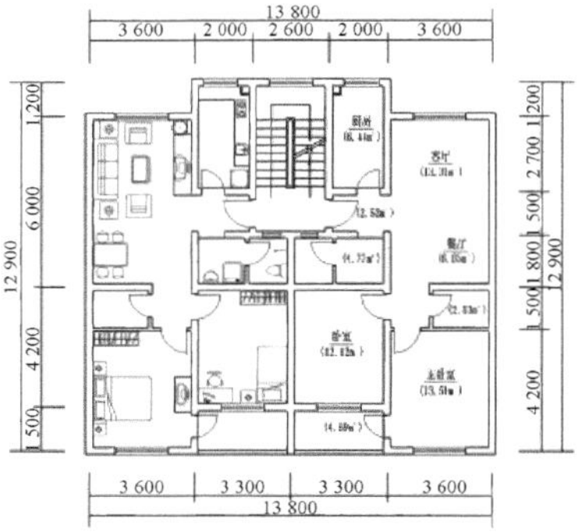
12	一梯二户	15.6	9.9	79.16	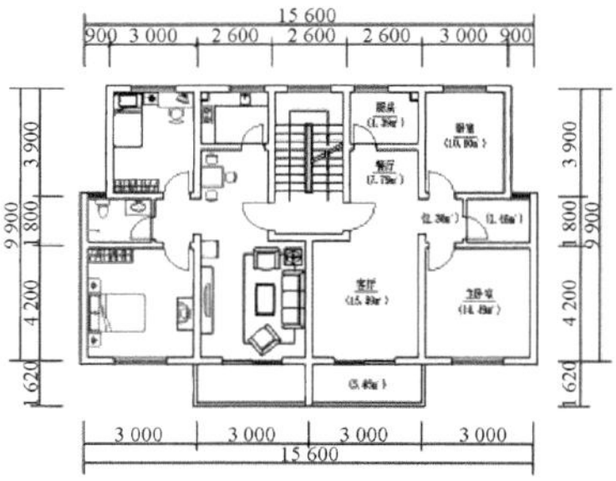

续表

编号	户型	单元简化面宽(m)	单元简化进深(m)	单户建筑套面积(m^2)	单元标准层平面图
13	一梯二户	13.8	12	86.22	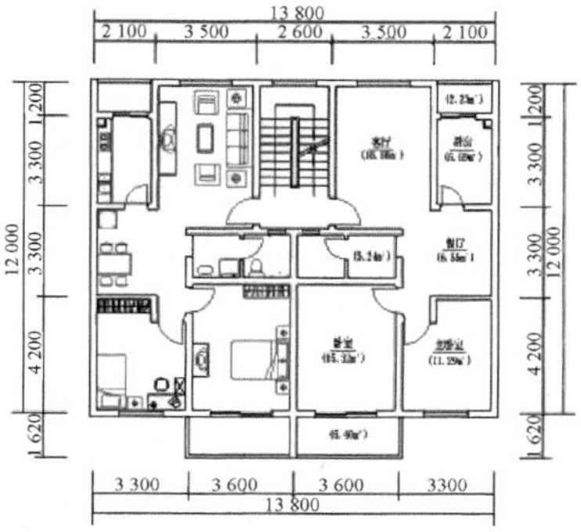 13 800 2 100 3 500 2 600 3 500 2 100 12 000 1 200 3 300 3 300 4 200 1 620 3 300 3 600 3 600 3300 13 800
14	一梯二户	13.8	11.4	74.89	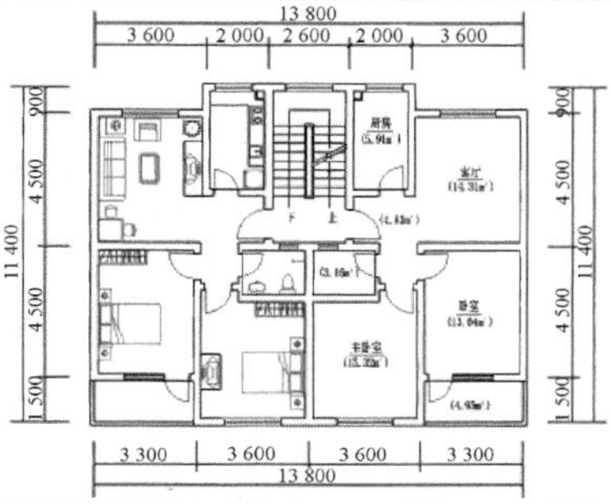 13 800 3 600 2 000 2 600 2 000 3 600 11 400 900 4 500 4 500 1 500 3 300 3 600 3 600 3 300 13 800
15	一梯二户	15	13.5	93.76	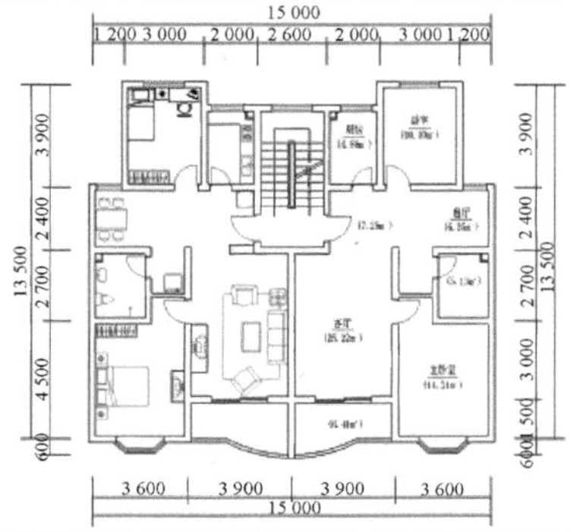 15 000 1 200 3 000 2 000 2 600 2 000 3 000 1 200 13 500 3 900 2 400 2 700 4 500 600 3 900 2 400 2 700 3 000 1 500 600 3 600 3 900 3 900 3 600 15 000
16	一梯二户	16.2	11.7	94.78	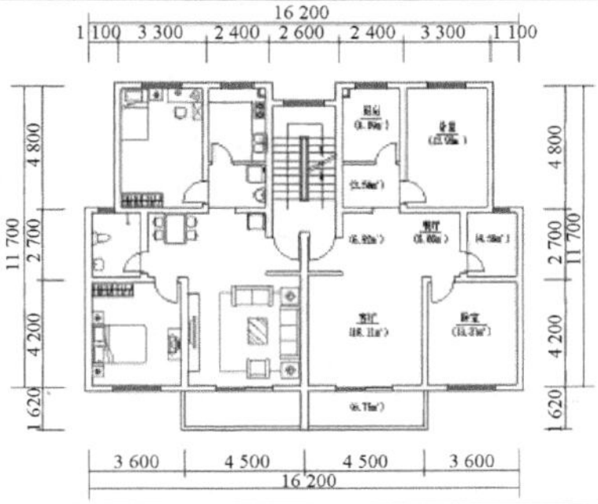 16 200 1 100 3 300 2 400 2 600 2 400 3 300 1 100 11 700 4 800 2 700 4 200 1 620 3 600 4 500 4 500 3 600 16 200

续表

编号	户型	单元简化面宽(m)	单元简化进深(m)	单户建筑套面积(m^2)	单元标准层平面图
17	一梯二户	15.6	14.1	99.81	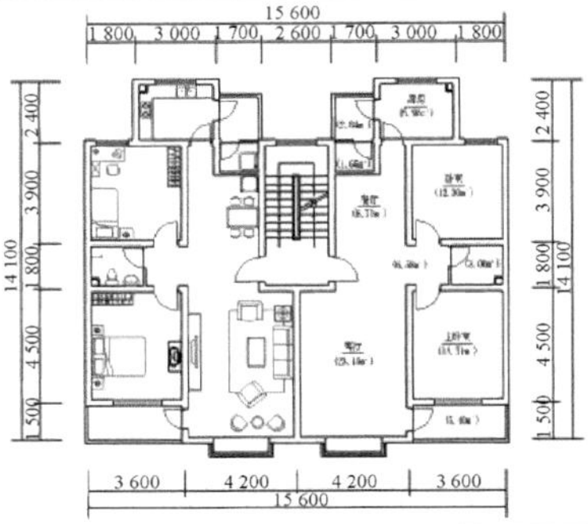
18	一梯二户	19.2	10.2	94.48	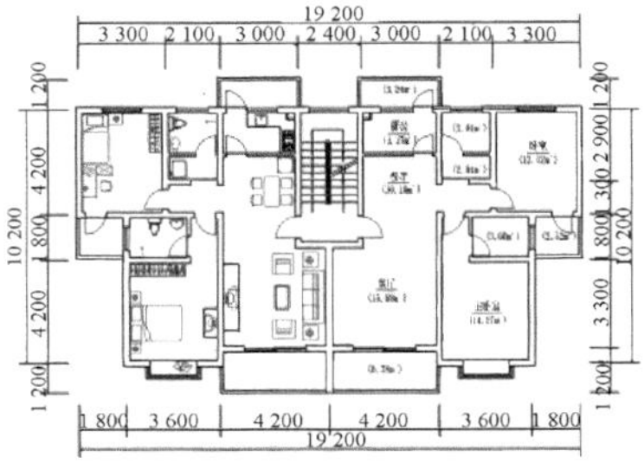
19	一梯二户	18.8	13.2	121.00	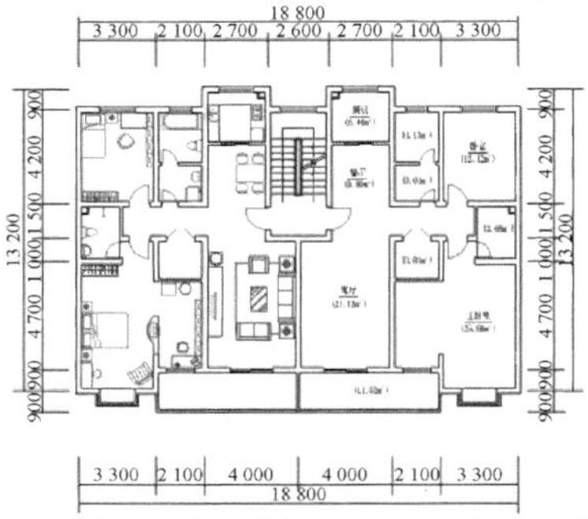
20	一梯二户	15.6	12.6	100.94	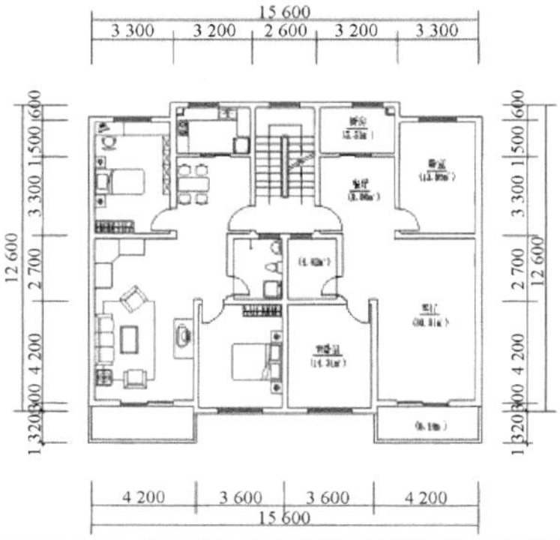

续表

编号	户型	单元简化面宽(m)	单元简化进深(m)	单户建筑套面积(m^2)	单元标准层平面图
21	一梯二户	15	12.6	92.88	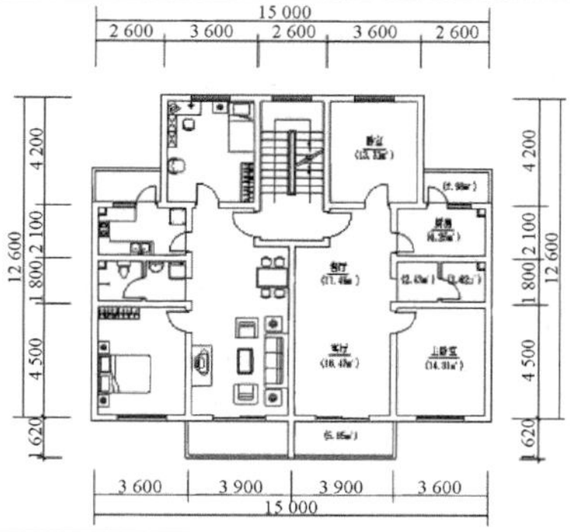 15 000 2 600 3 600 2 600 3 600 2 600 4 200 2 100 1 800 4 500 620 12 600 3 600 3 900 3 900 3 600 15 000
22	一梯二户	15.8	12.3	91.00	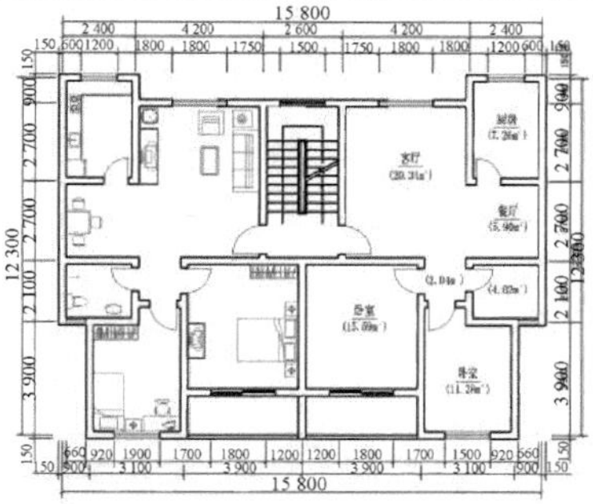 15 800 2 400 4 200 2 600 4 200 2 400 150 600 1200 1800 1800 1750 1500 1750 1800 1800 1200 600 150 150 900 2 700 2 700 2 100 3 900 150 12 300 150 660 920 1900 1700 1800 1200 1200 1800 1700 1500 920 660 150 600 3 100 3 900 3 900 3 100 600 15 800
23	一梯二户	15	14.1	94.28	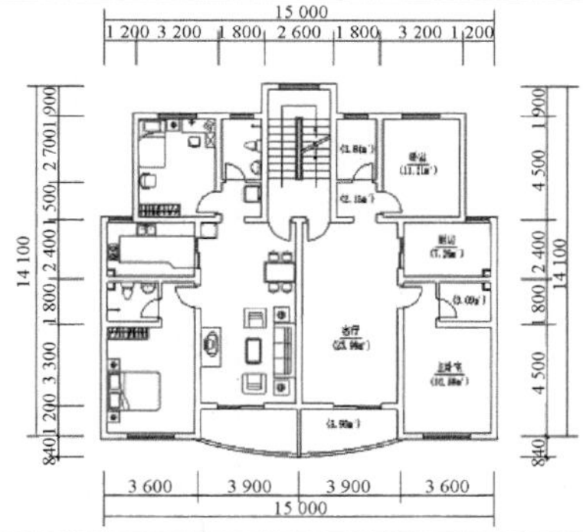 15 000 1 200 3 200 1 800 2 600 1 800 3 200 1 200 900 2 700 1 500 2 400 1 800 3 300 1 200 840 14 100 1 900 4 500 2 400 1 800 4 500 840 3 600 3 900 3 900 3 600 15 000
24	一梯二户	17.4	10.5	90.81	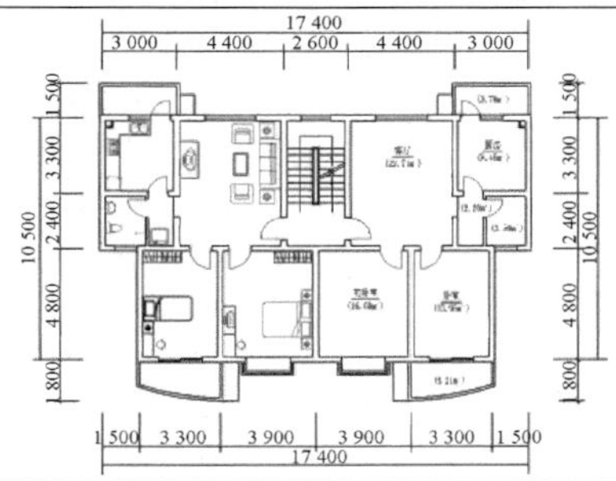 17 400 3 000 4 400 2 600 4 400 3 000 1 500 3 300 2 400 4 800 1 800 10 500 1 500 3 300 3 900 3 900 3 300 1 500 17 400

续表

编号	户型	单元简化面宽(m)	单元简化进深(m)	单户建筑套面积(m^2)	单元标准层平面图
25	一梯二户	14.4	12.3	84.18	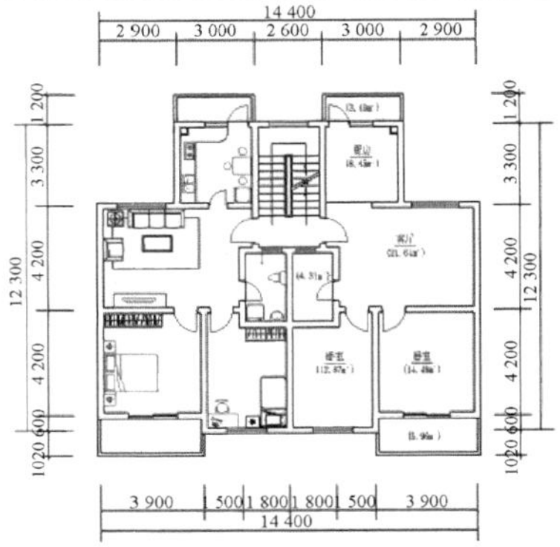 14 400 2 900 3 000 2 600 3 000 2 900 1 200 3 300 4 200 4 200 600 1020 12 300 1 200 3 300 4 200 4 200 600 1020 12 300 3 900 1 500 1 800 1 800 500 3 900 14 400
26	一梯二户	18	13.2	105.39	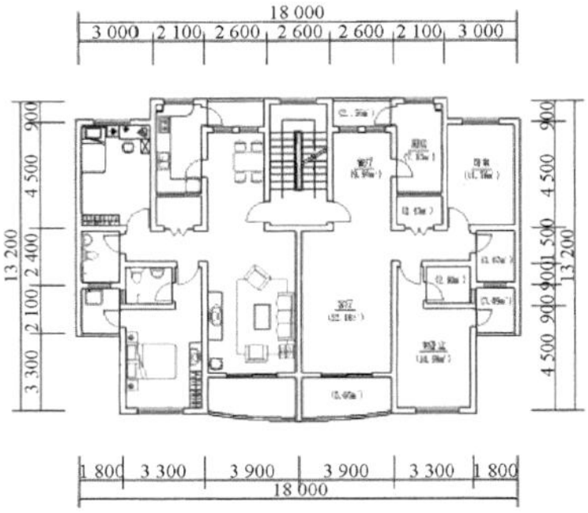 18 000 3 000 2 100 2 600 2 600 2 600 2 100 3 000 900 4 500 2 400 2 100 3 300 13 200 900 4 500 1 500 900 900 4 500 13 200 1 800 3 300 3 900 3 900 3 300 1 800 18 000
27	一梯二户	15	12.9	91.99	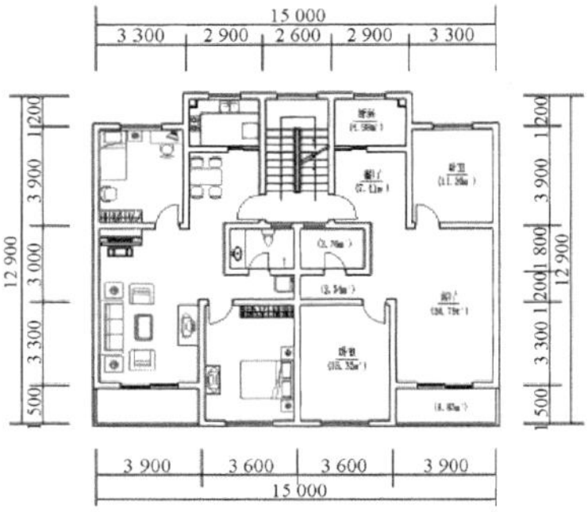 15 000 3 300 2 900 2 600 2 900 3 300 1 200 3 900 3 000 3 300 500 12 900 1 200 3 900 1 800 1 200 3 300 1 200 500 12 900 3 900 3 600 3 600 3 900 15 000
28	一梯二户	14	12.9	85.61	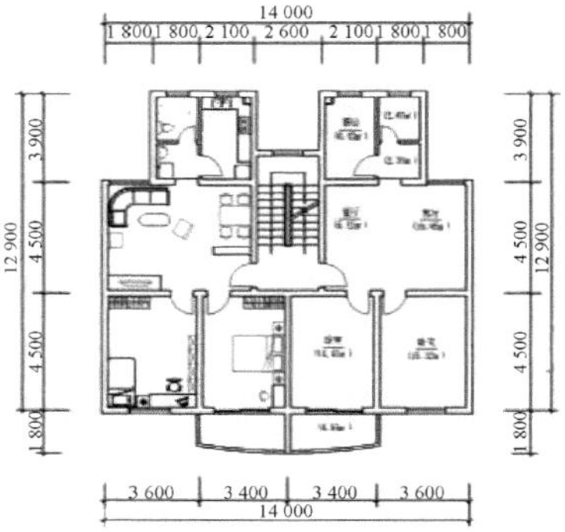 14 000 1 800 1 800 2 100 2 600 2 100 1 800 1 800 3 900 4 500 4 500 1 800 12 900 3 900 4 500 4 500 1 800 12 900 3 600 3 400 3 400 3 600 14 000

续表

编号	户型	单元简化面宽(m)	单元简化进深(m)	单户建筑套面积(m^2)	单元标准层平面图
29	一梯二户	15.6	12.9	99.36	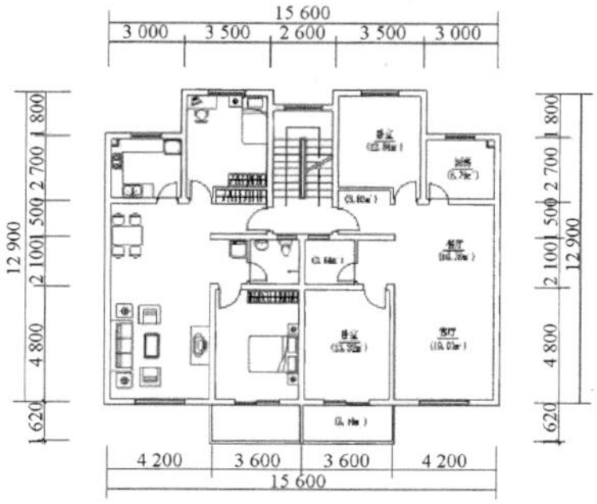
30	一梯二户	17.6	9.9	88.19	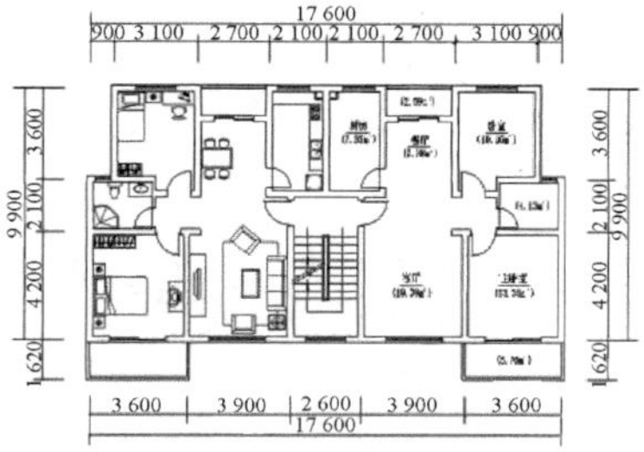
31	一梯二户	18	10.8	96.09	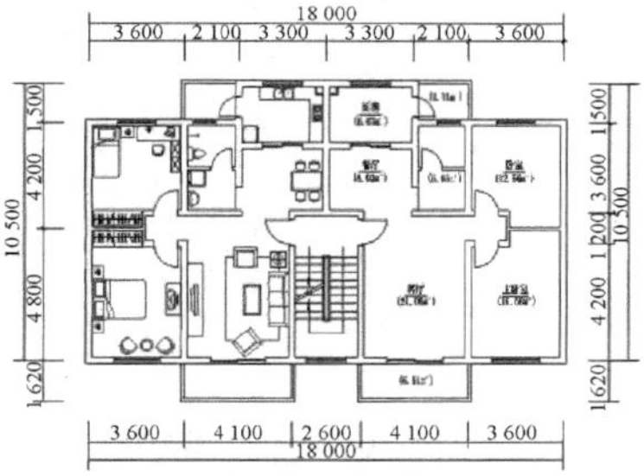
32	一梯二户	15.8	11.1	88.2	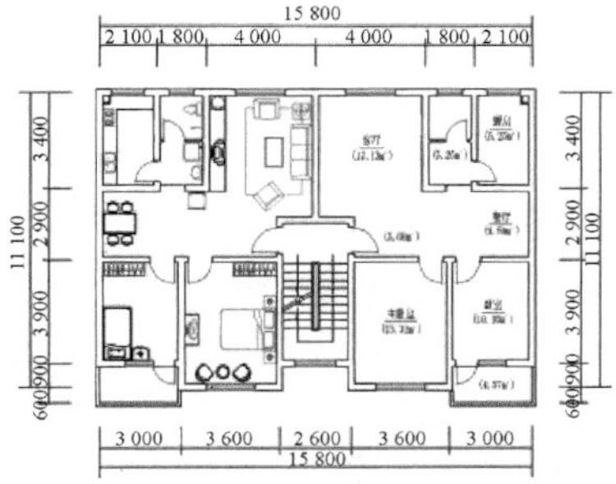

续表

编号	户型	单元简化面宽(m)	单元简化进深(m)	单户建筑套面积(m^2)	单元标准层平面图
33	一梯二户	14.6	12.3	83.65	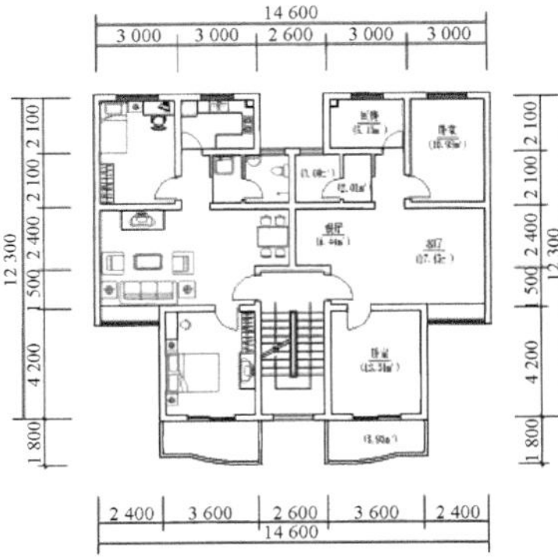
34	一梯二户	14.6	15.9	97.21	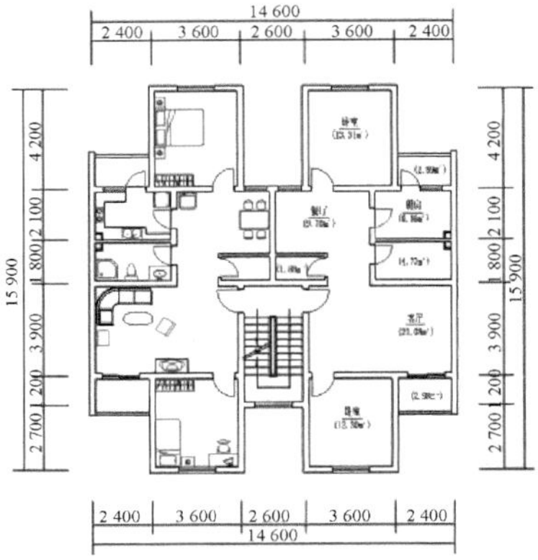
35	一梯二户	15.4	12.3	86.69	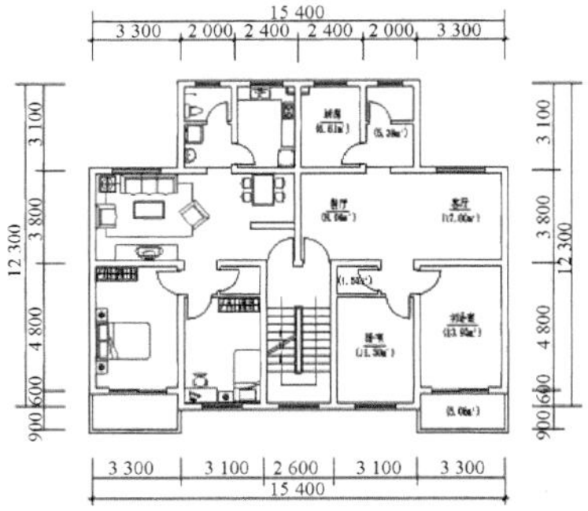
36	一梯二户	17.6	13.8	87.95	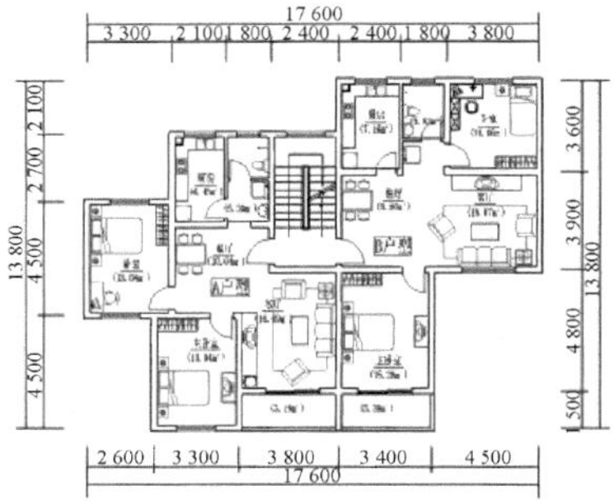

续表

编号	户型	单元简化面宽(m)	单元简化进深(m)	单户建筑套面积(m^2)	单元标准层平面图
37	一梯二户	16.5	12.9	98.66	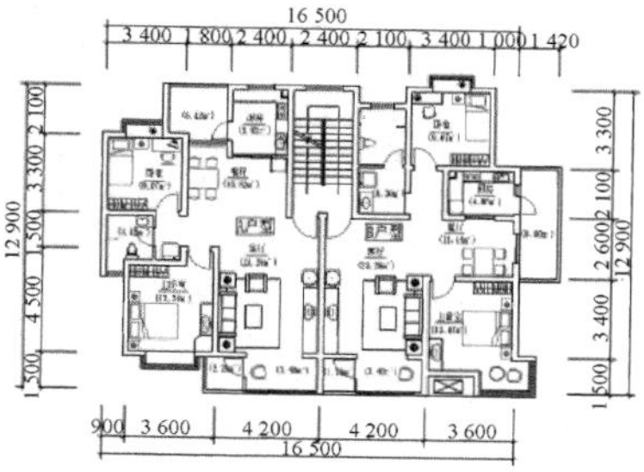 16 500 3 400 1 800 2 400 2 400 2 100 3 400 1 000 1 420 12 900: 2 100 3 300 1 500 4 500 1 500 12 900: 3 300 2 100 2 600 3 400 1 500 900 3 600 4 200 4 200 3 600 16 500
38	一梯二户	15.5	19.8	94.16	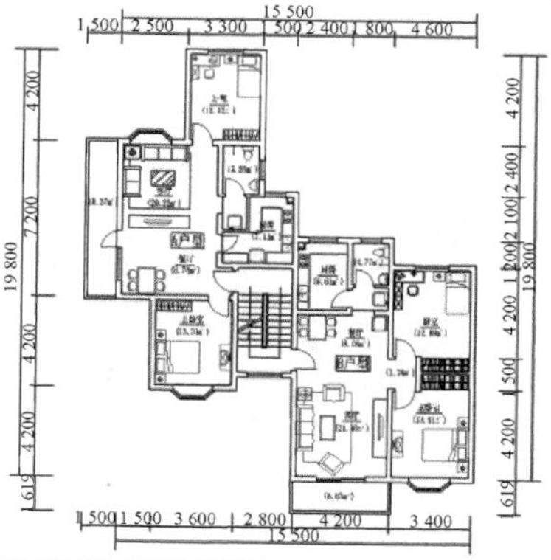 15 500 1 500 2 500 3 300 500 2 400 1 800 4 600 19 800: 4 200 7 200 4 200 4 200 619 19 800: 4 200 2 400 2 100 1 200 1 500 4 200 1 500 4 200 619 1 500 1 500 3 600 2 800 4 200 3 400 15 500
39	一梯二户	18.2	12.6	·106.78	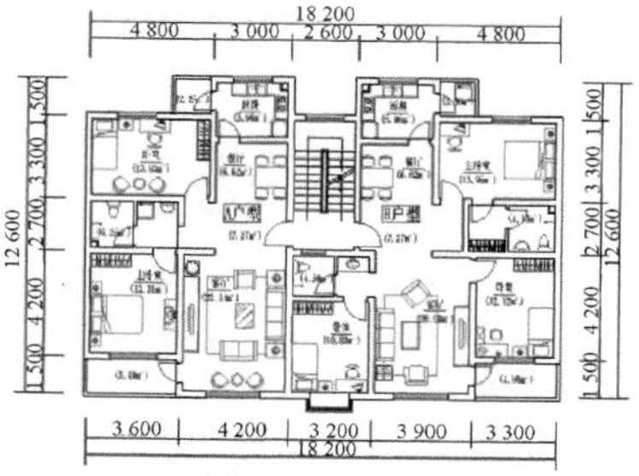 18 200 4 800 3 000 2 600 3 000 4 800 12 600: 1 500 3 300 2 700 4 200 1 500 12 600: 1 500 3 300 2 700 4 200 1 500 3 600 4 200 3 200 3 900 3 300 18 200
40	一梯二户	18	14.4	114.62	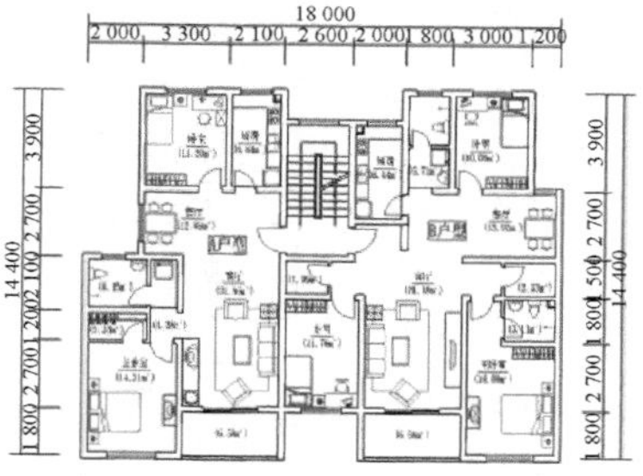 18 000 2 000 3 300 2 100 2 600 2 000 1 800 3 000 1 200 14 400: 3 900 2 700 2 100 1 200 2 700 1 800 14 400: 3 900 2 700 1 500 1 800 2 700 1 800 3 600 3 900 3 000 3 900 3 600 18 000

附录二：实际工程基本资料调研表（52 栋住宅楼）

编码	项目名称	建筑面积（m^2）	主体结构	内墙构造（采暖与非采暖隔墙）	外墙保温做法	屋面	门	窗	楼地面
1	金水湾花园 28#	9 688	框剪	1. 200 厚加气混凝土砌块/200 厚钢筋混凝土墙 2. 20 厚 FTC 相变蓄能材料 3. 20 厚白灰砂浆面 [造型做法传热系数:1.0 W/(m^2·K)]	1. 70 厚聚苯板(EPS) 2. 200 厚加气混凝土砌块/200 厚钢筋混凝土墙 [造型做法传热系数:0.52 W/(m^2·K)]	1. 6 mmSBS 卷材防水层 2. 20 厚 1∶3 水泥砂浆找平层 3. 30 厚膨胀珍珠岩找平 4. 110 厚聚苯板(EPS) 5. 120 厚钢筋混凝土板 6. 20 厚白灰砂浆面 [造型做法传热系数:0.37 W/(m^2·K)]	钢制保温防盗门 [造型做法传热系数:1.5 W/(m^2·K)]	塑料框材+中空玻璃(6 mm 高透光 LOW-E+12 mm 空气+6 mm 透明) [造型做法传热系数:2.3 W/(m^2·K)]	120 mm 钢筋混凝土板 [造型做法传热系数:0.62 W/(m^2·K)] 周边：
	金水湾花园 29#	4 539	框剪						
	金水湾花园 30#	10 227	框剪						
	金水湾花园 31#	4 618	框剪						
2	中信天嘉湖项目 8#	11 919	框剪	1. 200 厚加气混凝土砌块/200 厚钢筋混凝土墙 2. 30 厚 FTC 相变蓄能材料 3. 20 厚白灰砂浆面 [造型做法传热系数:0.78 W/(m^2·K)]	1. 80 厚岩棉保温板 2. 200 厚加气混凝土砌块/200 厚钢筋混凝土墙 [造型做法传热系数:0.45 W/(m^2·K)]	1. 120 厚岩棉保温板 2. 120 厚钢筋混凝土板 3. 20 厚白灰砂浆面 [造型做法传热系数:0.36 W/(m^2·K)]	三防门内夹 50 厚岩棉保温板 [造型做法传热系数:1.5 W/(m^2·K)]	单框中空双玻，空气层厚度 12 mm [造型做法传热系数:2.7 W/(m^2·K)]	120 mm 钢筋混凝土楼板下喷 60 厚超细无机纤维喷涂 [造型做法传热系数:0.49 W/(m^2·K)]
	中信天嘉湖项目 9#	10 284	框剪						
	中信天嘉湖项目 10#	10 344	框剪						
	中信天嘉湖项目 11#	9 990	框剪						
	中信天嘉湖项目 12#	9 445	框剪						
	中信天嘉湖项目 13#	23 837	框剪						

续表

编码	项目名称	建筑面积（m^2）	主体结构	内墙构造（采暖与非采暖隔墙）	外墙保温做法	屋面	门	窗	楼地面
3	象博豪庭11#	11 099	框剪	1. 200厚加气混凝土砌块/200厚钢筋混凝土墙 2. 20厚FTC相变蓄能材料 3. 20厚白灰砂浆面 [造型做法传热系数:1.06 W/(m^2·K)]	1. 70厚挤塑聚苯板(XPS) 2. 10厚水泥砂浆 3. 200厚加气混凝土砌块/200厚钢筋混凝土墙 [造型做法传热系数0.48 W/(m^2·K)]	1. 90厚模塑石墨聚苯板 2. 50厚轻集料混凝土 3. 20厚水泥砂浆 4. 120厚钢筋混凝土板 5. 20厚白灰砂浆面 [造型做法传热系数:0.41 W/(m^2·K)]	保温隔热门 [造型做法传热系数:1.50 W/(m^2·K)]	塑钢中空玻璃窗 [造型做法传热系数:2.5 W/(m^2·K)]	1. 20厚聚苯板 2. 120厚钢筋混凝土楼板下喷60厚超细无机纤维喷涂 [造型做法传热系数:0.49 W/(m^2·K)] 周边0.08
	象博豪庭12#	11 099	框剪						
	象博豪庭18#	7 831	框剪						
	象博豪庭19#	7 831	框剪						
4	津南区双港镇柳林二号地住宅8#	22 882	框剪	1. 200厚加气混凝土砌块/200厚钢筋混凝土墙 2. 20厚FTC相变蓄能材料 3. 20厚白灰砂浆面 [造型做法传热系数:0.915 W/(m^2·K)]	1. 50厚挤塑聚苯板 2. 200厚加气混凝土砌块/200厚钢筋混凝土墙 [造型做法传热系数:0.547 W/(m^2·K)]	1. 10厚地砖水泥砂浆 2. 40厚C20细石混凝土 3. 3厚防水层 4. 30厚1∶8水泥砂浆珍珠岩板 5. 70厚挤塑板 6. 120厚钢筋混凝土板 7. 20厚白灰砂浆面 [造型做法传热系数:0.416 W/(m^2·K)]	成品三防门 [造型做法传热系数:1.50 W/(m^2·K)]	塑钢型材双层中空保温窗 [造型做法传热系数:2.7 W/(m^2·K)]	100厚钢筋混凝土楼板下设70厚挤塑聚苯板 [造型做法传热系数:0.49 W/(m^2·K)]
	津南区双港镇柳林二号地住宅9#	22 882	框剪						
	津南区双港镇柳林二号地住宅11#	22 882	框剪						

续表

编码	项目名称	建筑面积（m^2）	主体结构	内墙构造（采暖与非采暖隔墙）	外墙保温做法	屋面	门	窗	楼地面
5	天津市塘沽区亚泰津澜庭院10#	14 803	框剪	1. 200厚加气混凝土砌块/200厚钢筋混凝土墙 2. 30厚无机保温砂浆 3. 20厚白灰砂浆面 [造型做法传热系数:0.48 W/(m^2·K)]	1. 80厚岩棉保温板 2. 200厚加气混凝土砌块/200厚钢筋混凝土墙 [造型做法传热系数:0.56 W/(m^2·K)]	1. 80厚岩棉保温板 2. 120厚钢筋混凝土板 3. 20厚白灰砂浆面 [造型做法传热系数:0.41 W/(m^2·K)]	三防门内夹30厚岩棉保温板 [造型做法传热系数:1.5 W/(m^2·K)]	断桥铝中空玻璃 [造型做法传热系数:2.7 W/(m^2·K)]	100厚钢筋混凝土楼板上设60厚挤塑聚苯板 [造型做法传热系数:0.50 W/(m^2·K)]
	天津市塘沽区亚泰津澜庭院11#	12 577	框剪						
	天津市塘沽区亚泰津澜庭院12#	14 589	框剪						
6	汉沽学仕府花园小区1#	9 460	框剪	1. 200厚加气混凝土砌块/200厚钢筋混凝土墙 2. 20厚FTC相变蓄能材料 3. 20厚白灰砂浆面 [造型做法传热系数:1.05 W/(m^2·K)]	1. 50厚挤塑聚苯板 2. 200厚加气混凝土砌块/200厚钢筋混凝土墙 [造型做法传热系数:0.59 W/(m^2·K)]	1. 4 mm SBS卷材防水层 2. 30厚水泥砂浆找平层 3. 70厚挤塑聚苯板 4. 120厚钢筋混凝土板 5. 20厚白灰砂浆面 [造型做法传热系数:0.43 W/(m^2·K)]	成品三防门，内填30厚岩棉保温 [造型做法传热系数:1.50 W/(m^2·K)]	断桥铝中空玻璃(6+12+6) [造型做法传热系数:2.5 W/(m^2·K)]	100厚钢筋混凝土楼板上设60厚挤塑聚苯板 [造型做法传热系数:0.50 W/(m^2·K)]
	汉沽学仕府花园小区2#	9 460	框剪						
	汉沽学仕府花园小区3#	11 171	框剪						
	汉沽学仕府花园小区4#	11 171	框剪						
	汉沽学仕府花园小区9#	11 454	框剪						
	汉沽学仕府花园小区10#	11 454	框剪						

续表

编码	项目名称	建筑面积（m^2）	主体结构	内墙构造（采暖与非采暖隔墙）	外墙保温做法	屋面	门	窗	楼地面
7	汉沽学仕府花园小区11＃	11 304	框剪	1. 200厚加气混凝土砌块/200厚钢筋混凝土墙 2. 30厚FTC相变蓄能材料 3. 20厚白灰砂浆面 [造型做法传热系数:0.78 W/(m²·K)]	1. 20厚水泥砂浆 2. 70厚聚苯板(EPS) 3. 200厚加气混凝土砌块/200厚钢筋混凝土墙 4. 20厚石灰砂浆 [造型做法传热系数:0.57 W/(m²·K)]	1. 25厚干硬性水泥砂浆 2. 6 mm SBS卷材防水层 3. 20厚水泥砂浆找平层 4. 70厚挤塑聚苯板 5. 120厚钢筋混凝土板 6. 20厚白灰砂浆面 [造型做法传热系数：0.49 W/(m²·K)]	成品三防门，内填50厚岩棉保温 [造型做法传热系数:1.50 W/(m²·K)]	断桥铝中空玻璃(6+12+6) [造型做法传热系数:2.7 W/(m²·K)]	120 mm钢筋混凝土楼板下喷60厚超细无机纤维喷涂 [造型做法传热系数:0.49 W/(m²·K)]
	汉沽学仕府花园小区12＃	11 304	框剪						
8	汉沽学仕府花园小区13＃	7 931	框剪	1. 200厚加气混凝土砌块/200厚钢筋混凝土墙 2. 20厚石灰砂浆 3. 20厚FTC保温砂浆 [造型做法传热系数:1.05 W/(m²·K)]	1. 20厚水泥砂浆 2. 50厚挤塑聚苯板 3. 200厚加气混凝土砌块/200厚钢筋混凝土墙 4. 20厚石灰砂浆 [造型做法传热系数:0.59 W/(m²·K)]	1. 40厚C20细石混凝土 2. 6厚防水层 3. 20厚水泥砂浆找平层 4. 70厚挤塑聚苯板 5. 30厚水泥砂浆珍珠岩 6. 100厚钢筋混凝土板 7. 20厚白灰砂浆面 [造型做法传热系数：0.43 W/(m²·K)]	成品三防门，内填30厚岩棉保温 [造型做法传热系数:1.5 W/(m²·K)]	断桥铝中空玻璃(6+12+6) [造型做法传热系数:2.7 W/(m²·K)]	100厚钢筋混凝土楼板上设60厚挤塑聚苯板 [造型做法传热系数:0.50 W/(m²·K)]
	汉沽学仕府花园小区14＃	7 931	框剪						
9	君利花园小区4＃	11 301	框剪						
	君利花园小区5＃	11 301	框剪						
	君利花园小区6＃	11 301	框剪						
	君利花园小区10＃	11 301	框剪						
	君利花园小区11＃	11 301	框剪						

续表

<table>
<tr><th>编码</th><th>项目名称</th><th>建筑面积（m^2）</th><th>主体结构</th><th>内墙构造（采暖与非采暖隔墙）</th><th>外墙保温做法</th><th>屋面</th><th>门</th><th>窗</th><th>楼地面</th></tr>
<tr><td rowspan="5">9</td><td>君利花园小区 12#</td><td>11 301</td><td>框剪</td><td rowspan="5">1. 200 厚加气混凝土砌块/200 厚钢筋混凝土墙
2. 20 厚无机保温砂浆
3. 20 厚白灰砂浆面
[造型做法传热系数:1.21 W/(m²·K)]</td><td rowspan="5">1. 20 厚水泥砂浆
2. 50 厚挤塑聚苯板(XPS)
3. 200 厚钢筋混凝土墙
4. 20 厚石灰砂浆
[造型做法传热系数:0.66 W/(m²·K)]</td><td rowspan="5">1. 6 mm SBS 卷材防水层
2. 20 厚 1：3 水泥砂浆找平层
3. 30 厚水泥膨胀珍珠岩找坡
4. 70 厚挤塑聚苯板(XPS)
5. 100 厚钢筋混凝土板
6. 20 厚白灰砂浆面
[造型做法传热系数:0.41 W/(m²·K)]</td><td rowspan="5">成品三防门，内填 30 厚岩棉保温
[造型做法传热系数:1.39 W/(m²·K)]</td><td rowspan="5">PA 断桥铝中空玻璃
[造型做法传热系数:2.7 W/(m²·K)]</td><td rowspan="5">100 厚钢筋混凝土楼板上设 60 厚挤塑聚苯板
[造型做法传热系数:0.50 W/(m²·K)]</td></tr>
<tr><td>君利花园小区 13#</td><td>11 301</td><td>框剪</td></tr>
<tr><td>君利花园小区 7#</td><td>11 750</td><td>框剪</td></tr>
<tr><td>君利花园小区 8#</td><td>11 750</td><td>框剪</td></tr>
<tr><td>君利花园小区 9#</td><td>11 750</td><td>框剪</td></tr>
<tr><td>10</td><td>春晓新居 1#</td><td>16 820</td><td>框剪</td><td>1. 200 厚加气混凝土砌块/200 厚钢筋混凝土墙
2. 20 厚玻化微珠保温材料
3. 20 厚白灰砂浆面
[造型做法传热系数:1.39 W/(m²·K)]</td><td>1. 80 厚岩棉保温板
2. 200 厚加气混凝土砌块/200 厚钢筋混凝土墙
[造型做法传热系数:0.678 W/(m²·K)]</td><td>1. 80 厚挤塑板(XPS)
2. 120 厚钢筋混凝土板
3. 20 厚白灰砂浆面
[造型做法传热系数:0.39 W/(m²·K)]</td><td>成品三防门，内填 30 厚岩棉保温
[造型做法传热系数:1.5 W/(m²·K)]</td><td>断桥铝中空玻璃(6+12+6)
[造型做法传热系数:2.7 W/(m²·K)]</td><td>100 厚钢筋混凝土楼板上设 60 厚挤塑聚苯板
[造型做法传热系数:0.50 W/(m²·K)]</td></tr>
<tr><td rowspan="3">11</td><td>天津宁河御景半岛项目 1#</td><td>9 594.63</td><td>框剪</td><td rowspan="3">1. 200 厚加气混凝土砌块/200 厚钢筋混凝土墙
2. 20 厚无机保温砂浆
3. 20 厚白灰砂浆面
[造型做法传热系数:1.48 W/(m²·K)]</td><td rowspan="3">1. 70 厚模塑聚苯板
2. 20 厚 1：3 水泥砂浆找平层
3. 200 厚加气混凝土砌块/200 厚钢筋混凝土墙
4. 20 厚石灰砂浆
[造型做法传热系数:0.63 W/(m²·K)]</td><td rowspan="3">1. 3 mm SBS 卷材防水层
2. 20 厚 1：3 水泥砂浆找平层
3. 120 厚聚苯板(EPS)
4. 120 厚钢筋混凝土板
5. 20 厚白灰砂浆面
[造型做法传热系数:0.391 W/(m²·K)]</td><td rowspan="3">成品三防门，内填 30 厚岩棉保温
[造型做法传热系数:1.5 W/(m²·K)]</td><td rowspan="3">断桥铝 Low-E 中空玻璃空气层厚度不小于 12 mm
[造型做法传热系数:2.3 W/(m²·K)]</td><td rowspan="3">1. 20 厚聚苯板
2. 120 厚钢筋混凝土楼板下喷 60 厚超细无机纤维喷涂
[造型做法传热系数:0.49 W/(m²·K)]</td></tr>
<tr><td>天津宁河御景半岛项目 2#</td><td>9 019.49</td><td>框剪</td></tr>
<tr><td>天津宁河御景半岛项目 10#</td><td>8 585.88</td><td>框剪</td></tr>
</table>

续表

编码	项目名称	建筑面积（m^2）	主体结构	内墙构造（采暖与非采暖隔墙）	外墙保温做法	屋面	门	窗	楼地面
12	天津宝利恒基汉沽杨寨里1#	13 990.91	框剪	1. 200厚加气混凝土砌块/200厚钢筋混凝土墙 2. 20厚SF憎水膨珠保温砂浆 3. 20厚白灰砂浆面 [造型做法传热系数:1.44 W/(m^2·K)]	1. 60厚岩棉保温板 2. 200厚加气混凝土砌块/200厚钢筋混凝土墙 [造型做法传热系数:0.7 W/(m^2·K)]	1. 4 mm SBS卷材防水层 2. 30厚水泥砂浆找平层 3. 90厚聚苯板(EPS) 4. 100厚钢筋混凝土板 5. 20厚白灰砂浆面 [造型做法传热系数:0.42 W/(m^2·K)]	成品三防门，内填30厚岩棉保温 [造型做法传热系数:1.5 W/(m^2·K)]	隔热铝合金Low-E中空玻璃 [造型做法传热系数:2.3 W/(m^2·K)]	1. 20厚聚苯板 2. 120厚钢筋混凝土楼板下喷60厚超细无机纤维喷涂 [造型做法传热系数:0.49 W/(m^2·K)]
	天津宝利恒基汉沽杨寨里2#	13 990.91	框剪						
	天津宝利恒基汉沽杨寨里3#	13 990.91	框剪						
	天津宝利恒基汉沽杨寨里4#	12 687.54	框剪						
	天津宝利恒基汉沽杨寨里5#	12 382.84	框剪						
	天津宝利恒基汉沽杨寨里6#	13 323.63	框剪						
	天津宝利恒基汉沽杨寨里4#	12 687.54	框剪						
	天津宝利恒基汉沽杨寨里5#	12 382.84	框剪						

附录三：典型户型围护结构基本仿真模拟参数设置表

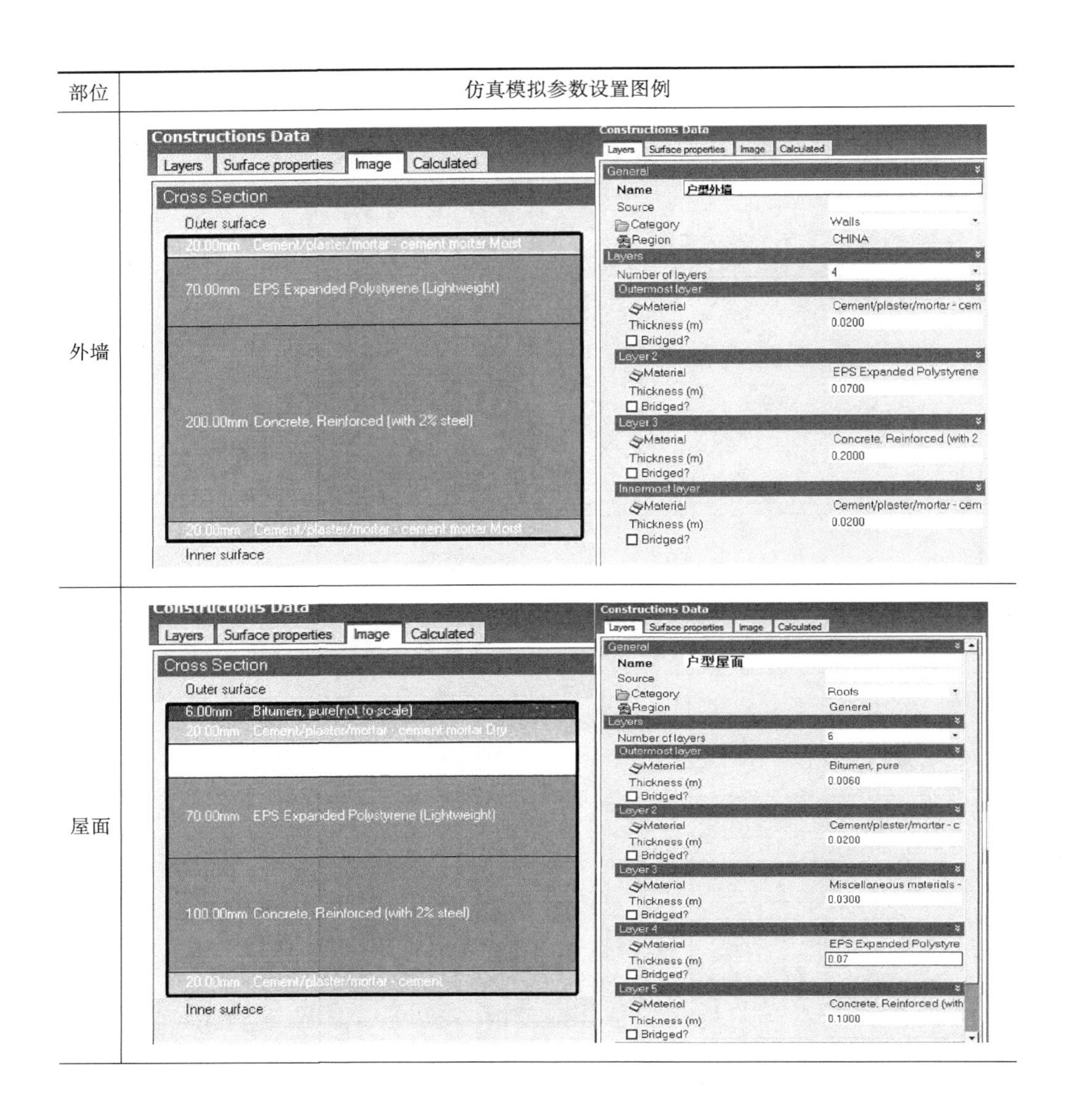

部位	仿真模拟参数设置图例
外墙	
屋面	

续表

部位	仿真模拟参数设置图例
窗户	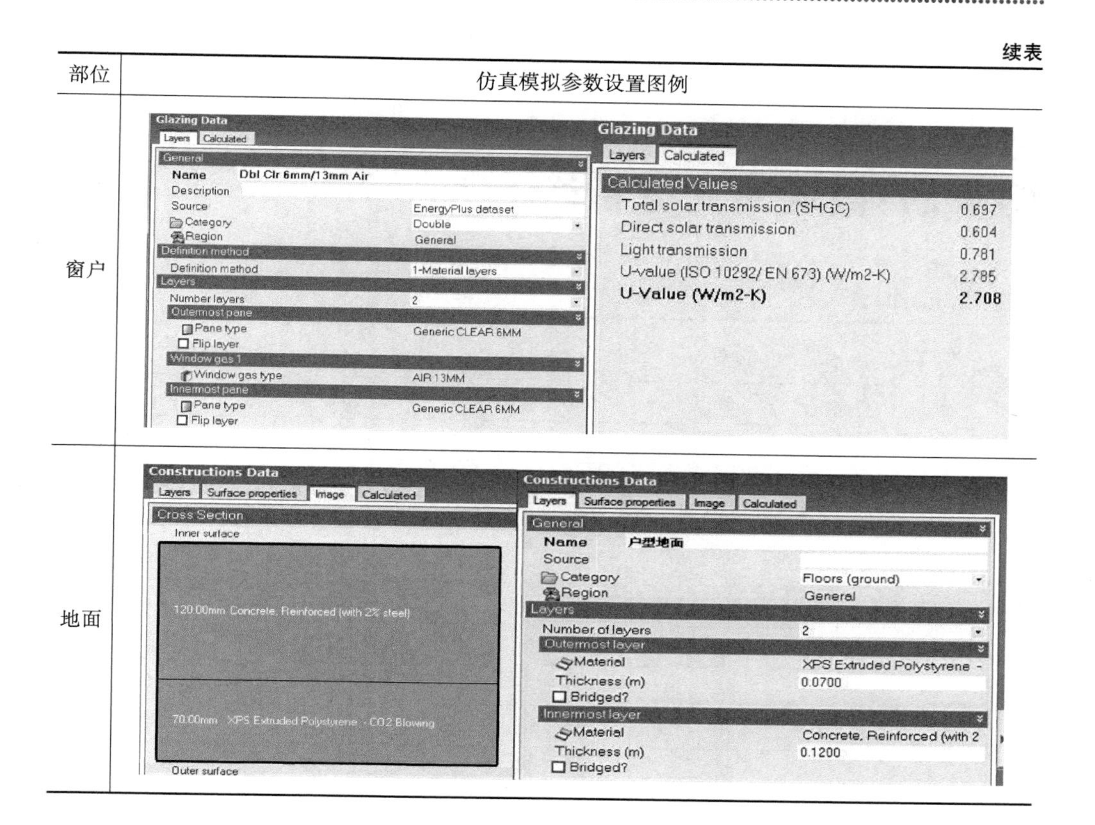
地面	

附录四：能耗对比分析表

单元数	层数	原型能耗（kWh/a）	相似型能耗（kWh/a）	相似比
1	3	30 648.91	29 832.52	0.973
	6	61 402.67	59 813.66	0.974
	9	93 380.75	90 931.32	0.974
	12	125 445.87	122 294.42	0.975
2	3	60 084.75	57 742.45	0.962
	6	120 445.16	115 918.67	0.963
	9	183 580.13	176 613.83	0.963
	12	246 628.53	237 778.72	0.965
3	3	89 544.03	85 688.7	0.957
	6	179 514.98	172 057.79	0.958
	9	273 805.97	262 138.51	0.957
	12	367 686.22	353 203.89	0.961
4	3	118 995.57	113 613.93	0.955
	6	238 590.06	228 196.6	0.956 5
	9	363 954.21	347 804.16	0.956
	12	488 748.21	468 819.46	0.959 5

附录五:10 类户型能耗值(kWh)

户型编号	1月	2月	3月	4月	5月	6月	7月	8月	9月	10月	11月	12月	年总能耗	制热	制冷	每平米能耗
1	1 260.66	1 024.76	403.73	0	0	341.63	571.74	593.37	143.83	0	607.00	1 084.54	6 031.26	4 380.69	1 650.57	66.3
2	1 116.91	908.52	347.72	0	0	344.61	538.7	566.85	141.78	0	533.45	956.85	5 455.39	3 863.45	1 591.94	59.9
3	1 227.81	988.9	373.17	0	0	352.39	591.6	612.25	149.97	0	590.68	1 057.87	5 944.64	4 238.43	1 706.21	65.3
4	1 333.92	1 087.18	438.49	0	0	377.73	628.73	644.56	164.23	0	656.63	1 154.52	6 485.99	4 670.74	1 815.25	71.3
5	1 186.59	965.89	380.38	0	0	350.85	600.56	622.9	163.99	0	580.05	1 022.95	5 874.16	4 135.86	1 738.3	64.6
6	1 296.69	1 047.24	406.71	0	0	385.19	644.13	659.04	168.53	0	637.03	1 123.35	6 367.91	4 511.02	1 856.89	70.0
7	1 587.09	1 295.02	513.03	0	0	422.95	696.1	700.55	156.91	0	781.18	1 391.3	7 544.13	5 567.62	1 976.51	82.9
8	1 463.63	1 191.18	456.96	0	0	405.81	682.48	691.95	159.48	0	715.9	1 279.63	7 047.02	5 107.3	1 939.72	77.4
9	1 565.2	1 268.53	485.7	0	0	433.54	714.9	718.76	160.82	0	769.19	1 374.13	7 490.77	5 462.75	2 028.02	82.3
10	1 703.24	1 387.25	551.88	0	0	427.5	673.99	673.35	140.64	0	836.73	1 499.83	7 894.41	5 978.93	1 915.48	86.8

附录六:3 单元 4 层能耗值(kWh)

类型编号	1月	2月	3月	4月	5月	6月	7月	8月	9月	10月	11月	12月	总计
1	1 260.66	1 024.76	403.73	0	0	341.63	571.74	593.37	143.83	0	607	1 084.54	6 031.26
1-1	1 244.27	1 010.75	395	0	0	355.77	563.57	587.91	143.92	0	595.42	1 116.61	6 013.22
2	1 116.91	908.52	347.72	0	0	344.61	538.7	566.85	141.78	0	533.45	956.85	5 455.39
2-1	1 194.43	889.47	336.11	0	0	302.71	526.88	557.43	141.29	0	518.91	935.34	5 402.57
2-2	1 159.75	851.58	311.3	0	0	297.01	515.07	547.88	142.5	0	492.21	886.99	5 204.29
2-3	1 152.18	852.08	319.88	0	0	299.88	520.41	549.99	149.79	0	504.22	897.71	5 246.14
2-4	1 194.95	889.72	335.57	0	0	303.73	527.81	558.06	141.49	0	519.07	935.07	5 405.47
3	1 227.81	988.9	373.17	0	0	352.39	591.6	612.25	149.97	0	590.68	1 057.87	5 944.64
3-1	1 212.95	976.17	364.79	0	0	347.11	584.08	607.51	150.21	0	580.01	1 043.46	5 866.29
4	1 333.92	1 087.18	438.49	0	0	377.73	628.73	644.56	164.23	0	656.63	1 154.52	6 485.99
4-1	1 280.18	1 042.38	417.91	0	0	364.36	609.11	629.34	154.91	0	625.07	1 103.62	6 226.88
4-2	1 342.06	1 095.52	443.38	0	0	378.98	631.4	647.02	162.69	0	664.84	1 162.14	6 528.03
5	1 186.59	965.89	380.38	0	0	350.85	600.56	622.9	163.99	0	580.05	1 022.95	5 874.16
5-1	1 124.66	914.86	356.11	0	0	333.13	575.33	601.68	163.91	0	543.76	955.18	5 568.62
5-2	1 100.52	900.57	343	0	0	326.15	562.64	589.79	164.13	0	544.84	935.52	5 467.16
5-3	1 110.34	900.11	353.2	0	0	332.19	571.69	597.8	175.22	0	541.36	940.7	5 522.61
5-4	1 125.22	915.14	355.5	0	0	334.12	576.24	602.3	164.11	0	543.93	965.67	5 582.23
5-5	1 131.5	970.69	381.81	0	0	353.27	605.26	625.66	163.91	0	582.49	1 027.08	5 841.67
5-6	1 131.83	919.59	355.76	0	0	345.4	591	613.51	163.82	0	551.32	974.17	5 646.4
5-7	1 149.32	934.28	366.59	0	0	350.54	598.91	620.42	174.75	0	567.69	989.68	5 752.18
5-8	1 192.02	970.96	381.34	0	0	354.22	606.13	627.25	154.09	0	582.64	1 027.55	5 896.2
6	1 296.69	1 047.24	406.71	0	0	385.19	644.13	659.04	168.53	0	637.03	1 123.35	6 367.91
6-1	1 244.34	1 003.72	386.09	0	0	372.06	624.92	644.2	169.64	0	606.05	1 073.86	6 124.88
6-2	1 307.18	1 057.61	412.66	0	0	387.1	547.76	662.32	157.27	0	643.56	1 133.19	6 308.65
7	1 587.09	1 295.02	513.03	0	0	422.95	696.1	700.55	156.91	0	781.18	1 391.3	7 544.13
7-1	1 593.53	1 303.28	519.32	0	0	418.21	690.14	695.75	152.77	0	785.65	1 397.33	7 555.98
8	1 463.63	1 191.18	456.96	0	0	405.81	682.48	691.95	159.48	0	715.9	1 279.63	7 047.02
8-1	1 466.37	1 194.95	459.96	0	0	400.91	576.3	686.71	155.75	0	717.32	1 281.91	6 940.18
8-2	1 397.25	1 135.06	431.68	0	0	392.74	661.35	673.24	155.73	0	682.26	1 219.52	6 748.83
8-3	1 403.04	1 140.06	435.66	0	0	395.03	664.65	674.57	164.89	0	691.18	1 223.37	6 792.45
8-4	1 466.76	1 195.13	459.56	0	0	401.89	677.15	687.31	155.89	0	717.47	1 282.36	7 043.52
9	1 565.2	1 268.53	485.7	0	0	433.54	714.9	718.76	160.82	0	769.19	1 374.13	7 490.77
9-1	1 572.47	1 276.49	492.42	0	0	428.43	708.6	713.6	156.35	0	774.16	1 380.86	7 503.38

附录七：围护结构选型与能耗数据表

类型	围护结构系统传热系数[W/(m² · K)]	制热[kWh/(m² · a)]	制冷[kWh/(m² · a)]	总耗能量[kWh/(m² · a)]
EPS 墙体厚度 70 mm	0.58	65.70	21.05	86.75
EPS 墙体厚度 100 mm	0.41	60.53	21.03	81.54
EPS 墙体厚度 150 mm	0.28	55.99	21.01	76.98
EPS 墙体厚度 200 mm	0.22	53.50	21.00	74.50
EPS 墙体厚度 250 mm	0.18	51.93	21.00	72.91
EPS 墙体厚度 300 mm	0.15	50.85	20.99	71.83
EPS 墙体厚度 350 mm	0.13	50.06	20.98	71.05
XPS 墙体厚度 70 mm	0.43	61.25	21.00	82.25
XPS 墙体厚度 100 mm	0.31	57.01	20.99	78.00
XPS 墙体厚度 150 mm	0.21	53.39	20.98	74.38
XPS 墙体厚度 200 mm	0.16	51.44	20.98	72.41
XPS 墙体厚度 250 mm	0.13	50.22	20.97	71.20
XPS 墙体厚度 300 mm	0.11	49.40	20.97	70.38
XPS 墙体厚度 350 mm	0.1	48.79	20.96	69.79
EPS 屋面厚度 70 mm	0.41	65.70	21.05	86.75
EPS 屋面厚度 100 mm	0.32	62.95	20.31	83.26
EPS 屋面厚度 150 mm	0.24	60.21	19.59	79.80
EPS 屋面厚度 200 mm	0.19	58.57	19.14	77.71
EPS 屋面厚度 250 mm	0.16	57.48	18.86	76.33
EPS 屋面厚度 300 mm	0.13	56.70	18.66	75.36
EPS 屋面厚度 350 mm	0.12	56.12	18.50	74.62
XPS 屋面厚度 70 mm	0.34	63.35	20.41	83.76
XPS 屋面厚度 100 mm	0.26	60.85	19.75	80.61
XPS 屋面厚度 150 mm	0.19	58.49	19.11	77.60
XPS 屋面厚度 200 mm	0.15	57.12	18.75	75.87
XPS 屋面厚度 250 mm	0.12	56.23	18.52	74.75
XPS 屋面厚度 300 mm	0.1	55.61	18.34	73.96
XPS 屋面厚度 350 mm	0.09	55.15	18.21	73.36
双层 LOE，透明 6 mm/13 mm 空气	2.7	65.7	21.05	86.75
双层 LOE(e2=2)，透明 6 mm/13 mm 空气	1.95	63.16	20.59	83.75
双层 LOE(e2=1)，透明 6 mm/13 mm 氩气	1.5	62.72	19.38	82.10
三层 LOE(e2=e5=1)，透明 3 mm/13 mm 氩气	0.8	62.18	17.82	80.01

附录八：住宅区用电量统计表

案例编码	单位面积耗电量[kWh/(m²·a)]													总建筑面积	名称	楼号	层数
	1月	2月	3月	4月	5月	6月	7月	8月	9月	10月	11月	12月	年均				
1	1.55	1.39	1.10	1.41	1.15	0.93	1.47	2.26	1.55	1.26	1.33	1.26	16.68	4 752	风湖里小区	1号楼	6
2	1.42	1.22	1.16	1.42	1.19	1.28	1.41	2.09	1.22	1.25	1.26	1.29	16.22	5 126	风湖里小区	4号楼	6
3	1.66	1.50	1.32	1.62	1.29	1.32	1.60	2.25	1.23	1.13	1.21	1.25	17.38	15 206	风湖里小区	15号楼	24
4	1.20	1.20	2.87	2.07	1.50	1.53	2.09	1.83	1.70	1.14	2.25	1.47	20.85	22 464	碧华里小区	11号楼	24
5	0.63	0.96	0.81	3.54	1.27	1.39	1.40	1.77	1.23	1.65	1.77	2.02	18.44	1 652	碧华里小区	17号楼	6
6	1.66	0.73	1.89	3.24	1.16	1.23	1.47	1.98	1.27	1.28	1.17	1.36	18.46	3 527	碧华里小区	18号楼	6
7	1.16	1.13	2.07	2.68	1.10	1.02	1.31	1.52	1.77	1.85	1.31	1.60	18.53	5 180	碧华里小区	22号楼	6
8	1.35	1.00	1.05	1.78	0.96	0.93	1.01	5.32	2.00	3.08	1.08	0.25	19.81	4 268	凯立天香家园	9号楼	6
9	0.98	0.93	0.78	0.93	0.82	0.86	0.76	5.54	1.41	6.15	1.11	0.64	20.92	7 290	凯立天香家园	13号楼	9
10	1.03	0.84	0.83	0.88	0.80	0.74	0.78	5.28	1.34	5.10	1.07	0.64	19.32	4 324	凯立天香家园	18号楼	5
11	1.22	1.22	2.88	2.01	1.51	1.61	2.14	1.41	1.34	0.93	2.64	1.20	20.11	10 425	格调春天	4号楼	18
12	1.11	1.11	2.54	1.75	1.22	1.31	2.01	2.46	2.67	1.39	0.81	2.19	20.55	6 415	格调春天	7号楼	9
13	1.51	1.51	1.57	1.96	0.22	2.52	2.93	2.30	1.73	1.97	1.52	1.72	21.46	6 415	格调春天	9号楼	9
14	1.32	1.32	2.59	2.24	1.46	1.60	2.15	2.41	2.46	1.50	1.71	1.89	22.66	10 425	格调春天	21号楼	18
15	1.81	1.73	1.32	3.00	1.25	1.33	1.98	2.44	1.52	1.31	1.55	1.43	20.68	6 653	凯立花园	1号楼	6
16	1.75	1.82	1.30	3.28	1.36	1.40	1.84	3.16	1.63	1.23	1.39	1.45	21.61	5 750	凯立花园	5号楼	6

附录九：基于实值编码的 NSGAⅡ多目标优化求解 Pareto 解集(迭代 100，种群 50)

墙体节能主材厚度(mm)	屋面节能主材厚度(mm)	窗传热系数[W/(m²·K)]	PV 面积(m²)	寿命期节能收益成本(元)	能量平衡[kWh/(m²·a)]
X_1	X_2	X_3	X_4	$Z(x)$	$F(x)$
工况一					
313.80	263.98	0.80	15.38	−37 612.00	−1.13
313.80	263.80	0.80	15.38	−37 616.00	−1.13
312.15	263.70	0.80	15.38	−37 660.00	−1.13
307.96	263.68	0.80	15.38	−37 761.00	−1.12
304.71	262.72	0.80	15.38	−37 861.00	−1.11
297.19	263.65	0.80	15.38	−38 008.00	−1.11
293.94	262.66	0.80	15.38	−38 102.00	−1.10
288.30	262.32	0.80	15.38	−38 227.00	−1.08
279.53	263.45	0.80	15.38	−38 369.00	−1.05
274.65	261.61	0.80	15.38	−38 502.00	−1.02
271.02	253.57	0.80	15.38	−38 753.00	−0.94
270.07	259.41	0.80	15.38	−38 633.00	−0.98
259.50	252.29	0.80	15.38	−38 964.00	−0.86
259.17	245.87	0.80	15.38	−39 108.00	−0.80
258.96	251.32	0.80	15.38	−38 993.00	−0.83
257.87	227.79	0.80	15.38	−39 475.00	−0.59
253.37	242.97	0.80	15.38	−39 250.00	−0.73
252.95	260.59	0.80	15.38	−38 863.00	−0.88
251.51	248.26	0.80	15.38	−39 164.00	−0.76
249.80	220.19	0.80	15.38	−39 712.00	−0.45
248.38	226.92	0.80	15.38	−39 618.00	−0.53
242.63	230.21	0.80	15.38	−39 630.00	−0.50

续表

墙体节能主材厚度(mm)	屋面节能主材厚度(mm)	窗传热系数[W/(m² · K)]	PV面积(m²)	寿命期节能收益成本(元)	能量平衡[kWh/(m² · a)]
X_1	X_2	X_3	X_4	$Z(x)$	$F(x)$
240.87	223.17	0.80	15.38	−39 771.00	−0.41
240.55	221.20	0.80	15.36	−39 807.00	−0.35
240.36	242.98	0.80	15.38	−39 411.00	−0.63
238.11	211.49	0.80	15.39	−39 979.00	−0.25
237.66	218.55	0.80	15.38	−39 880.00	−0.32
229.46	210.71	0.80	15.38	−40 076.00	−0.15
229.46	210.90	0.80	15.38	−40 073.00	−0.15
226.27	201.00	0.80	15.39	−40 229.00	0.00
226.27	198.00	0.80	15.38	−40 264.00	0.06
223.83	196.23	0.80	15.38	−40 304.00	0.11
219.38	184.46	0.80	15.38	−40 453.00	0.34
217.93	191.66	0.80	15.38	−40 396.00	0.24
214.19	169.96	0.80	15.37	−40 590.00	0.68
208.26	181.61	0.80	15.38	−40 544.00	0.52
202.43	189.54	0.80	15.38	−40 501.00	0.47
199.57	164.47	0.80	15.39	−40 688.00	0.93
198.04	154.25	0.80	15.34	−40 729.00	1.26
197.24	160.98	0.80	15.35	−40 710.00	1.11
197.14	178.82	0.80	15.37	−40 611.00	0.75
194.74	177.46	0.80	15.34	−40 627.00	0.86
193.05	150.69	0.80	15.30	−40 749.00	1.48
189.77	145.80	0.80	15.26	−40 761.00	1.71
189.69	145.02	0.80	15.20	−40 762.00	1.86
188.96	148.44	0.80	15.31	−40 760.00	1.56
188.75	144.01	0.80	15.10	−40 764.00	2.10
188.69	144.02	0.80	15.03	−40 764.00	2.25
188.69	144.00	0.80	14.91	−40 764.00	2.50
188.69	143.99	0.80	14.88	−40 764.00	2.56
工况二					
190.83	142.57	0.80	15.19	−53 715.00	5.95

续表

墙体节能主材厚度(mm)	屋面节能主材厚度(mm)	窗传热系数[W/(m²·K)]	PV 面积(m²)	寿命期节能收益成本(元)	能量平衡[kWh/(m²·a)]
X_1	X_2	X_3	X_4	$Z(x)$	$F(x)$
190.80	144.40	0.80	15.19	−53 714.00	5.91
194.78	143.38	0.80	15.19	−53 705.00	5.87
190.85	150.90	0.80	15.19	−53 703.00	5.79
192.15	154.81	0.80	15.18	−53 690.00	5.69
193.95	158.20	0.80	15.18	−53 676.00	5.60
193.95	160.20	0.80	15.18	−53 669.00	5.57
193.96	164.82	0.80	15.18	−53 645.00	5.49
211.60	163.74	0.80	15.17	−53 576.00	5.28
202.73	174.61	0.80	15.17	−53 556.00	5.21
214.86	168.28	0.80	15.17	−53 529.00	5.17
205.82	178.31	0.80	15.17	−53 515.00	5.11
205.82	179.31	0.80	15.17	−53 508.00	5.09
210.03	179.08	0.80	15.17	−53 489.00	5.04
207.10	188.80	0.80	15.16	−53 416.00	4.93
216.65	185.87	0.80	15.16	−53 389.00	4.86
223.65	188.15	0.80	15.16	−53 314.00	4.75
218.55	197.18	0.80	15.15	−53 254.00	4.68
225.85	198.93	0.80	15.15	−53 176.00	4.58
220.01	216.71	0.80	15.14	−52 980.00	4.41
235.12	210.42	0.80	15.14	−52 938.00	4.34
228.61	216.20	0.80	15.14	−52 917.00	4.33
232.40	218.51	0.80	15.14	−52 845.00	4.27
240.01	218.87	0.80	15.13	−52 759.00	4.19
237.39	226.47	0.80	15.13	−52 663.00	4.13
249.41	222.15	0.80	15.13	−52 591.00	4.08
253.51	223.86	0.80	15.13	−52 509.00	4.03
258.50	223.91	0.80	15.13	−52 436.00	4.00
258.80	226.48	0.80	15.13	−52 388.00	3.97
251.74	235.94	0.80	15.13	−52 313.00	3.92
254.14	237.82	0.80	15.12	−52 244.00	3.89

续表

墙体节能主材厚度(mm)	屋面节能主材厚度(mm)	窗传热系数[W/(m²·K)]	PV面积(m²)	寿命期节能收益成本(元)	能量平衡[kWh/(m²·a)]
X_1	X_2	X_3	X_4	$Z(x)$	$F(x)$
255.21	240.01	0.80	15.12	−52 184.00	3.86
261.21	245.17	0.80	15.12	−51 990.00	3.77
254.73	253.65	0.80	15.12	−51 898.00	3.74
258.59	255.40	0.80	15.12	−51 802.00	3.70
267.61	251.36	0.80	15.12	−51 754.00	3.68
263.92	256.39	0.80	15.12	−51 698.00	3.66
265.24	259.51	0.80	15.12	−51 603.00	3.63
270.70	258.89	0.80	15.12	−51 530.00	3.61
270.82	263.66	0.80	15.11	−51 410.00	3.57
262.83	272.77	0.80	15.11	−51 305.00	3.56
272.44	267.82	0.80	15.11	−51 276.00	3.54
267.82	274.90	0.80	15.11	−51 167.00	3.52
276.42	271.60	0.80	15.11	−51 107.00	3.50
273.07	279.61	0.80	15.11	−50 948.00	3.47
273.26	279.60	0.80	15.11	−50 945.00	3.47
276.90	281.22	0.80	15.11	−50 834.00	3.45
278.62	284.24	0.80	15.11	−50 716.00	3.42
278.66	286.32	0.80	15.11	−50 564.00	3.41
278.66	288.32	0.80	15.11	−50 595.00	3.40
工况三					
80.59	96.93	0.80	14.78	−36 768.00	6.26
81.40	101.17	0.80	14.81	−36 739.00	6.07
81.54	101.18	0.80	15.28	−36 737.00	5.08
83.73	100.53	0.80	15.27	−36 711.00	5.07
83.27	104.21	0.80	15.35	−36 699.00	4.83
89.15	100.30	0.80	15.38	−36 637.00	4.72
89.18	103.13	0.80	15.39	−36 623.00	4.63
88.05	113.01	0.80	15.37	−36 581.00	4.48
89.52	115.27	0.80	15.36	−36 544.00	4.43
92.32	117.08	0.80	15.38	−36 490.00	4.29

续表

墙体节能主材厚度(mm)	屋面节能主材厚度(mm)	窗传热系数[W/(m²·K)]	PV 面积(m²)	寿命期节能收益成本(元)	能量平衡[kWh/(m²·a)]
X_1	X_2	X_3	X_4	$Z(x)$	$F(x)$
92.62	130.80	0.80	15.38	−36 366.00	4.03
96.63	134.75	0.80	15.36	−36 264.00	3.91
99.32	135.15	0.80	15.34	−36 218.00	3.90
99.28	136.90	0.80	15.40	−36 200.00	3.73
107.13	137.80	0.80	15.39	−36 060.00	3.58
92.92	163.24	0.80	15.40	−35 942.00	3.42
111.26	148.52	0.80	15.39	−35 857.00	3.31
109.27	158.17	0.80	15.39	−35 756.00	3.21
119.28	153.93	0.80	15.39	−35 635.00	3.09
119.59	157.67	0.80	15.40	−35 574.00	3.00
120.74	164.18	0.80	15.39	−35 452.00	2.90
135.73	153.37	0.80	15.41	−35 305.00	2.78
137.60	165.75	0.80	15.40	−35 076.00	2.57
132.18	181.08	0.80	15.38	−34 923.00	2.48
143.81	175.45	0.80	15.41	−34 769.00	2.31
142.41	183.86	0.80	15.39	−34 644.00	2.26
140.05	195.37	0.80	15.39	−34 460.00	2.14
144.09	195.89	0.80	15.40	−34 356.00	2.06
145.28	201.39	0.80	15.39	−34 207.00	1.99
152.44	198.95	0.80	15.40	−34 090.00	1.89
158.87	201.93	0.80	15.39	−33 861.00	1.78
172.16	194.61	0.80	15.39	−33 668.00	1.69
175.27	196.12	0.80	15.39	−33 548.00	1.64
169.89	208.29	0.80	15.39	−33 420.00	1.56
177.69	206.83	0.80	15.37	−33 236.00	1.54
171.50	222.09	0.80	15.38	−33 028.00	1.43
186.22	211.14	0.80	15.39	−32 881.00	1.34
188.82	210.46	0.80	15.38	−32 819.00	1.34
190.20	211.36	0.80	15.39	−32 755.00	1.29
194.83	212.23	0.80	15.39	−32 589.00	1.24

续表

墙体节能主材厚度(mm)	屋面节能主材厚度(mm)	窗传热系数[W/(m²·K)]	PV 面积(m²)	寿命期节能收益成本(元)	能量平衡[kWh/(m²·a)]
X_1	X_2	X_3	X_4	$Z(x)$	$F(x)$
197.49	215.71	0.80	15.39	−32 417.00	1.16
193.31	228.36	0.80	15.39	−32 216.00	1.11
201.96	225.69	0.80	15.38	−32 012.00	1.05
203.39	227.20	0.80	15.38	−31 924.00	1.02
210.80	227.07	0.80	15.38	−31 679.00	0.95
217.33	226.18	0.80	15.38	−31 477.00	0.90
221.59	230.01	0.80	15.38	−31 220.00	0.85
229.47	230.29	0.80	15.38	−30 924.00	0.79
232.94	230.34	0.80	15.38	−30 792.00	0.76
237.21	230.68	0.80	15.38	−30 620.00	0.73
工况四					
84.45	137.20	0.80	15.35	−49 493.00	8.23
85.45	140.20	0.80	15.35	−49 445.00	8.16
79.33	149.21	0.80	15.36	−49 421.00	8.12
84.13	150.59	0.80	15.34	−49 328.00	8.02
95.39	143.59	0.80	15.34	−49 257.00	7.90
92.76	155.44	0.80	15.35	−49 146.00	7.74
89.51	160.84	0.80	15.36	−49 121.00	7.70
100.06	156.08	0.80	15.35	−49 019.00	7.59
86.92	176.80	0.80	15.37	−48 893.00	7.51
119.02	143.37	0.80	15.38	−48 882.00	7.38
122.79	149.48	0.80	15.34	−48 699.00	7.29
112.22	168.48	0.80	15.35	−48 621.00	7.16
112.39	171.30	0.80	15.35	−48 570.00	7.11
117.67	168.55	0.80	15.36	−48 530.00	7.03
124.75	164.42	0.80	15.36	−48 457.00	6.97
120.79	180.04	0.80	15.33	−48 235.00	6.88
122.60	183.27	0.80	15.40	−48 193.00	6.68
116.22	197.87	0.80	15.40	−48 018.00	6.60
118.58	198.85	0.80	15.40	−47 947.00	6.56

续表

墙体节能主材厚度(mm)	屋面节能主材厚度(mm)	窗传热系数[W/(m²·K)]	PV 面积(m²)	寿命期节能收益成本(元)	能量平衡[kWh/(m²·a)]
X_1	X_2	X_3	X_4	$Z(x)$	$F(x)$
135.98	188.43	0.80	15.37	−47 792.00	6.43
136.98	188.43	0.80	15.37	−47 770.00	6.41
150.27	182.95	0.80	15.30	−47 518.00	6.40
159.73	179.13	0.80	15.32	−47 365.00	6.29
111.65	166.72	0.80	15.36	−48 596.52	7.22
152.27	192.77	0.80	15.37	−47 324.00	6.12
147.21	204.82	0.80	15.35	−47 165.00	6.09
149.21	204.82	0.80	15.35	−47 117.00	6.06
170.17	188.67	0.80	15.30	−46 889.00	6.05
159.88	204.71	0.80	15.29	−46 801.00	6.02
153.52	219.17	0.80	15.38	−46 683.00	5.79
156.23	220.48	0.80	15.37	−46 570.00	5.77
159.23	220.48	0.80	15.37	−46 493.00	5.72
164.62	220.44	0.80	15.34	−46 334.00	5.69
166.62	222.44	0.80	15.34	−46 228.00	5.65
172.94	219.35	0.80	15.38	−46 162.00	5.53
184.48	220.07	0.80	15.31	−45 753.00	5.52
199.08	207.79	0.80	15.30	−45 600.00	5.50
189.86	221.03	0.80	15.31	−45 569.00	5.44
197.50	217.24	0.80	15.31	−45 428.00	5.39
194.49	224.24	0.80	15.35	−45 369.00	5.29
198.45	228.91	0.80	15.31	−45 082.00	5.29
200.33	233.76	0.80	15.28	−44 869.00	5.27
208.36	230.15	0.80	15.28	−44 700.00	5.23
209.79	237.28	0.80	15.27	−44 445.00	5.17
213.47	237.17	0.80	15.28	−44 328.00	5.12
219.33	238.38	0.80	15.27	−44 078.00	5.08
225.96	238.79	0.80	15.27	−43 826.00	5.03
224.97	242.85	0.80	15.27	−43 745.00	5.00
225.91	245.12	0.80	15.27	−43 638.00	4.99
225.91	243.12	0.80	15.26	−43 396.00	4.96

附录十：基本设备耗电量核算

基本设备耗电量核算表

设备				功率（W）	运行时间（h/D）	消耗（kWh/d）	运行时段	备注
家电	1	冰箱		130	24 h	0.76	1～12 月	竞赛期间使用家电参考值
	2	洗衣机	洗衣机	200	0.5 h	1.212 5	1～12 月	
			脱水	450	0.25 h			
			烘干机	1000	1 h			
	3	洗碗机	1 900	2.8 h	1.05	1～12 月		
	4	19″电视	60	6 h	0.36	1～12 月		
	5	个人电脑	笔记本	40	8 h	0.6	1～12 月	
			17″显示	35				
	6	DVD		30	8 h	0.24	1～12 月	
	7	光伏发电系统显示屏		100	24 h	2.4	1～12 月	
	8	烤箱		2 750	20 min	0.92	1～12 月	
	9	19″液晶屏		50	9 h	0.45	1～12 月	
	10	新风换气机		136	2 h	0.272	6～8 月和 12～2 月	
	11	浴室风扇		12	2 h	0.024	1～12 月	
供水	12	洗衣机		120	10 min	0.02	1～12 月	如改为市政供水，此处水泵耗电可删除
		洗碗机		120	1 h	0.12	1～12 月	
		淋浴		120	20 min	0.04	1～12 月	
		日常用水		120	30 min	0.06	1～12 月	
照明	14	日常		286	4 h	0.85	1～12 月	
年耗电量		3 000 kWh						

附录十一:实验房多目标优化结果数据

墙体节能主材厚度(mm)	屋面节能主材厚度(mm)	窗传热系数[W/(m^2·K)]	PV面积(m^2)	寿命期节能收益成本(元)	能量平衡[kWh/(m^2·a)]
X_1	X_2	X_3	X_4	$Z(x)$	$F(x)$
204.75	216.71	0.8	29.94	−68 114	3.35
205.65	216.64	0.8	29.94	−68 179	3.36
206.2	205.43	0.8	29.95	−68 078.1	3.38
206.35	205.35	0.8	29.95	−68 087.7	3.39
207.03	216.65	0.8	29.94	−68 278	3.37
207.32	206.33	0.8	29.95	−68 170.9	3.4
207.75	206.45	0.8	29.95	−68 203.2	3.4
208.44	204.71	0.8	29.95	−68 230.1	3.42
209.8	205.79	0.8	29.95	−68 342.2	3.42
209.98	206.38	0.8	29.94	−68 362.6	3.43
210.38	216.71	0.8	29.94	−68 520	3.41
210.78	204.11	0.8	29.95	−68 389.8	3.44
211.88	205.82	0.8	29.95	−68 491.4	3.45
212.17	205.86	0.8	29.95	−68 512.5	3.45
212.57	205.78	0.8	29.95	−68 540.7	3.45
212.66	206.43	0.8	29.94	−68 555.2	3.46
213.19	205.81	0.8	29.95	−68 585.4	3.47
213.41	204.83	0.8	29.94	−68 587.5	3.48
214	204.37	0.8	29.95	−68 623.4	3.48
214.66	216.55	0.8	29.94	−68 824	3.47
215.12	205.58	0.8	29.95	−68 719.1	3.49
215.2	205.8	0.8	29.94	−68 728	3.5
216.02	205.91	0.8	29.94	−68 788.1	3.51
216.27	206.46	0.8	29.94	−68 813.2	3.51

续表

墙体节能主材厚度(mm)	屋面节能主材厚度(mm)	窗传热系数[W/(m^2·K)]	PV面积(m^2)	寿命期节能收益成本(元)	能量平衡[kWh/(m^2·a)]
216.96	206.04	0.8	29.95	−68 856.5	3.52
217.04	215.78	0.8	29.93	−68 984	3.51
217.4	206.47	0.8	29.94	−68 893.3	3.54
218.68	200.77	0.8	29.95	−68 905.7	3.58
219.58	201.98	0.8	29.95	−68 986.2	3.59
219.67	203.68	0.8	29.92	−69 016.3	3.66
219.69	207.25	0.8	29.9	−69 065.8	3.69
219.72	207.66	0.8	29.77	−69 072.9	4.06
219.72	208.18	0.8	29.76	−69 080.3	4.08
219.72	208.62	0.8	29.72	−69 086.1	4.22
219.73	208.65	0.8	29.29	−69 087.5	5.44
219.73	208.62	0.8	29.65	−69 086.5	4.4
219.73	208.66	0.8	29.25	−69 087.7	5.56
219.73	208.66	0.8	29.57	−69 087.1	4.64
219.73	208.66	0.8	29.15	−69 087.9	5.86
219.73	208.65	0.8	29.29	−69 087.5	5.44
219.73	208.66	0.8	29.18	−69 087.7	5.78
219.73	208.66	0.8	29.15	−69 087.9	5.86
219.73	208.67	0.8	29.14	−69 087.9	5.88
219.73	208.66	0.8	29.08	−69 087.9	6.05
219.73	208.67	0.8	29.08	−69 088	6.07
219.73	208.66	0.8	29.01	−69 088.1	6.26
219.73	208.65	0.8	29.01	−69 088.1	6.27
219.73	208.67	0.8	28.97	−69 088.2	6.37
219.73	208.67	0.8	28.95	−69 088.3	6.43

附录十二:Equest 仿真模拟

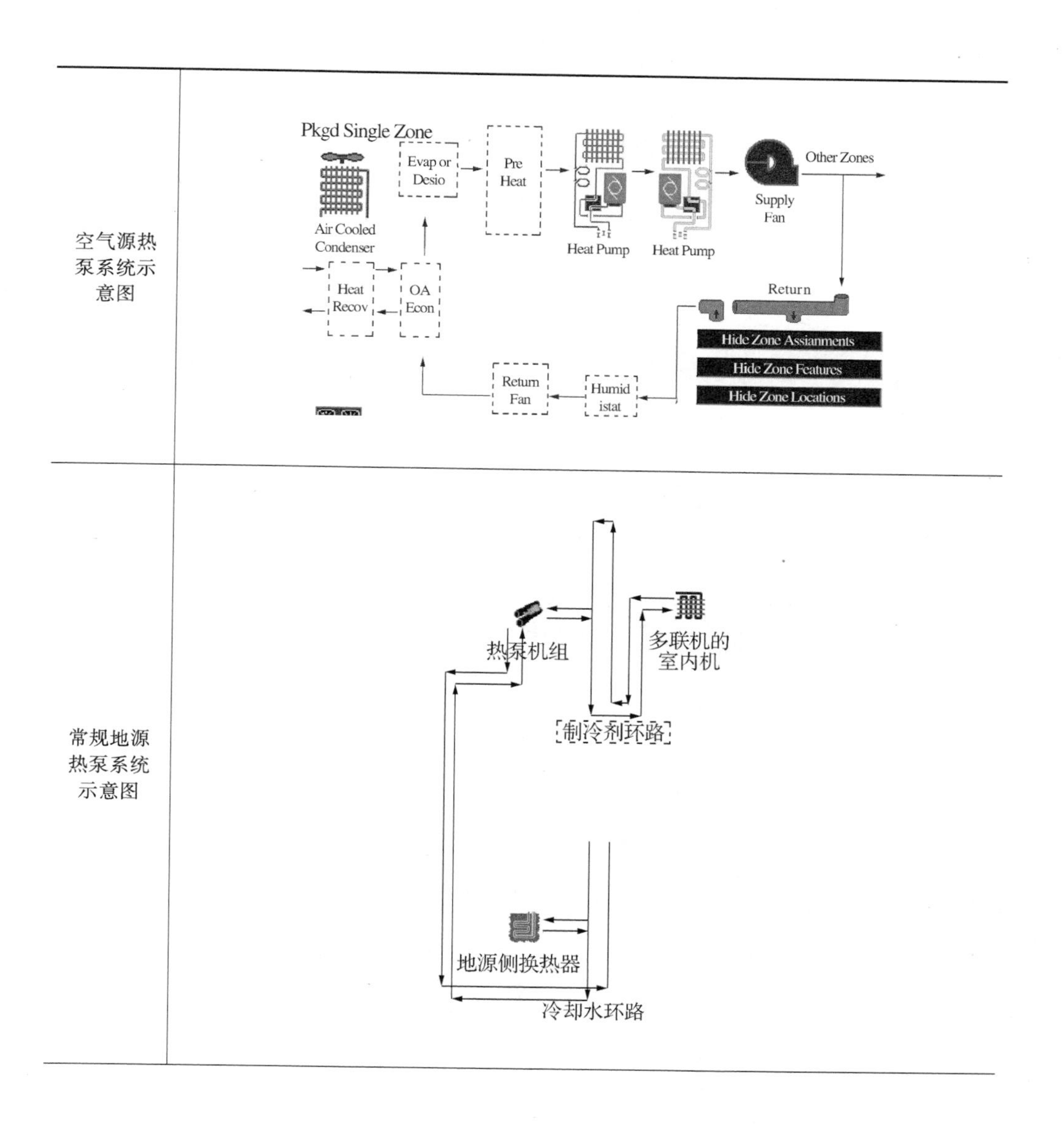

续表

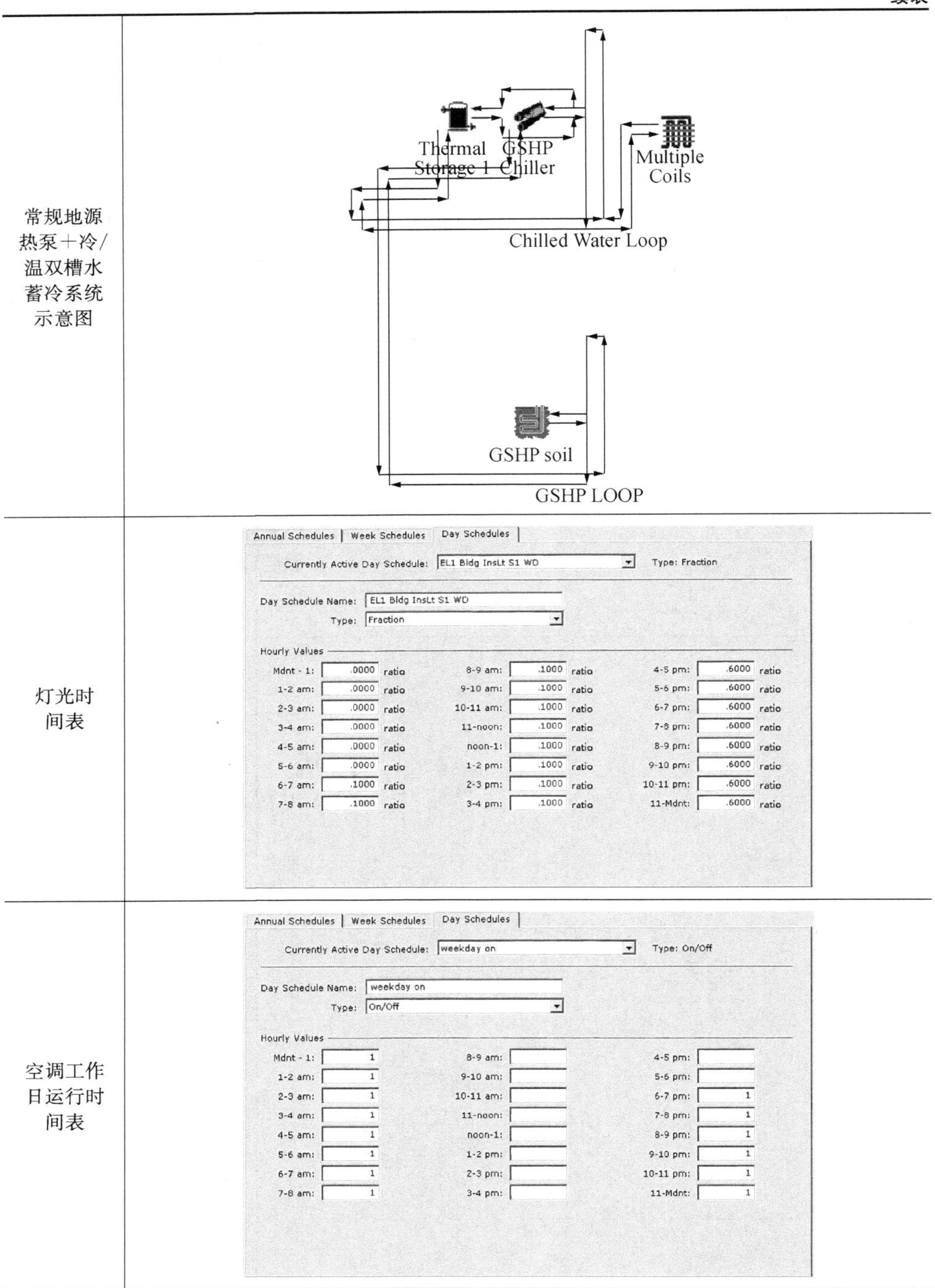

常规地源热泵＋冷/温双槽水蓄冷系统示意图
Thermal Storage 1
GSHP Chiller
Multiple Coils
Chilled Water Loop
GSHP soil
GSHP LOOP
灯光时间表
Annual Schedules
Week Schedules
Day Schedules
Currently Active Day Schedule: EL1 Bldg InsLt S1 WD
Type: Fraction
Day Schedule Name: EL1 Bldg InsLt S1 WD
Type: Fraction
Hourly Values
Mdnt - 1: .0000 ratio
1-2 am: .0000 ratio
2-3 am: .0000 ratio
3-4 am: .0000 ratio
4-5 am: .0000 ratio
5-6 am: .0000 ratio
6-7 am: .1000 ratio
7-8 am: .1000 ratio
8-9 am: .1000 ratio
9-10 am: .1000 ratio
10-11 am: .1000 ratio
11-noon: .1000 ratio
noon-1: .1000 ratio
1-2 pm: .1000 ratio
2-3 pm: .1000 ratio
3-4 pm: .1000 ratio
4-5 pm: .6000 ratio
5-6 pm: .6000 ratio
6-7 pm: .6000 ratio
7-8 pm: .6000 ratio
8-9 pm: .6000 ratio
9-10 pm: .6000 ratio
10-11 pm: .6000 ratio
11-Mdnt: .6000 ratio
空调工作日运行时间表
Annual Schedules
Week Schedules
Day Schedules
Currently Active Day Schedule: weekday on
Type: On/Off
Day Schedule Name: weekday on
Type: On/Off
Hourly Values
Mdnt - 1: 1
1-2 am: 1
2-3 am: 1
3-4 am: 1
4-5 am: 1
5-6 am: 1
6-7 am: 1
7-8 am: 1
8-9 am:
9-10 am:
10-11 am:
11-noon:
noon-1:
1-2 pm:
2-3 pm:
3-4 pm:
4-5 pm:
5-6 pm:
6-7 pm: 1
7-8 pm: 1
8-9 pm: 1
9-10 pm: 1
10-11 pm: 1
11-Mdnt: 1

续表

空调周末运行时间表	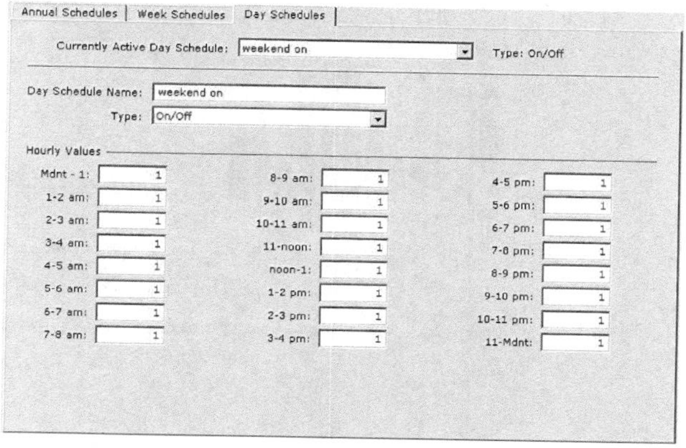 Annual Schedules | Week Schedules | Day Schedules Currently Active Day Schedule: weekend on　Type: On/Off Day Schedule Name: weekend on Type: On/Off Hourly Values Mdnt - 1: 1　8-9 am: 1　4-5 pm: 1 1-2 am: 1　9-10 am: 1　5-6 pm: 1 2-3 am: 1　10-11 am: 1　6-7 pm: 1 3-4 am: 1　11-noon: 1　7-8 pm: 1 4-5 am: 1　noon-1: 1　8-9 pm: 1 5-6 am: 1　1-2 pm: 1　9-10 pm: 1 6-7 am: 1　2-3 pm: 1　10-11 pm: 1 7-8 am: 1　3-4 pm: 1　11-Mdnt: 1
人员工作日时间表	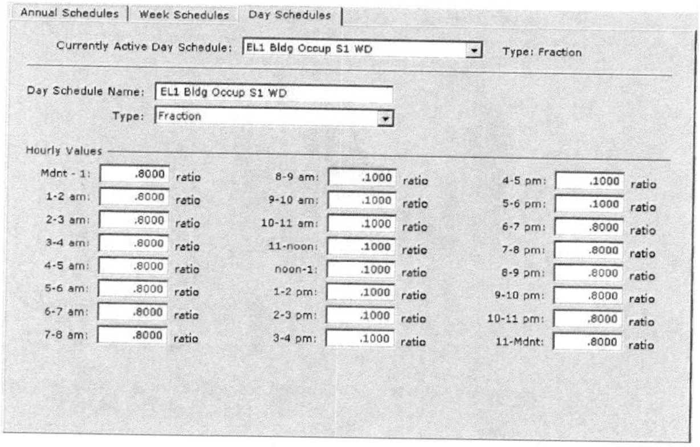 Annual Schedules | Week Schedules | Day Schedules Currently Active Day Schedule: EL1 Bldg Occup S1 WD　Type: Fraction Day Schedule Name: EL1 Bldg Occup S1 WD Type: Fraction Hourly Values Mdnt - 1: .8000 ratio　8-9 am: .1000 ratio　4-5 pm: .1000 ratio 1-2 am: .8000 ratio　9-10 am: .1000 ratio　5-6 pm: .1000 ratio 2-3 am: .8000 ratio　10-11 am: .1000 ratio　6-7 pm: .8000 ratio 3-4 am: .8000 ratio　11-noon: .1000 ratio　7-8 pm: .8000 ratio 4-5 am: .8000 ratio　noon-1: .1000 ratio　8-9 pm: .8000 ratio 5-6 am: .8000 ratio　1-2 pm: .1000 ratio　9-10 pm: .8000 ratio 6-7 am: .8000 ratio　2-3 pm: .1000 ratio　10-11 pm: .8000 ratio 7-8 am: .8000 ratio　3-4 pm: .1000 ratio　11-Mdnt: .8000 ratio
人员周末时间表	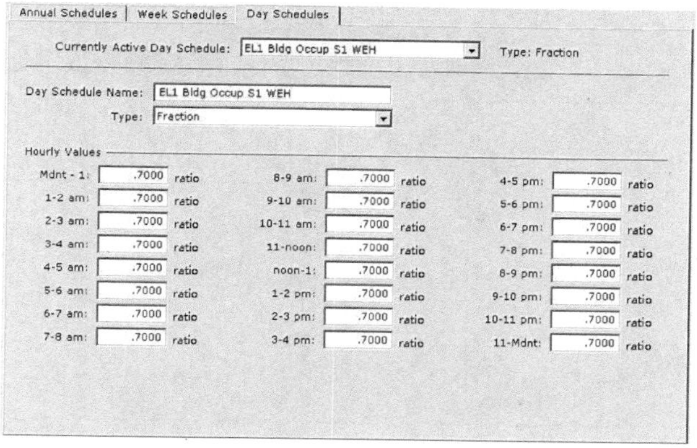 Annual Schedules | Week Schedules | Day Schedules Currently Active Day Schedule: EL1 Bldg Occup S1 WEH　Type: Fraction Day Schedule Name: EL1 Bldg Occup S1 WEH Type: Fraction Hourly Values Mdnt - 1: .7000 ratio　8-9 am: .7000 ratio　4-5 pm: .7000 ratio 1-2 am: .7000 ratio　9-10 am: .7000 ratio　5-6 pm: .7000 ratio 2-3 am: .7000 ratio　10-11 am: .7000 ratio　6-7 pm: .7000 ratio 3-4 am: .7000 ratio　11-noon: .7000 ratio　7-8 pm: .7000 ratio 4-5 am: .7000 ratio　noon-1: .7000 ratio　8-9 pm: .7000 ratio 5-6 am: .7000 ratio　1-2 pm: .7000 ratio　9-10 pm: .7000 ratio 6-7 am: .7000 ratio　2-3 pm: .7000 ratio　10-11 pm: .7000 ratio 7-8 am: .7000 ratio　3-4 pm: .7000 ratio　11-Mdnt: .7000 ratio

续表

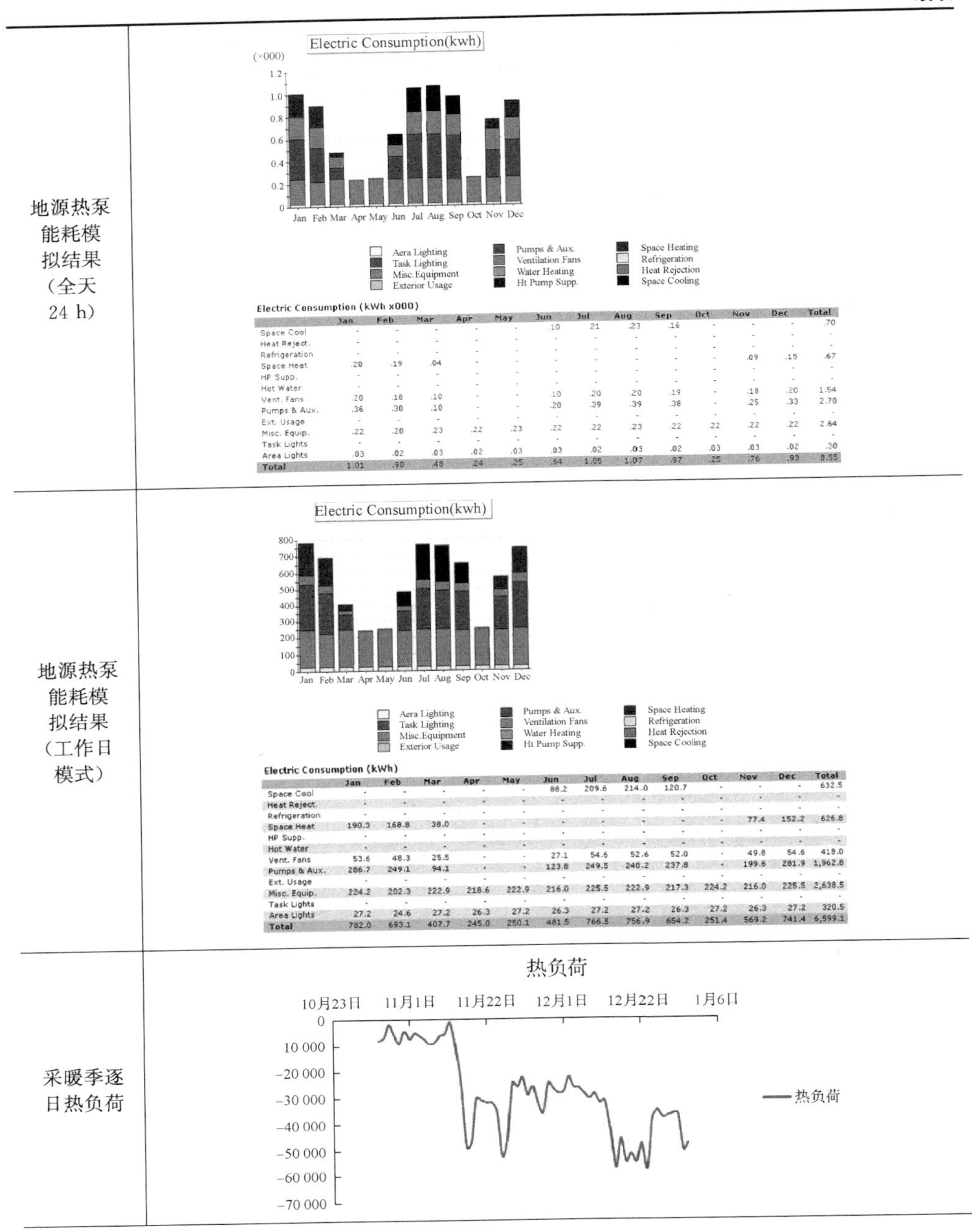

地源热泵能耗模拟结果（全天24 h）

Electric Consumption (kWh x000)

	Jan	Feb	Mar	Apr	May	Jun	Jul	Aug	Sep	Oct	Nov	Dec	Total
Space Cool	-	-	-	-	-	.10	.21	.23	.16	-	-	-	.70
Heat Reject.	-	-	-	-	-	-	-	-	-	-	-	-	-
Refrigeration	-	-	-	-	-	-	-	-	-	-	-	-	-
Space Heat	.20	.19	.04	-	-	-	-	-	-	-	.09	.15	.67
HP Supp.	-	-	-	-	-	-	-	-	-	-	-	-	-
Hot Water	-	-	-	-	-	-	-	-	-	-	-	-	-
Vent. Fans	.20	.18	.10	-	-	.10	.20	.20	.19	-	.18	.20	1.54
Pumps & Aux.	.36	.30	.10	-	-	.20	.39	.39	.38	-	.25	.33	2.70
Ext. Usage	-	-	-	-	-	-	-	-	-	-	-	-	-
Misc. Equip.	.22	.20	.23	.22	.23	.22	.22	.23	.22	.22	.22	.22	2.64
Task Lights	-	-	-	-	-	-	-	-	-	-	-	-	-
Area Lights	.03	.02	.03	.02	.03	.03	.02	.03	.02	.03	.03	.02	.30
Total	1.01	.90	.48	.24	.25	.64	1.05	1.07	.97	.25	.76	.93	8.55

地源热泵能耗模拟结果（工作日模式）

Electric Consumption (kWh)

	Jan	Feb	Mar	Apr	May	Jun	Jul	Aug	Sep	Oct	Nov	Dec	Total
Space Cool	-	-	-	-	-	88.2	209.6	214.0	120.7	-	-	-	632.5
Heat Reject.	-	-	-	-	-	-	-	-	-	-	-	-	-
Refrigeration	-	-	-	-	-	-	-	-	-	-	-	-	-
Space Heat	190.3	168.8	38.0	-	-	-	-	-	-	-	77.4	152.2	626.8
HP Supp.	-	-	-	-	-	-	-	-	-	-	-	-	-
Hot Water	-	-	-	-	-	-	-	-	-	-	-	-	-
Vent. Fans	53.6	48.3	25.5	-	-	27.1	54.6	52.6	52.0	-	49.8	54.6	418.0
Pumps & Aux.	286.7	249.1	94.1	-	-	123.8	249.5	240.2	237.8	-	199.6	281.9	1,962.8
Ext. Usage	-	-	-	-	-	-	-	-	-	-	-	-	-
Misc. Equip.	224.2	202.3	222.9	218.6	222.9	216.0	225.5	222.9	217.3	224.2	216.0	225.5	2,638.5
Task Lights	-	-	-	-	-	-	-	-	-	-	-	-	-
Area Lights	27.2	24.6	27.2	26.3	27.2	26.3	27.2	27.2	26.3	27.2	26.3	27.2	320.5
Total	782.0	693.1	407.7	245.0	250.1	481.5	766.5	756.9	654.2	251.4	569.2	741.4	6,599.1

采暖季逐日热负荷

续表

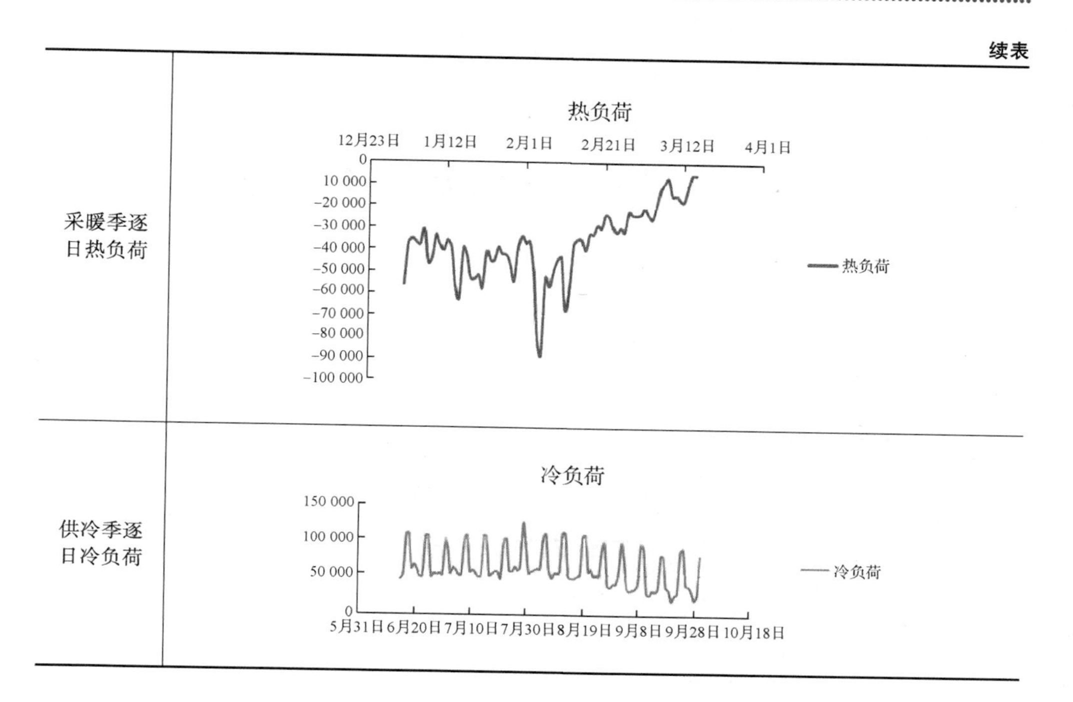
采暖季逐日热负荷
热负荷
12月23日
1月12日
2月1日
2月21日
3月12日
4月1日
0
10 000
-20 000
-30 000
-40 000
-50 000
-60 000
-70 000
-80 000
-90 000
-100 000
热负荷
供冷季逐日冷负荷
冷负荷
150 000
100 000
50 000
0
5月31日
6月20日
7月10日
7月30日
8月19日
9月8日
9月28日
10月18日
冷负荷

附录十三：PVsyst 模拟实验室发电量表

月份	平屋顶(kWh)	坡屋顶(kWh)	女儿墙(kWh)	合计(kWh)
1 月	229.70	134.10	34.36	398.16
2 月	286.20	147.20	44.22	477.62
3 月	402.20	175.80	63.48	641.48
4 月	508.90	195.50	81.52	785.92
5 月	552.40	191.80	88.68	832.88
6 月	526.30	173.80	84.48	784.58
7 月	408.90	136.30	64.49	609.69
8 月	418.40	149.50	66.24	634.14
9 月	385.10	159.10	60.48	604.68
10 月	332.80	160.70	51.66	545.16
11 月	226.30	129.00	33.75	389.05
12 月	194.10	119.80	28.60	342.50
年总计	7 045.56 kWh			

附录十四：相变储能材料使用前后测温记录

相变储能材料室内无辅助热源工况		无相变储能材料室内无辅助热源工况	
时间	温度(℃)	时间	温度(℃)
2014/10/26 00:59:59	19.63	2013/10/26 01:00:00	16.94
2014/10/26 01:59:59	19.44	2013/10/26 02:00:00	16.69
2014/10/26 02:59:59	19.38	2013/10/26 03:00:00	16.44
2014/10/26 03:59:59	19.44	2013/10/26 04:00:00	16.13
2014/10/26 04:59:59	19.44	2013/10/26 05:00:00	15.88
2014/10/26 05:59:59	19.38	2013/10/26 06:00:00	15.56
2014/10/26 06:59:59	19.38	2013/10/26 07:00:00	15.38
2014/10/26 07:59:59	19.38	2013/10/26 08:00:00	15.06
2014/10/26 08:59:59	19.38	2013/10/26 09:00:00	15.06
2014/10/26 09:59:59	19.50	2013/10/26 10:00:00	15.44
2014/10/26 10:59:59	19.56	2013/10/26 11:00:00	17.38
2014/10/26 11:59:59	19.88	2013/10/26 12:00:00	18.63
2014/10/26 12:59:59	19.88	2013/10/26 13:00:00	19.81
2014/10/26 13:59:59	19.69	2013/10/26 14:00:00	20.69
2014/10/26 14:59:59	19.31	2013/10/26 15:00:00	21.13
2014/10/26 15:59:59	19.19	2013/10/26 16:00:00	21.06
2014/10/26 16:59:59	18.88	2013/10/26 17:00:00	20.56
2014/10/26 17:59:59	18.63	2013/10/26 18:00:00	20.25
2014/10/26 18:59:59	18.44	2013/10/26 19:00:00	19.75
2014/10/26 19:59:59	18.81	2013/10/26 20:00:00	19.31
2014/10/26 20:59:59	18.88	2013/10/26 21:00:00	18.94
2014/10/26 21:59:59	18.69	2013/10/26 22:00:00	18.63
2014/10/26 22:59:59	18.63	2013/10/26 23:00:00	18.38
2014/10/26 23:59:59	19.25	2013/10/27 00:00:00	18.06
2014/10/27 00:59:59	19.50	2013/10/27 01:00:00	17.81

续表

相变储能材料室内无辅助热源工况		无相变储能材料室内无辅助热源工况	
时间	温度(℃)	时间	温度(℃)
2014/10/27 01:59:59	18.88	2013/10/27 02:00:00	17.56
2014/10/27 02:59:59	18.56	2013/10/27 03:00:00	17.31
2014/10/27 03:59:59	18.44	2013/10/27 04:00:00	17.06
2014/10/27 04:59:59	18.31	2013/10/27 05:00:00	16.88
2014/10/27 05:59:59	18.25	2013/10/27 06:00:00	16.69
2014/10/27 06:59:59	18.19	2013/10/27 07:00:00	16.50
2014/10/27 07:59:59	18.06	2013/10/27 08:00:00	16.31
2014/10/27 08:59:59	17.94	2013/10/27 09:00:00	16.19
2014/10/27 09:59:59	17.69	2013/10/27 10:00:00	16.38
2014/10/27 10:59:59	18.19	2013/10/27 11:00:00	16.69
2014/10/27 11:59:59	18.56	2013/10/27 12:00:00	17.25
2014/10/27 12:59:59	18.63	2013/10/27 13:00:00	17.88
2014/10/27 13:59:59	18.50	2013/10/27 14:00:00	18.50
2014/10/27 14:59:59	18.56	2013/10/27 15:00:00	18.75
2014/10/27 15:59:59	18.38	2013/10/27 16:00:00	18.81
2014/10/27 16:59:59	18.31	2013/10/27 17:00:00	18.56
2014/10/27 17:59:59	18.25	2013/10/27 18:00:00	18.31
2014/10/27 18:59:59	17.94	2013/10/27 19:00:00	17.94
2014/10/27 19:59:59	18.25	2013/10/27 20:00:00	17.69
2014/10/27 20:59:59	18.13	2013/10/27 21:00:00	17.50
2014/10/27 21:59:59	18.31	2013/10/27 22:00:00	17.31
2014/10/27 22:59:59	18.63	2013/10/27 23:00:00	17.19
2014/10/27 23:59:59	18.69	2013/10/28 00:00:00	17.00
2014/10/28 00:59:59	18.75	2013/10/28 01:00:00	16.88
2014/10/28 01:59:59	18.31	2013/10/28 02:00:00	16.75
2014/10/28 02:59:59	18.13	2013/10/28 03:00:00	16.63
2014/10/28 03:59:59	18.00	2013/10/28 04:00:00	16.56
2014/10/28 04:59:59	18.00	2013/10/28 05:00:00	16.44
2014/10/28 05:59:59	17.94	2013/10/28 06:00:00	16.31
2014/10/28 06:59:59	17.88	2013/10/28 07:00:00	16.19
2014/10/28 07:59:59	17.75	2013/10/28 08:00:00	16.06

续表

相变储能材料室内无辅助热源工况		无相变储能材料室内无辅助热源工况	
时间	温度(℃)	时间	温度(℃)
2014/10/28 08:59:59	17.69	2013/10/28 09:00:00	16.06
2014/10/28 09:59:59	17.69	2013/10/28 10:00:00	16.00
2014/10/28 10:59:59	17.75	2013/10/28 11:00:00	16.06
2014/10/28 11:59:59	18.06	2013/10/28 12:00:00	16.38
2014/10/28 12:59:59	18.38	2013/10/28 13:00:00	17.50
2014/10/28 13:59:59	18.50	2013/10/28 14:00:00	18.06
2014/10/28 14:59:59	18.56	2013/10/28 15:00:00	18.44
2014/10/28 15:59:59	18.13	2013/10/28 16:00:00	18.31
2014/10/28 16:59:59	18.31	2013/10/28 17:00:00	18.31
2014/10/28 17:59:59	18.19	2013/10/28 18:00:00	18.13
2014/10/28 18:59:59	18.06	2013/10/28 19:00:00	17.88
2014/10/28 19:59:59	17.94	2013/10/28 20:00:00	17.69
2014/10/28 20:59:59	18.44	2013/10/28 21:00:00	17.50
2014/10/28 21:59:59	18.81	2013/10/28 22:00:00	17.38
2014/10/28 22:59:59	18.69	2013/10/28 23:00:00	17.25
2014/10/28 23:59:59	18.75	2013/10/29 00:00:00	17.06
2014/10/29 00:59:59	18.63	2013/10/29 01:00:00	17.00
2014/10/29 01:59:59	18.56	2013/10/29 02:00:00	16.88
2014/10/29 02:59:59	18.56	2013/10/29 03:00:00	16.75
2014/10/29 03:59:59	18.56	2013/10/29 04:00:00	16.69
2014/10/29 04:59:59	18.63	2013/10/29 05:00:00	16.56
2014/10/29 05:59:59	18.56	2013/10/29 06:00:00	16.44
2014/10/29 06:59:59	18.56	2013/10/29 07:00:00	16.31
2014/10/29 07:59:59	18.56	2013/10/29 08:00:00	16.19
2014/10/29 08:59:59	18.56	2013/10/29 09:00:00	16.13
2014/10/29 09:59:59	18.88	2013/10/29 10:00:00	16.25
2014/10/29 10:59:59	19.06	2013/10/29 11:00:00	17.25
2014/10/29 11:59:59	19.19	2013/10/29 12:00:00	18.63
2014/10/29 12:59:59	19.44	2013/10/29 13:00:00	20.00
2014/10/29 13:59:59	19.13	2013/10/29 14:00:00	21.19
2014/10/29 14:59:59	19.38	2013/10/29 15:00:00	22.06

续表

相变储能材料室内无辅助热源工况		无相变储能材料室内无辅助热源工况	
时间	温度(℃)	时间	温度(℃)
2014/10/29 15:59:59	19.31	2013/10/29 16:00:00	22.44
2014/10/29 16:59:59	19.25	2013/10/29 17:00:00	22.19
2014/10/29 17:59:59	19.13	2013/10/29 18:00:00	21.63
2014/10/29 18:59:59	18.94	2013/10/29 19:00:00	20.94
2014/10/29 19:59:59	18.81	2013/10/29 20:00:00	20.38
2014/10/29 20:59:59	18.63	2013/10/29 21:00:00	19.94
2014/10/29 21:59:59	18.63	2013/10/29 22:00:00	19.56
2014/10/29 22:59:59	19.00	2013/10/29 23:00:00	19.25
2014/10/29 23:59:59	19.06	2013/10/30 00:00:00	18.94
2014/10/30 00:59:59	19.19	2013/10/30 01:00:00	18.63
2014/10/30 01:59:59	19.06	2013/10/30 02:00:00	18.38
2014/10/30 02:59:59	19.06	2013/10/30 03:00:00	18.13
2014/10/30 03:59:59	19.00	2013/10/30 04:00:00	17.81
2014/10/30 04:59:59	18.94	2013/10/30 05:00:00	17.56
2014/10/30 05:59:59	18.88	2013/10/30 06:00:00	17.25
2014/10/30 06:59:59	18.81	2013/10/30 07:00:00	16.94
2014/10/30 07:59:59	18.75	2013/10/30 08:00:00	16.69
2014/10/30 08:59:59	18.75	2013/10/30 09:00:00	16.56
2014/10/30 09:59:59	18.75	2013/10/30 10:00:00	16.81
2014/10/30 10:59:59	18.56	2013/10/30 11:00:00	17.63
2014/10/30 11:59:59	18.63	2013/10/30 12:00:00	18.50
2014/10/30 12:59:59	18.75	2013/10/30 13:00:00	19.38
2014/10/30 13:59:59	18.50	2013/10/30 14:00:00	20.00
2014/10/30 14:59:59	18.56	2013/10/30 15:00:00	20.56
2014/10/30 15:59:59	18.88	2013/10/30 16:00:00	20.63
2014/10/30 16:59:59	19.31	2013/10/30 17:00:00	20.38
2014/10/30 17:59:59	19.44	2013/10/30 18:00:00	19.88
2014/10/30 18:59:59	19.31	2013/10/30 19:00:00	19.44
2014/10/30 19:59:59	18.56	2013/10/30 20:00:00	19.06
2014/10/30 20:59:59	18.50	2013/10/30 21:00:00	18.75
2014/10/30 21:59:59	18.25	2013/10/30 22:00:00	18.44

续表

相变储能材料室内无辅助热源工况		无相变储能材料室内无辅助热源工况	
时间	温度(℃)	时间	温度(℃)
2014/10/30 22:59:59	18.19	2013/10/30 23:00:00	18.19
2014/10/30 23:59:59	18.13	2013/10/31 00:00:00	17.88
2014/10/31 00:59:59	18.06	2013/10/31 01:00:00	17.56
2014/10/31 01:59:59	18.06	2013/10/31 02:00:00	17.31
2014/10/31 02:59:59	18.00	2013/10/31 03:00:00	17.00
2014/10/31 03:59:59	18.06	2013/10/31 04:00:00	16.69
2014/10/31 04:59:59	18.06	2013/10/31 05:00:00	16.44
2014/10/31 05:59:59	18.13	2013/10/31 06:00:00	16.13
2014/10/31 06:59:59	18.19	2013/10/31 07:00:00	15.88
2014/10/31 07:59:59	18.25	2013/10/31 08:00:00	15.63
2014/10/31 08:59:59	18.25	2013/10/31 09:00:00	15.50
2014/10/31 09:59:59	18.25	2013/10/31 10:00:00	15.56
2014/10/31 10:59:59	18.13	2013/10/31 11:00:00	16.00
2014/10/31 11:59:59	17.94	2013/10/31 12:00:00	16.56
2014/10/31 12:59:59	17.81	2013/10/31 13:00:00	16.81
2014/10/31 13:59:59	17.94	2013/10/31 14:00:00	17.06
2014/10/31 14:59:59	18.06	2013/10/31 15:00:00	17.06
2014/10/31 15:59:59	18.00	2013/10/31 16:00:00	17.00
2014/10/31 16:59:59	17.94	2013/10/31 17:00:00	16.88
2014/10/31 17:59:59	17.88	2013/10/31 18:00:00	16.69
2014/10/31 18:59:59	17.75	2013/10/31 19:00:00	16.44
2014/10/31 19:59:59	17.88	2013/10/31 20:00:00	16.25
2014/10/31 20:59:59	17.94	2013/10/31 21:00:00	16.06
2014/10/31 21:59:59	18.19	2013/10/31 22:00:00	15.88
2014/10/31 22:59:59	17.94	2013/10/31 23:00:00	15.75
2014/10/31 23:59:59	18.00	2013/11/01 00:00:00	15.50
2014/11/01 00:59:59	18.00	2013/11/01 01:00:00	15.31
2014/11/01 01:59:59	18.00	2013/11/01 02:00:00	15.13
2014/11/01 02:59:59	18.00	2013/11/01 03:00:00	14.88
2014/11/01 03:59:59	18.00	2013/11/01 04:00:00	14.75
2014/11/01 04:59:59	18.00	2013/11/01 05:00:00	14.50

续表

相变储能材料室内无辅助热源工况		无相变储能材料室内无辅助热源工况	
时间	温度(℃)	时间	温度(℃)
2014/11/01 05:59:59	18.00	2013/11/01 06:00:00	14.31
2014/11/01 06:59:59	18.06	2013/11/01 07:00:00	14.13
2014/11/01 07:59:59	18.00	2013/11/01 08:00:00	13.94
2014/11/01 08:59:59	17.94	2013/11/01 09:00:00	13.88
2014/11/01 09:59:59	17.88	2013/11/01 10:00:00	14.00
2014/11/01 10:59:59	17.81	2013/11/01 11:00:00	14.19
2014/11/01 11:59:59	17.44	2013/11/01 12:00:00	14.38
2014/11/01 12:59:59	17.44	2013/11/01 13:00:00	14.38
2014/11/01 13:59:59	17.63	2013/11/01 14:00:00	14.38
2014/11/01 14:59:59	17.69	2013/11/01 15:00:00	14.38
2014/11/01 15:59:59	17.69	2013/11/01 16:00:00	14.38
2014/11/01 16:59:59	17.69	2013/11/01 17:00:00	14.25
2014/11/01 17:59:59	17.63	2013/11/01 18:00:00	14.19
2014/11/01 18:59:59	17.63	2013/11/01 19:00:00	14.13
2014/11/01 19:59:59	17.50	2013/11/01 20:00:00	14.00
2014/11/01 20:59:59	17.25	2013/11/01 21:00:00	13.94
2014/11/01 21:59:59	17.63	2013/11/01 22:00:00	13.88
2014/11/01 22:59:59	17.31	2013/11/01 23:00:00	13.81
2014/11/01 23:59:59	17.50	2013/11/02 00:00:00	13.75
2014/11/02 00:59:59	17.50	2013/11/02 01:00:00	13.69
2014/11/02 01:59:59	17.50	2013/11/02 02:00:00	13.63
2014/11/02 02:59:59	17.44	2013/11/02 03:00:00	13.56
2014/11/02 03:59:59	17.38	2013/11/02 04:00:00	13.50
2014/11/02 04:59:59	17.31	2013/11/02 05:00:00	13.44
2014/11/02 05:59:59	17.25	2013/11/02 06:00:00	13.38
2014/11/02 06:59:59	17.13	2013/11/02 07:00:00	13.31
2014/11/02 07:59:59	17.00	2013/11/02 08:00:00	13.25
2014/11/02 08:59:59	16.75	2013/11/02 09:00:00	13.25
2014/11/02 09:59:59	16.25	2013/11/02 10:00:00	13.25
2014/11/02 10:59:59	16.25	2013/11/02 11:00:00	13.38
2014/11/02 11:59:59	16.63	2013/11/02 12:00:00	13.56

续表

相变储能材料室内无辅助热源工况		无相变储能材料室内无辅助热源工况	
时间	温度(℃)	时间	温度(℃)
2014/11/02 12:59:59	16.88	2013/11/02 13:00:00	13.69
2014/11/02 13:59:59	17.06	2013/11/02 14:00:00	14.06
2014/11/02 14:59:59	17.25	2013/11/02 15:00:00	14.31
2014/11/02 15:59:59	17.38	2013/11/02 16:00:00	14.69
2014/11/02 16:59:59	17.19	2013/11/02 17:00:00	14.69
2014/11/02 17:59:59	16.94	2013/11/02 18:00:00	14.50
2014/11/02 18:59:59	16.75	2013/11/02 19:00:00	14.31
2014/11/02 19:59:59	17.06	2013/11/02 20:00:00	14.13
2014/11/02 20:59:59	17.06	2013/11/02 21:00:00	14.00
2014/11/02 21:59:59	17.06	2013/11/02 22:00:00	13.88
2014/11/02 22:59:59	16.81	2013/11/02 23:00:00	13.75
2014/11/02 23:59:59	16.50	2013/11/03 00:00:00	13.69
2014/11/03 00:59:59	17.00	2013/11/03 01:00:00	13.63
2014/11/03 01:59:59	17.13	2013/11/03 02:00:00	13.50
2014/11/03 02:59:59	16.94	2013/11/03 03:00:00	13.44
2014/11/03 03:59:59	16.88	2013/11/03 04:00:00	13.38
2014/11/03 04:59:59	16.81	2013/11/03 05:00:00	13.25
2014/11/03 05:59:59	16.75	2013/11/03 06:00:00	13.13
2014/11/03 06:59:59	16.69	2013/11/03 07:00:00	13.06
2014/11/03 07:59:59	16.63	2013/11/03 08:00:00	12.94
2014/11/03 08:59:59	16.63	2013/11/03 09:00:00	13.00
2014/11/03 09:59:59	16.38	2013/11/03 10:00:00	13.56
2014/11/03 10:59:59	16.31	2013/11/03 11:00:00	14.81
2014/11/03 11:59:59	16.75	2013/11/03 12:00:00	16.13
2014/11/03 12:59:59	17.56	2013/11/03 13:00:00	17.50
2014/11/03 13:59:59	17.69	2013/11/03 14:00:00	18.56
2014/11/03 14:59:59	18.19	2013/11/03 15:00:00	19.44
2014/11/03 15:59:59	18.19	2013/11/03 16:00:00	19.88
2014/11/03 16:59:59	18.25	2013/11/03 17:00:00	19.88
2014/11/03 17:59:59	18.19	2013/11/03 18:00:00	19.44
2014/11/03 18:59:59	17.75	2013/11/03 19:00:00	18.88

续表

相变储能材料室内无辅助热源工况		无相变储能材料室内无辅助热源工况	
时间	温度(℃)	时间	温度(℃)
2014/11/03 19:59:59	17.44	2013/11/03 20:00:00	18.38
2014/11/03 20:59:59	17.19	2013/11/03 21:00:00	18.00
2014/11/03 21:59:59	17.00	2013/11/03 22:00:00	17.69
2014/11/03 22:59:59	17.75	2013/11/03 23:00:00	17.38
2014/11/03 23:59:59	18.31	2013/11/04 00:00:00	17.06
2014/11/04 00:59:59	18.38	2013/11/04 01:00:00	16.75
2014/11/04 01:59:59	17.88	2013/11/04 02:00:00	16.44
2014/11/04 02:59:59	17.69	2013/11/04 03:00:00	16.19
2014/11/04 03:59:59	17.56	2013/11/04 04:00:00	15.88
2014/11/04 04:59:59	17.50	2013/11/04 05:00:00	15.63
2014/11/04 05:59:59	17.31	2013/11/04 06:00:00	15.31
2014/11/04 06:59:59	17.25	2013/11/04 07:00:00	15.06
2014/11/04 07:59:59	17.25	2013/11/04 08:00:00	14.81
2014/11/04 08:59:59	17.25	2013/11/04 09:00:00	14.81
2014/11/04 09:59:59	17.25	2013/11/04 10:00:00	15.44
2014/11/04 10:59:59	17.38	2013/11/04 11:00:00	16.63
2014/11/04 11:59:59	17.94	2013/11/04 12:00:00	17.94
2014/11/04 12:59:59	18.31	2013/11/04 13:00:00	19.31
2014/11/04 13:59:59	18.25	2013/11/04 14:00:00	20.44
2014/11/04 14:59:59	18.50	2013/11/04 15:00:00	21.19
2014/11/04 15:59:59	18.50	2013/11/04 16:00:00	21.44
2014/11/04 16:59:59	18.38	2013/11/04 17:00:00	21.25
2014/11/04 17:59:59	18.56	2013/11/04 18:00:00	20.75
2014/11/04 18:59:59	18.38	2013/11/04 19:00:00	20.06
2014/11/04 19:59:59	18.25	2013/11/04 20:00:00	19.50
2014/11/04 20:59:59	18.38	2013/11/04 21:00:00	19.13
2014/11/04 21:59:59	18.44	2013/11/04 22:00:00	18.75
2014/11/04 22:59:59	18.63	2013/11/04 23:00:00	18.44
2014/11/04 23:59:59	18.50	2013/11/05 00:00:00	18.13
2014/11/05 00:59:59	18.56	2013/11/05 01:00:00	17.88
2014/11/05 01:59:59	18.25	2013/11/05 02:00:00	17.69

续表

相变储能材料室内无辅助热源工况		无相变储能材料室内无辅助热源工况	
时间	温度(℃)	时间	温度(℃)
2014/11/05 02:59:59	18.06	2013/11/05 03:00:00	17.44
2014/11/05 03:59:59	18.00	2013/11/05 04:00:00	17.25
2014/11/05 04:59:59	17.94	2013/11/05 05:00:00	17.06
2014/11/05 05:59:59	17.94	2013/11/05 06:00:00	16.88
2014/11/05 06:59:59	17.94	2013/11/05 07:00:00	16.69
2014/11/05 07:59:59	17.88	2013/11/05 08:00:00	16.56
2014/11/05 08:59:59	17.88	2013/11/05 09:00:00	16.44
2014/11/05 09:59:59	18.19	2013/11/05 10:00:00	16.38
2014/11/05 10:59:59	18.13	2013/11/05 11:00:00	16.50
2014/11/05 11:59:59	18.25	2013/11/05 12:00:00	16.94
2014/11/05 12:59:59	18.31	2013/11/05 13:00:00	17.75
2014/11/05 13:59:59	18.44	2013/11/05 14:00:00	18.25
2014/11/05 14:59:59	18.44	2013/11/05 15:00:00	18.44
2014/11/05 15:59:59	18.38	2013/11/05 16:00:00	18.50
2014/11/05 16:59:59	18.75	2013/11/05 17:00:00	18.44
2014/11/05 17:59:59	18.75	2013/11/05 18:00:00	18.19
2014/11/05 18:59:59	18.56	2013/11/05 19:00:00	17.94
2014/11/05 19:59:59	18.44	2013/11/05 20:00:00	17.69
2014/11/05 20:59:59	17.81	2013/11/05 21:00:00	17.50
2014/11/05 21:59:59	18.00	2013/11/05 22:00:00	17.25
2014/11/05 22:59:59	18.75	2013/11/05 23:00:00	17.06
2014/11/05 23:59:59	18.69	2013/11/06 00:00:00	16.94
2014/11/06 00:59:59	18.69	2013/11/06 01:00:00	16.75
2014/11/06 01:59:59	18.38	2013/11/06 02:00:00	16.56
2014/11/06 02:59:59	18.06	2013/11/06 03:00:00	16.38
2014/11/06 03:59:59	17.94	2013/11/06 04:00:00	16.25
2014/11/06 04:59:59	17.81	2013/11/06 05:00:00	16.00
2014/11/06 05:59:59	17.75	2013/11/06 06:00:00	15.81
2014/11/06 06:59:59	17.69	2013/11/06 07:00:00	15.69
2014/11/06 07:59:59	17.56	2013/11/06 08:00:00	15.50
2014/11/06 08:59:59	17.50	2013/11/06 09:00:00	15.38

续表

相变储能材料室内无辅助热源工况		无相变储能材料室内无辅助热源工况	
时间	温度(℃)	时间	温度(℃)
2014/11/06 09:59:59	17.38	2013/11/06 10:00:00	15.44
2014/11/06 10:59:59	16.88	2013/11/06 11:00:00	16.00
2014/11/06 11:59:59	17.31	2013/11/06 12:00:00	16.94
2014/11/06 12:59:59	17.63	2013/11/06 13:00:00	17.88
2014/11/06 13:59:59	17.81	2013/11/06 14:00:00	18.56
2014/11/06 14:59:59	17.88	2013/11/06 15:00:00	18.88
2014/11/06 15:59:59	17.50	2013/11/06 16:00:00	19.00
2014/11/06 16:59:59	17.31	2013/11/06 17:00:00	18.88
2014/11/06 17:59:59	17.06	2013/11/06 18:00:00	18.56
2014/11/06 18:59:59	16.81	2013/11/06 19:00:00	18.19
2014/11/06 19:59:59	16.25	2013/11/06 20:00:00	17.88
2014/11/06 20:59:59	17.19	2013/11/06 21:00:00	17.56
2014/11/06 21:59:59	17.00	2013/11/06 22:00:00	17.31
2014/11/06 22:59:59	17.19	2013/11/06 23:00:00	17.06
2014/11/06 23:59:59	17.19	2013/11/07 00:00:00	16.81
2014/11/07 00:59:59	17.50	2013/11/07 01:00:00	16.63
2014/11/07 01:59:59	17.13	2013/11/07 02:00:00	16.38
2014/11/07 02:59:59	16.94	2013/11/07 03:00:00	16.13
2014/11/07 03:59:59	16.81	2013/11/07 04:00:00	15.88
2014/11/07 04:59:59	16.69	2013/11/07 05:00:00	15.63
2014/11/07 05:59:59	16.63	2013/11/07 06:00:00	15.38
2014/11/07 06:59:59	16.56	2013/11/07 07:00:00	15.19
2014/11/07 07:59:59	16.50	2013/11/07 08:00:00	14.94
2014/11/07 08:59:59	16.50	2013/11/07 09:00:00	14.94
2014/11/07 09:59:59	16.31	2013/11/07 10:00:00	15.69
2014/11/07 10:59:59	15.94	2013/11/07 11:00:00	16.94
2014/11/07 11:59:59	16.25	2013/11/07 12:00:00	18.38
2014/11/07 12:59:59	16.63	2013/11/07 13:00:00	19.69
2014/11/07 13:59:59	17.25	2013/11/07 14:00:00	20.81
2014/11/07 14:59:59	17.69	2013/11/07 15:00:00	21.50
2014/11/07 15:59:59	17.38	2013/11/07 16:00:00	21.63

续表

相变储能材料室内无辅助热源工况		无相变储能材料室内无辅助热源工况	
时间	温度(℃)	时间	温度(℃)
2014/11/07 16:59:59	17.13	2013/11/07 17:00:00	21.31
2014/11/07 17:59:59	16.88	2013/11/07 18:00:00	20.63
2014/11/07 18:59:59	16.81	2013/11/07 19:00:00	20.00
2014/11/07 19:59:59	16.13	2013/11/07 20:00:00	19.44
2014/11/07 20:59:59	15.81	2013/11/07 21:00:00	18.94
2014/11/07 21:59:59	15.56	2013/11/07 22:00:00	18.50
2014/11/07 22:59:59	15.25	2013/11/07 23:00:00	18.19
2014/11/07 23:59:59	15.88	2013/11/08 00:00:00	17.81
2014/11/08 00:59:59	16.38	2013/11/08 01:00:00	17.50
2014/11/08 01:59:59	16.38	2013/11/08 02:00:00	17.19
2014/11/08 02:59:59	16.31	2013/11/08 03:00:00	16.88
2014/11/08 03:59:59	16.25	2013/11/08 04:00:00	16.56
2014/11/08 04:59:59	16.25	2013/11/08 05:00:00	16.31
2014/11/08 05:59:59	16.25	2013/11/08 06:00:00	16.06
2014/11/08 06:59:59	16.25	2013/11/08 07:00:00	15.81
2014/11/08 07:59:59	16.25	2013/11/08 08:00:00	15.56
2014/11/08 08:59:59	16.25	2013/11/08 09:00:00	15.44
2014/11/08 09:59:59	16.25	2013/11/08 10:00:00	15.56
2014/11/08 10:59:59	16.19	2013/11/08 11:00:00	16.19
2014/11/08 11:59:59	16.81	2013/11/08 12:00:00	17.06
2014/11/08 12:59:59	16.75	2013/11/08 13:00:00	18.06
2014/11/08 13:59:59	16.94	2013/11/08 14:00:00	18.75
2014/11/08 14:59:59	16.88	2013/11/08 15:00:00	19.31
2014/11/08 15:59:59	16.88	2013/11/08 16:00:00	19.38
2014/11/08 16:59:59	17.25	2013/11/08 17:00:00	19.19
2014/11/08 17:59:59	17.13	2013/11/08 18:00:00	18.75
2014/11/08 18:59:59	16.88	2013/11/08 19:00:00	18.38
2014/11/08 19:59:59	16.81	2013/11/08 20:00:00	18.13
2014/11/08 20:59:59	16.75	2013/11/08 21:00:00	17.88
2014/11/08 21:59:59	16.63	2013/11/08 22:00:00	17.69
2014/11/08 22:59:59	16.88	2013/11/08 23:00:00	17.44

续表

相变储能材料室内无辅助热源工况		无相变储能材料室内无辅助热源工况	
时间	温度(℃)	时间	温度(℃)
2014/11/08 23:59:59	16.94	2013/11/09 00:00:00	17.25
2014/11/09 00:59:59	16.81	2013/11/09 01:00:00	17.06
2014/11/09 01:59:59	16.56	2013/11/09 02:00:00	16.88
2014/11/09 02:59:59	16.38	2013/11/09 03:00:00	16.69
2014/11/09 03:59:59	16.31	2013/11/09 04:00:00	16.56
2014/11/09 04:59:59	16.19	2013/11/09 05:00:00	16.44
2014/11/09 05:59:59	16.13	2013/11/09 06:00:00	16.31
2014/11/09 06:59:59	16.00	2013/11/09 07:00:00	16.19
2014/11/09 07:59:59	15.94	2013/11/09 08:00:00	16.06
2014/11/09 08:59:59	15.88	2013/11/09 09:00:00	16.00
2014/11/09 09:59:59	15.94	2013/11/09 10:00:00	15.94
2014/11/09 10:59:59	15.88	2013/11/09 11:00:00	15.88
2014/11/09 11:59:59	15.88	2013/11/09 12:00:00	15.75
2014/11/09 12:59:59	15.94	2013/11/09 13:00:00	15.75
2014/11/09 13:59:59	16.13	2013/11/09 14:00:00	15.75
2014/11/09 14:59:59	17.00	2013/11/09 15:00:00	15.81
2014/11/09 15:59:59	16.94	2013/11/09 16:00:00	15.75
2014/11/09 16:59:59	16.94	2013/11/09 17:00:00	15.69
2014/11/09 17:59:59	16.94	2013/11/09 18:00:00	15.56
2014/11/09 18:59:59	16.88	2013/11/09 19:00:00	15.44
2014/11/09 19:59:59	17.06	2013/11/09 20:00:00	15.31
2014/11/09 20:59:59	17.31	2013/11/09 21:00:00	15.13
2014/11/09 21:59:59	17.19	2013/11/09 22:00:00	15.00
2014/11/09 22:59:59	16.25	2013/11/09 23:00:00	14.88
2014/11/09 23:59:59	16.88	2013/11/10 00:00:00	14.69
2014/11/10 00:59:59	17.50	2013/11/10 01:00:00	14.50
2014/11/10 01:59:59	17.13	2013/11/10 02:00:00	14.31
2014/11/10 02:59:59	16.88	2013/11/10 03:00:00	14.06
2014/11/10 03:59:59	16.81	2013/11/10 04:00:00	13.75
2014/11/10 04:59:59	16.81	2013/11/10 05:00:00	13.44
2014/11/10 05:59:59	16.81	2013/11/10 06:00:00	13.13

续表

相变储能材料室内无辅助热源工况		无相变储能材料室内无辅助热源工况	
时间	温度(℃)	时间	温度(℃)
2014/11/10 06:59:59	16.81	2013/11/10 07:00:00	12.75
2014/11/10 07:59:59	16.75	2013/11/10 08:00:00	12.38
2014/11/10 08:59:59	16.75	2013/11/10 09:00:00	12.25
2014/11/10 09:59:59	16.88	2013/11/10 10:00:00	12.88
2014/11/10 10:59:59	17.25	2013/11/10 11:00:00	14.00
2014/11/10 11:59:59	17.44	2013/11/10 12:00:00	15.25
2014/11/10 12:59:59	17.44	2013/11/10 13:00:00	16.38
2014/11/10 13:59:59	17.50	2013/11/10 14:00:00	17.50
2014/11/10 14:59:59	17.56	2013/11/10 15:00:00	18.19
2014/11/10 15:59:59	17.56	2013/11/10 16:00:00	18.44
2014/11/10 16:59:59	17.50	2013/11/10 17:00:00	18.06
2014/11/10 17:59:59	17.56	2013/11/10 18:00:00	17.38
2014/11/10 18:59:59	17.56	2013/11/10 19:00:00	16.56
2014/11/10 19:59:59	17.63	2013/11/10 20:00:00	16.00
2014/11/10 20:59:59	17.81	2013/11/10 21:00:00	15.50
2014/11/10 21:59:59	17.81	2013/11/10 22:00:00	15.06
2014/11/10 22:59:59	17.88	2013/11/10 23:00:00	14.69
2014/11/10 23:59:59	17.69	2013/11/11 00:00:00	14.31
2014/11/11 00:59:59	17.63	2013/11/11 01:00:00	13.94
2014/11/11 01:59:59	17.50	2013/11/11 02:00:00	13.63
2014/11/11 02:59:59	17.31	2013/11/11 03:00:00	13.31
2014/11/11 03:59:59	17.25	2013/11/11 04:00:00	13.06
2014/11/11 04:59:59	17.25	2013/11/11 05:00:00	12.75
2014/11/11 05:59:59	17.19	2013/11/11 06:00:00	12.44
2014/11/11 06:59:59	17.19	2013/11/11 07:00:00	12.19
2014/11/11 07:59:59	17.13	2013/11/11 08:00:00	11.94
2014/11/11 08:59:59	17.06	2013/11/11 09:00:00	11.81
2014/11/11 09:59:59	16.44	2013/11/11 10:00:00	12.38
2014/11/11 10:59:59	16.44	2013/11/11 11:00:00	13.56
2014/11/11 11:59:59	16.56	2013/11/11 12:00:00	14.94
2014/11/11 12:59:59	16.56	2013/11/11 13:00:00	16.38

续表

相变储能材料室内无辅助热源工况		无相变储能材料室内无辅助热源工况	
时间	温度(℃)	时间	温度(℃)
2014/11/11 13:59:59	16.75	2013/11/11 14:00:00	17.44
2014/11/11 14:59:59	17.13	2013/11/11 15:00:00	18.25
2014/11/11 15:59:59	17.88	2013/11/11 16:00:00	18.50
2014/11/11 16:59:59	17.75	2013/11/11 17:00:00	18.25
2014/11/11 17:59:59	18.00	2013/11/11 18:00:00	17.63
2014/11/11 18:59:59	18.13	2013/11/11 19:00:00	16.94
2014/11/11 19:59:59	17.63	2013/11/11 20:00:00	16.38
2014/11/11 20:59:59	17.56	2013/11/11 21:00:00	15.94
2014/11/11 21:59:59	18.00	2013/11/11 22:00:00	15.56
2014/11/11 22:59:59	18.38	2013/11/11 23:00:00	15.19
2014/11/11 23:59:59	18.63	2013/11/12 00:00:00	14.88
2014/11/12 00:59:59	18.81	2013/11/12 01:00:00	14.56
2014/11/12 01:59:59	18.44	2013/11/12 02:00:00	14.25
2014/11/12 02:59:59	18.25	2013/11/12 03:00:00	14.00
2014/11/12 03:59:59	18.13	2013/11/12 04:00:00	13.69
2014/11/12 04:59:59	18.13	2013/11/12 05:00:00	13.38
2014/11/12 05:59:59	18.06	2013/11/12 06:00:00	13.06
2014/11/12 06:59:59	18.06	2013/11/12 07:00:00	12.81
2014/11/12 07:59:59	18.06	2013/11/12 08:00:00	12.56
2014/11/12 08:59:59	18.06	2013/11/12 09:00:00	12.44
2014/11/12 09:59:59	18.13	2013/11/12 10:00:00	13.00
2014/11/12 10:59:59	18.38	2013/11/12 11:00:00	14.19
2014/11/12 11:59:59	18.50	2013/11/12 12:00:00	15.50
2014/11/12 12:59:59	18.44	2013/11/12 13:00:00	16.81
2014/11/12 13:59:59	18.50	2013/11/12 14:00:00	17.88
2014/11/12 14:59:59	18.63	2013/11/12 15:00:00	18.69
2014/11/12 15:59:59	18.44	2013/11/12 16:00:00	19.06
2014/11/12 16:59:59	18.56	2013/11/12 17:00:00	18.94
2014/11/12 17:59:59	18.69	2013/11/12 18:00:00	18.38
2014/11/12 18:59:59	18.69	2013/11/12 19:00:00	17.69
2014/11/12 19:59:59	18.38	2013/11/12 20:00:00	17.19

续表

相变储能材料室内无辅助热源工况		无相变储能材料室内无辅助热源工况	
时间	温度(℃)	时间	温度(℃)
2014/11/12 20:59:59	18.19	2013/11/12 21:00:00	16.81
2014/11/12 21:59:59	18.38	2013/11/12 22:00:00	16.38
2014/11/12 22:59:59	18.88	2013/11/12 23:00:00	16.06
2014/11/12 23:59:59	19.00	2013/11/13 00:00:00	15.75
2014/11/13 00:59:59	19.06	2013/11/13 01:00:00	15.44
2014/11/13 01:59:59	18.69	2013/11/13 02:00:00	15.13
2014/11/13 02:59:59	18.44	2013/11/13 03:00:00	14.81
2014/11/13 03:59:59	18.31	2013/11/13 04:00:00	14.50
2014/11/13 04:59:59	18.31	2013/11/13 05:00:00	14.25
2014/11/13 05:59:59	18.19	2013/11/13 06:00:00	14.00
2014/11/13 06:59:59	18.19	2013/11/13 07:00:00	13.75
2014/11/13 07:59:59	18.25	2013/11/13 08:00:00	13.50
2014/11/13 08:59:59	18.19	2013/11/13 09:00:00	13.38
2014/11/13 09:59:59	18.06	2013/11/13 10:00:00	13.44
2014/11/13 10:59:59	17.94	2013/11/13 11:00:00	13.63
2014/11/13 11:59:59	18.19	2013/11/13 12:00:00	14.13
2014/11/13 12:59:59	18.25	2013/11/13 13:00:00	14.19
2014/11/13 13:59:59	18.31	2013/11/13 14:00:00	14.19
2014/11/13 14:59:59	18.50	2013/11/13 15:00:00	14.50
2014/11/13 15:59:59	18.50	2013/11/13 16:00:00	14.69
2014/11/13 16:59:59	18.19	2013/11/13 17:00:00	14.63
2014/11/13 17:59:59	18.06	2013/11/13 18:00:00	14.38
2014/11/13 18:59:59	17.38	2013/11/13 19:00:00	14.13
2014/11/13 19:59:59	17.31	2013/11/13 20:00:00	13.94
2014/11/13 20:59:59	18.00	2013/11/13 21:00:00	13.81
2014/11/13 21:59:59	17.81	2013/11/13 22:00:00	13.63
2014/11/13 22:59:59	17.56	2013/11/13 23:00:00	13.50
2014/11/13 23:59:59	17.81	2013/11/14 00:00:00	13.38
2014/11/14 00:59:59	18.19	2013/11/14 01:00:00	13.25
2014/11/14 01:59:59	18.38	2013/11/14 02:00:00	13.06
2014/11/14 02:59:59	18.31	2013/11/14 03:00:00	12.94

续表

相变储能材料室内无辅助热源工况		无相变储能材料室内无辅助热源工况	
时间	温度(℃)	时间	温度(℃)
2014/11/14 03:59:59	18.31	2013/11/14 04:00:00	12.75
2014/11/14 04:59:59	18.31	2013/11/14 05:00:00	12.56
2014/11/14 05:59:59	18.31	2013/11/14 06:00:00	12.38
2014/11/14 06:59:59	18.31	2013/11/14 07:00:00	12.19
2014/11/14 07:59:59	18.25	2013/11/14 08:00:00	12.13
2014/11/14 08:59:59	18.25	2013/11/14 09:00:00	12.06
2014/11/14 09:59:59	18.31	2013/11/14 10:00:00	12.31
2014/11/14 10:59:59	18.25	2013/11/14 11:00:00	13.25
2014/11/14 11:59:59	18.50	2013/11/14 12:00:00	14.44
2014/11/14 12:59:59	18.69	2013/11/14 13:00:00	15.81
2014/11/14 13:59:59	18.94	2013/11/14 14:00:00	16.94
2014/11/14 14:59:59	19.19	2013/11/14 15:00:00	17.69
2014/11/14 15:59:59	19.31	2013/11/14 16:00:00	17.69
2014/11/14 16:59:59	19.31	2013/11/14 17:00:00	17.38
2014/11/14 17:59:59	19.38	2013/11/14 18:00:00	16.81
2014/11/14 18:59:59	19.38	2013/11/14 19:00:00	16.31
2014/11/14 19:59:59	19.44	2013/11/14 20:00:00	15.88
2014/11/14 20:59:59	19.50	2013/11/14 21:00:00	15.50
2014/11/14 21:59:59	19.50	2013/11/14 22:00:00	15.19
2014/11/14 22:59:59	19.44	2013/11/14 23:00:00	14.88
2014/11/14 23:59:59	19.38	2013/11/15 00:00:00	14.63
2014/11/15 00:59:59	19.38	2013/11/15 01:00:00	14.38
2014/11/15 01:59:59	19.44	2013/11/15 02:00:00	14.13
2014/11/15 02:59:59	19.44	2013/11/15 03:00:00	13.88
2014/11/15 03:59:59	19.44	2013/11/15 04:00:00	13.63
2014/11/15 04:59:59	19.44	2013/11/15 05:00:00	13.38
2014/11/15 05:59:59	19.44	2013/11/15 06:00:00	13.13
2014/11/15 06:59:59	19.38	2013/11/15 07:00:00	12.88
2014/11/15 07:59:59	19.44	2013/11/15 08:00:00	12.63
2014/11/15 08:59:59	19.38	2013/11/15 09:00:00	12.50
2014/11/15 09:59:59	19.31	2013/11/15 10:00:00	12.75

续表

相变储能材料室内无辅助热源工况		无相变储能材料室内无辅助热源工况	
时间	温度(℃)	时间	温度(℃)
2014/11/15 10:59:59	18.94	2013/11/15 11:00:00	13.63
2014/11/15 11:59:59	18.88	2013/11/15 12:00:00	14.75
2014/11/15 12:59:59	19.06	2013/11/15 13:00:00	15.94
2014/11/15 13:59:59	19.13	2013/11/15 14:00:00	16.81
2014/11/15 14:59:59	19.13	2013/11/15 15:00:00	17.56
2014/11/15 15:59:59	19.13	2013/11/15 16:00:00	17.81
2014/11/15 16:59:59	19.13	2013/11/15 17:00:00	17.56
2014/11/15 17:59:59	19.19	2013/11/15 18:00:00	17.13
2014/11/15 18:59:59	19.19	2013/11/15 19:00:00	16.63
2014/11/15 19:59:59	19.19	2013/11/15 20:00:00	16.19
2014/11/15 20:59:59	19.19	2013/11/15 21:00:00	15.81
2014/11/15 21:59:59	19.13	2013/11/15 22:00:00	15.56
2014/11/15 22:59:59	19.25	2013/11/15 23:00:00	15.25
2014/11/15 23:59:59	19.69	2013/11/16 00:00:00	15.06
2014/11/16 00:59:59	19.88	2013/11/16 01:00:00	14.81
2014/11/16 01:59:59	19.94	2013/11/16 02:00:00	14.63
2014/11/16 02:59:59	20.00	2013/11/16 03:00:00	14.38
2014/11/16 03:59:59	20.06	2013/11/16 04:00:00	14.13
2014/11/16 04:59:59	20.13	2013/11/16 05:00:00	14.00
2014/11/16 05:59:59	20.13	2013/11/16 06:00:00	13.81
2014/11/16 06:59:59	20.19	2013/11/16 07:00:00	13.69
2014/11/16 07:59:59	20.19	2013/11/16 08:00:00	13.56
2014/11/16 08:59:59	20.25	2013/11/16 09:00:00	13.44
2014/11/16 09:59:59	19.88	2013/11/16 10:00:00	13.50
2014/11/16 10:59:59	19.44	2013/11/16 11:00:00	14.19
2014/11/16 11:59:59	19.44	2013/11/16 12:00:00	15.44
2014/11/16 12:59:59	19.63	2013/11/16 13:00:00	16.69
2014/11/16 13:59:59	19.88	2013/11/16 14:00:00	17.75
2014/11/16 14:59:59	20.19	2013/11/16 15:00:00	18.44
2014/11/16 15:59:59	20.38	2013/11/16 16:00:00	18.63
2014/11/16 16:59:59	20.38	2013/11/16 17:00:00	18.38

续表

相变储能材料室内无辅助热源工况		无相变储能材料室内无辅助热源工况	
时间	温度(℃)	时间	温度(℃)
2014/11/16 17:59:59	20.06	2013/11/16 18:00:00	17.81
2014/11/16 18:59:59	20.06	2013/11/16 19:00:00	17.13
2014/11/16 19:59:59	19.75	2013/11/16 20:00:00	16.63
2014/11/16 20:59:59	19.63	2013/11/16 21:00:00	16.19
2014/11/16 21:59:59	19.50	2013/11/16 22:00:00	15.81
2014/11/16 22:59:59	19.44	2013/11/16 23:00:00	15.44
2014/11/16 23:59:59	19.31	2013/11/17 00:00:00	15.13
2014/11/17 00:59:59	20.19	2013/11/17 01:00:00	14.81
2014/11/17 01:59:59	20.06	2013/11/17 02:00:00	14.50
2014/11/17 02:59:59	19.88	2013/11/17 03:00:00	14.25
2014/11/17 03:59:59	19.69	2013/11/17 04:00:00	13.88
2014/11/17 04:59:59	19.63	2013/11/17 05:00:00	13.63
2014/11/17 05:59:59	19.56	2013/11/17 06:00:00	13.25
2014/11/17 06:59:59	19.50	2013/11/17 07:00:00	12.94
2014/11/17 07:59:59	19.38	2013/11/17 08:00:00	12.69
2014/11/17 08:59:59	19.38	2013/11/17 09:00:00	12.50
2014/11/17 09:59:59	19.38	2013/11/17 10:00:00	12.94
2014/11/17 10:59:59	19.44	2013/11/17 11:00:00	14.00
2014/11/17 11:59:59	20.25	2013/11/17 12:00:00	15.19
2014/11/17 12:59:59	20.38	2013/11/17 13:00:00	16.38
2014/11/17 13:59:59	20.13	2013/11/17 14:00:00	17.38
2014/11/17 14:59:59	20.38	2013/11/17 15:00:00	18.13
2014/11/17 15:59:59	20.88	2013/11/17 16:00:00	18.31
2014/11/17 16:59:59	20.69	2013/11/17 17:00:00	18.13
2014/11/17 17:59:59	19.56	2013/11/17 18:00:00	17.44
2014/11/17 18:59:59	18.81	2013/11/17 19:00:00	16.69
2014/11/17 19:59:59	19.19	2013/11/17 20:00:00	16.13
2014/11/17 20:59:59	18.75	2013/11/17 21:00:00	15.63
2014/11/17 21:59:59	19.38	2013/11/17 22:00:00	15.25
2014/11/17 22:59:59	19.94	2013/11/17 23:00:00	14.88
2014/11/17 23:59:59	20.31	2013/11/18 00:00:00	14.50

续表

相变储能材料室内无辅助热源工况		无相变储能材料室内无辅助热源工况	
时间	温度(℃)	时间	温度(℃)
2014/11/18 00:59:59	20.50	2013/11/18 01:00:00	14.13
2014/11/18 01:59:59	20.44	2013/11/18 02:00:00	13.81
2014/11/18 02:59:59	20.50	2013/11/18 03:00:00	13.44
2014/11/18 03:59:59	20.63	2013/11/18 04:00:00	13.06
2014/11/18 04:59:59	20.69	2013/11/18 05:00:00	12.69
2014/11/18 05:59:59	20.75	2013/11/18 06:00:00	12.31
2014/11/18 06:59:59	20.75	2013/11/18 07:00:00	12.13
2014/11/18 07:59:59	20.75	2013/11/18 08:00:00	11.81
2014/11/18 08:59:59	20.81	2013/11/18 09:00:00	11.63
2014/11/18 09:59:59	20.75	2013/11/18 10:00:00	12.19
2014/11/18 10:59:59	20.31	2013/11/18 11:00:00	13.31
2014/11/18 11:59:59	20.44	2013/11/18 12:00:00	14.56
2014/11/18 12:59:59	20.50	2013/11/18 13:00:00	15.75
2014/11/18 13:59:59	20.38	2013/11/18 14:00:00	16.75
2014/11/18 14:59:59	20.56	2013/11/18 15:00:00	17.44
2014/11/18 15:59:59	20.44	2013/11/18 16:00:00	17.69
2014/11/18 16:59:59	20.31	2013/11/18 17:00:00	17.50
2014/11/18 17:59:59	20.50	2013/11/18 18:00:00	16.75
2014/11/18 18:59:59	20.00	2013/11/18 19:00:00	15.94
2014/11/18 19:59:59	19.88	2013/11/18 20:00:00	15.31
2014/11/18 20:59:59	19.81	2013/11/18 21:00:00	14.81
2014/11/18 21:59:59	19.88	2013/11/18 22:00:00	14.38
2014/11/18 22:59:59	19.75	2013/11/18 23:00:00	13.94
2014/11/18 23:59:59	20.00	2013/11/19 00:00:00	13.56
2014/11/19 00:59:59	20.00	2013/11/19 01:00:00	13.13
2014/11/19 01:59:59	19.94	2013/11/19 02:00:00	12.75
2014/11/19 02:59:59	19.94	2013/11/19 03:00:00	12.38
2014/11/19 03:59:59	20.00	2013/11/19 04:00:00	12.06
2014/11/19 04:59:59	20.00	2013/11/19 05:00:00	11.69
2014/11/19 05:59:59	20.00	2013/11/19 06:00:00	11.38
2014/11/19 06:59:59	20.06	2013/11/19 07:00:00	11.00

续表

相变储能材料室内无辅助热源工况		无相变储能材料室内无辅助热源工况	
时间	温度(℃)	时间	温度(℃)
2014/11/19 07:59:59	20.00	2013/11/19 08:00:00	10.56
2014/11/19 08:59:59	20.00	2013/11/19 09:00:00	10.44
2014/11/19 09:59:59	19.25	2013/11/19 10:00:00	11.06
2014/11/19 10:59:59	19.25	2013/11/19 11:00:00	12.25
2014/11/19 11:59:59	19.44	2013/11/19 12:00:00	13.50
2014/11/19 12:59:59	19.25	2013/11/19 13:00:00	14.81
2014/11/19 13:59:59	19.19	2013/11/19 14:00:00	15.94
2014/11/19 14:59:59	19.81	2013/11/19 15:00:00	16.63
2014/11/19 15:59:59	20.06	2013/11/19 16:00:00	16.88
2014/11/19 16:59:59	20.38	2013/11/19 17:00:00	16.63
2014/11/19 17:59:59	19.81	2013/11/19 18:00:00	15.88
2014/11/19 18:59:59	19.56	2013/11/19 19:00:00	15.13
2014/11/19 19:59:59	19.44	2013/11/19 20:00:00	14.56
2014/11/19 20:59:59	19.81	2013/11/19 21:00:00	14.06
2014/11/19 21:59:59	20.00	2013/11/19 22:00:00	13.63
2014/11/19 22:59:59	20.06	2013/11/19 23:00:00	13.25
2014/11/19 23:59:59	19.81	2013/11/20 00:00:00	12.81
2014/11/20 00:59:59	20.13	2013/11/20 01:00:00	12.50
2014/11/20 01:59:59	20.13	2013/11/20 02:00:00	12.19
2014/11/20 02:59:59	20.19	2013/11/20 03:00:00	11.81
2014/11/20 03:59:59	20.25	2013/11/20 04:00:00	11.50
2014/11/20 04:59:59	20.31	2013/11/20 05:00:00	11.13
2014/11/20 05:59:59	20.31	2013/11/20 06:00:00	10.75
2014/11/20 06:59:59	20.31	2013/11/20 07:00:00	10.44
2014/11/20 07:59:59	20.31	2013/11/20 08:00:00	10.31
2014/11/20 08:59:59	20.44	2013/11/20 09:00:00	10.19
2014/11/20 09:59:59	20.63	2013/11/20 10:00:00	10.25
2014/11/20 10:59:59	20.19	2013/11/20 11:00:00	10.75
2014/11/20 11:59:59	19.19	2013/11/20 12:00:00	11.81
2014/11/20 12:59:59	19.44	2013/11/20 13:00:00	12.81
2014/11/20 13:59:59	19.50	2013/11/20 14:00:00	13.69

续表

相变储能材料室内无辅助热源工况		无相变储能材料室内无辅助热源工况	
时间	温度(℃)	时间	温度(℃)
2014/11/20 14:59:59	19.63	2013/11/20 15:00:00	14.19
2014/11/20 15:59:59	19.75	2013/11/20 16:00:00	14.25
2014/11/20 16:59:59	19.56	2013/11/20 17:00:00	14.06
2014/11/20 17:59:59	19.25	2013/11/20 18:00:00	13.56
2014/11/20 18:59:59	19.13	2013/11/20 19:00:00	13.06
2014/11/20 19:59:59	19.06	2013/11/20 20:00:00	12.69
2014/11/20 20:59:59	18.94	2013/11/20 21:00:00	12.25
2014/11/20 21:59:59	18.88	2013/11/20 22:00:00	12.00
2014/11/20 22:59:59	18.75	2013/11/20 23:00:00	11.69
2014/11/20 23:59:59	19.81	2013/11/21 00:00:00	11.38
2014/11/21 00:59:59	19.94	2013/11/21 01:00:00	11.13
2014/11/21 01:59:59	19.75	2013/11/21 02:00:00	10.75
2014/11/21 02:59:59	19.75	2013/11/21 03:00:00	10.44
2014/11/21 03:59:59	19.75	2013/11/21 04:00:00	10.31
2014/11/21 04:59:59	19.75	2013/11/21 05:00:00	10.19
2014/11/21 05:59:59	19.75	2013/11/21 06:00:00	10.06
2014/11/21 06:59:59	19.75	2013/11/21 07:00:00	9.69
2014/11/21 07:59:59	19.75	2013/11/21 08:00:00	9.38
2014/11/21 08:59:59	19.69	2013/11/21 09:00:00	9.19
2014/11/21 09:59:59	19.50	2013/11/21 10:00:00	9.31
2014/11/21 10:59:59	19.50	2013/11/21 11:00:00	10.13
2014/11/21 11:59:59	19.56	2013/11/21 12:00:00	10.50
2014/11/21 12:59:59	19.75	2013/11/21 13:00:00	11.44
2014/11/21 13:59:59	19.88	2013/11/21 14:00:00	12.19
2014/11/21 14:59:59	20.00	2013/11/21 15:00:00	12.69
2014/11/21 15:59:59	20.13	2013/11/21 16:00:00	12.75
2014/11/21 16:59:59	19.94	2013/11/21 17:00:00	12.63
2014/11/21 17:59:59	19.81	2013/11/21 18:00:00	12.19
2014/11/21 18:59:59	19.75	2013/11/21 19:00:00	11.81
2014/11/21 19:59:59	19.75	2013/11/21 20:00:00	11.44
2014/11/21 20:59:59	19.94	2013/11/21 21:00:00	11.13

续表

相变储能材料室内无辅助热源工况		无相变储能材料室内无辅助热源工况	
时间	温度(℃)	时间	温度(℃)
2014/11/21 21:59:59	20.31	2013/11/21 22:00:00	10.81
2014/11/21 22:59:59	20.31	2013/11/21 23:00:00	10.50
2014/11/21 23:59:59	20.25	2013/11/22 00:00:00	10.31
2014/11/22 00:59:59	20.13	2013/11/22 01:00:00	10.25
2014/11/22 01:59:59	19.94	2013/11/22 02:00:00	10.13
2014/11/22 02:59:59	19.88	2013/11/22 03:00:00	9.75
2014/11/22 03:59:59	19.88	2013/11/22 04:00:00	9.50
2014/11/22 04:59:59	19.88	2013/11/22 05:00:00	9.25
2014/11/22 05:59:59	19.81	2013/11/22 06:00:00	9.00
2014/11/22 06:59:59	19.88	2013/11/22 07:00:00	8.75
2014/11/22 07:59:59	19.81	2013/11/22 08:00:00	8.56
2014/11/22 08:59:59	19.81	2013/11/22 09:00:00	8.38
2014/11/22 09:59:59	19.69	2013/11/22 10:00:00	8.50
2014/11/22 10:59:59	19.88	2013/11/22 11:00:00	9.13
2014/11/22 11:59:59	20.44	2013/11/22 12:00:00	10.25
2014/11/22 12:59:59	20.44	2013/11/22 13:00:00	11.06
2014/11/22 13:59:59	19.75	2013/11/22 14:00:00	11.94
2014/11/22 14:59:59	20.44	2013/11/22 15:00:00	12.50
2014/11/22 15:59:59	20.63	2013/11/22 16:00:00	12.69
2014/11/22 16:59:59	20.50	2013/11/22 17:00:00	12.44
2014/11/22 17:59:59	20.63	2013/11/22 18:00:00	12.06
2014/11/22 18:59:59	20.75	2013/11/22 19:00:00	11.69
2014/11/22 19:59:59	20.13	2013/11/22 20:00:00	11.38
2014/11/22 20:59:59	19.88	2013/11/22 21:00:00	11.13
2014/11/22 21:59:59	19.94	2013/11/22 22:00:00	10.88
2014/11/22 22:59:59	20.25	2013/11/22 23:00:00	10.56
2014/11/22 23:59:59	20.31	2013/11/23 00:00:00	10.44
2014/11/23 00:59:59	20.50	2013/11/23 01:00:00	10.38
2014/11/23 01:59:59	20.50	2013/11/23 02:00:00	10.31
2014/11/23 02:59:59	20.50	2013/11/23 03:00:00	10.19
2014/11/23 03:59:59	20.56	2013/11/23 04:00:00	10.13

续表

相变储能材料室内无辅助热源工况		无相变储能材料室内无辅助热源工况	
时间	温度(℃)	时间	温度(℃)
2014/11/23 04:59:59	20.44	2013/11/23 05:00:00	10.06
2014/11/23 05:59:59	20.38	2013/11/23 06:00:00	9.75
2014/11/23 06:59:59	20.38	2013/11/23 07:00:00	9.56
2014/11/23 07:59:59	20.44	2013/11/23 08:00:00	9.44
2014/11/23 08:59:59	20.38	2013/11/23 09:00:00	9.31
2014/11/23 09:59:59	20.38	2013/11/23 10:00:00	9.31
2014/11/23 10:59:59	20.38	2013/11/23 11:00:00	9.56
2014/11/23 11:59:59	20.38	2013/11/23 12:00:00	10.13
2014/11/23 12:59:59	20.56	2013/11/23 13:00:00	10.50
2014/11/23 13:59:59	19.88	2013/11/23 14:00:00	11.13
2014/11/23 14:59:59	19.44	2013/11/23 15:00:00	11.63
2014/11/23 15:59:59	19.81	2013/11/23 16:00:00	11.94
2014/11/23 16:59:59	19.81	2013/11/23 17:00:00	11.81
2014/11/23 17:59:59	19.88	2013/11/23 18:00:00	11.50
2014/11/23 18:59:59	19.56	2013/11/23 19:00:00	11.25
2014/11/23 19:59:59	19.50	2013/11/23 20:00:00	11.06
2014/11/23 20:59:59	19.44	2013/11/23 21:00:00	10.81
2014/11/23 21:59:59	19.75	2013/11/23 22:00:00	10.50
2014/11/23 22:59:59	20.06	2013/11/23 23:00:00	10.44
2014/11/23 23:59:59	19.94	2013/11/24 00:00:00	10.38
2014/11/24 00:59:59	19.94	2013/11/24 01:00:00	10.31
2014/11/24 01:59:59	19.94	2013/11/24 02:00:00	10.25
2014/11/24 02:59:59	19.88	2013/11/24 03:00:00	10.19
2014/11/24 03:59:59	19.94	2013/11/24 04:00:00	10.19
2014/11/24 04:59:59	19.88	2013/11/24 05:00:00	10.06
2014/11/24 05:59:59	19.81	2013/11/24 06:00:00	10.00
2014/11/24 06:59:59	19.81	2013/11/24 07:00:00	9.81
2014/11/24 07:59:59	19.75	2013/11/24 08:00:00	9.75
2014/11/24 08:59:59	19.75	2013/11/24 09:00:00	9.69
2014/11/24 09:59:59	19.63	2013/11/24 10:00:00	9.69
2014/11/24 10:59:59	19.63	2013/11/24 11:00:00	9.69

续表

相变储能材料室内无辅助热源工况		无相变储能材料室内无辅助热源工况	
时间	温度(℃)	时间	温度(℃)
2014/11/24 11:59:59	19.63	2013/11/24 12:00:00	9.75
2014/11/24 12:59:59	19.63	2013/11/24 13:00:00	9.81
2014/11/24 13:59:59	19.56	2013/11/24 14:00:00	9.88
2014/11/24 14:59:59	19.38	2013/11/24 15:00:00	10.06
2014/11/24 15:59:59	19.50	2013/11/24 16:00:00	10.13
2014/11/24 16:59:59	19.81	2013/11/24 17:00:00	10.13
2014/11/24 17:59:59	19.75	2013/11/24 18:00:00	10.06
2014/11/24 18:59:59	19.44	2013/11/24 19:00:00	9.88
2014/11/24 19:59:59	19.56	2013/11/24 20:00:00	9.75
2014/11/24 20:59:59	19.63	2013/11/24 21:00:00	9.56
2014/11/24 21:59:59	19.50	2013/11/24 22:00:00	9.44
2014/11/24 22:59:59	19.19	2013/11/24 23:00:00	9.31
2014/11/24 23:59:59	19.69	2013/11/25 00:00:00	9.19
2014/11/25 00:59:59	19.88	2013/11/25 01:00:00	9.13
2014/11/25 01:59:59	19.88	2013/11/25 02:00:00	9.00
2014/11/25 02:59:59	19.75	2013/11/25 03:00:00	8.81
2014/11/25 03:59:59	19.75	2013/11/25 04:00:00	8.69
2014/11/25 04:59:59	19.75	2013/11/25 05:00:00	8.56
2014/11/25 05:59:59	19.69	2013/11/25 06:00:00	8.38
2014/11/25 06:59:59	19.69	2013/11/25 07:00:00	8.25
2014/11/25 07:59:59	19.63	2013/11/25 08:00:00	8.06
2014/11/25 08:59:59	19.56	2013/11/25 09:00:00	8.00
2014/11/25 09:59:59	19.56	2013/11/25 10:00:00	8.94
2014/11/25 10:59:59	19.50	2013/11/25 11:00:00	10.13
2014/11/25 11:59:59	19.19	2013/11/25 12:00:00	10.44
2014/11/25 12:59:59	18.88	2013/11/25 13:00:00	11.88
2014/11/25 13:59:59	18.19	2013/11/25 14:00:00	13.31
2014/11/25 14:59:59	18.63	2013/11/25 15:00:00	14.25
2014/11/25 15:59:59	19.00	2013/11/25 16:00:00	14.69
2014/11/25 16:59:59	19.38	2013/11/25 17:00:00	14.50
2014/11/25 17:59:59	19.56	2013/11/25 18:00:00	13.81

续表

相变储能材料室内无辅助热源工况		无相变储能材料室内无辅助热源工况	
时间	温度(℃)	时间	温度(℃)
2014/11/25 18:59:59	19.44	2013/11/25 19:00:00	13.06
2014/11/25 19:59:59	19.25	2013/11/25 20:00:00	12.50
2014/11/25 20:59:59	19.19	2013/11/25 21:00:00	12.06
2014/11/25 21:59:59	19.13	2013/11/25 22:00:00	11.56
2014/11/25 22:59:59	18.19	2013/11/25 23:00:00	11.19
2014/11/25 23:59:59	19.00	2013/11/26 00:00:00	10.75
2014/11/26 00:59:59	19.19	2013/11/26 01:00:00	10.44
2014/11/26 01:59:59	19.19	2013/11/26 02:00:00	10.25
2014/11/26 02:59:59	19.31	2013/11/26 03:00:00	10.13
2014/11/26 03:59:59	19.31	2013/11/26 04:00:00	9.69
2014/11/26 04:59:59	19.31	2013/11/26 05:00:00	9.31
2014/11/26 05:59:59	19.38	2013/11/26 06:00:00	9.00
2014/11/26 06:59:59	19.38	2013/11/26 07:00:00	8.69
2014/11/26 07:59:59	19.44	2013/11/26 08:00:00	8.38
2014/11/26 08:59:59	19.44	2013/11/26 09:00:00	8.25
2014/11/26 09:59:59	19.13	2013/11/26 10:00:00	8.81
2014/11/26 10:59:59	19.25	2013/11/26 11:00:00	10.13
2014/11/26 11:59:59	19.50	2013/11/26 12:00:00	11.50
2014/11/26 12:59:59	19.50	2013/11/26 13:00:00	12.88
2014/11/26 13:59:59	19.31	2013/11/26 14:00:00	14.25
2014/11/26 14:59:59	19.19	2013/11/26 15:00:00	15.13
2014/11/26 15:59:59	19.38	2013/11/26 16:00:00	15.44
2014/11/26 16:59:59	19.31	2013/11/26 17:00:00	15.00
2014/11/26 17:59:59	19.25	2013/11/26 18:00:00	14.19
2014/11/26 18:59:59	19.25	2013/11/26 19:00:00	13.44
2014/11/26 19:59:59	19.00	2013/11/26 20:00:00	12.81
2014/11/26 20:59:59	19.06	2013/11/26 21:00:00	12.31
2014/11/26 21:59:59	19.63	2013/11/26 22:00:00	11.94
2014/11/26 22:59:59	19.63	2013/11/26 23:00:00	11.50
2014/11/26 23:59:59	19.88	2013/11/27 00:00:00	11.00
2014/11/27 00:59:59	19.81	2013/11/27 01:00:00	10.44

续表

相变储能材料室内无辅助热源工况		无相变储能材料室内无辅助热源工况	
时间	温度(℃)	时间	温度(℃)
2014/11/27 01:59:59	19.69	2013/11/27 02:00:00	10.19
2014/11/27 02:59:59	19.69	2013/11/27 03:00:00	9.81
2014/11/27 03:59:59	19.75	2013/11/27 04:00:00	9.31
2014/11/27 04:59:59	19.75	2013/11/27 05:00:00	8.94
2014/11/27 05:59:59	19.75	2013/11/27 06:00:00	8.50
2014/11/27 06:59:59	19.63	2013/11/27 07:00:00	8.06
2014/11/27 07:59:59	19.69	2013/11/27 08:00:00	7.63
2014/11/27 08:59:59	19.75	2013/11/27 09:00:00	7.38
2014/11/27 09:59:59	19.50	2013/11/27 10:00:00	7.81
2014/11/27 10:59:59	18.94	2013/11/27 11:00:00	8.81
2014/11/27 11:59:59	19.56	2013/11/27 12:00:00	10.13
2014/11/27 12:59:59	19.44	2013/11/27 13:00:00	11.06
2014/11/27 13:59:59	19.25	2013/11/27 14:00:00	12.25
2014/11/27 14:59:59	19.75	2013/11/27 15:00:00	12.75
2014/11/27 15:59:59	19.94	2013/11/27 16:00:00	12.88
2014/11/27 16:59:59	20.00	2013/11/27 17:00:00	12.44

致　谢

感谢天津大学王立雄老师。在该书的写作过程中，王老师不仅给予了我具体的指导和帮助，还从结构及主题的确定到行文的规范等诸多方面教诲有加，感激、兴奋之情溢于言表。

感谢天津大学高辉老师。高老师是我的导师，从做学问到做人、做事都得到了老师的悉心指导和帮助，老师对待学问的执著追求，对待生活的热情豁达，对待亲人友人的真诚关爱，对待事情的淡泊平静，深深地影响了我。使我最难忘的是高老师曾多次提到对科研工作要抱有多劳多得、手脚要勤快的做事态度。遗憾的是高老师于 2014 年 6 月不幸与世长辞，高老师的谆谆教诲永存于心。撰写本书也是对他的纪念。

由衷感谢孟庆林老师、刘丛红老师、朱赛鸿老师对本书写作给予的宝贵意见，以及对该研究的指导和帮助。

感谢天津大学环境学院邢金城老师、自动化学院车彦博老师、建筑学院郭娟利老师、赵强博士、侯寰宇博士、李纪伟博士、李友莉博士、李放博士、马亚歌博士、丁磊博士、郑铮博士等；天津城建大学刘辉老师，北京世纪建通任跃经理，以及在我写作期间给予协助和支持的人们，谢谢你们的帮助。

感谢东南大学的宋华莉编辑为本书提出的宝贵意见和辛苦工作。

感谢安徽科技学院稳定人才项目(JZWD201701)的资助。

感谢所有指导过我、帮助过我的人们，由衷地祝你们幸福、快乐！

最后要特别感谢我的家人。读书求学和工作期间与女儿的成长相伴，忙碌之余更多几分温情和欢悦。为了支持我完成撰写，妻子在自己工作任务非常繁重的情况下承担起了绝大部分的家务，并和我一起分担和克服工作过程中遇到的种种困难。我的所有家人一直在远方的家乡为我的每一分成长加油鼓劲。他们是我一生的最爱，也是我求学、做人、做事的无穷动力。

吴伟东

2017 年 9 月 10 日